大学物理实验

（第二版）

主　编　袁聿海　张　姗　梁鸿东

副主编　秦杰利　吴玉洁　张义财
彭智伟　张福鹏　赖楚瑜
詹康生　陈　莹　王　金
刘玉华

本书资源使用说明

北京大学出版社
PEKING UNIVERSITY PRESS

内容简介

“大学物理实验”课程内容涉及误差理论、基本物理仪器使用、基本实验技能训练以及科学素养养成等，同时也覆盖了力学、光学、热学以及电磁学等领域知识. 一些经典的实验思想、方法以及技术等要素贯穿所有大学物理实验，大学物理实验关注学生在中学和大学学习实践思维方式的差异，注重大学学习和实践模式的转变.

全书共分为4章，按照大学物理实验基础，力学、热学实验，电磁学实验和光学、近代物理实验的顺序组织编写. 各类型实验项目共有39个. 本书可作为高等学校理工科各专业大学物理实验的教材或参考书，也可供其他教师和学生参考使用.

图书在版编目(CIP)数据

大学物理实验/袁丰海，张姗，梁鸿东主编. —2版. —北京：北京大学出版社，2023.12
ISBN 978-7-301-34637-2

Ⅰ. ①大… Ⅱ. ①袁… ②张… ③梁… Ⅲ. ①物理学—实验—高等学校—教材 Ⅳ. ①O4-33

中国国家版本馆CIP数据核字(2023)第217768号

书　　名　大学物理实验（第二版）
DAXUE WULI SHIYAN (DI-ER BAN)
著作责任者　袁丰海　张　姗　梁鸿东　主编
责任编辑　张　敏
标准书号　ISBN 978-7-301-34637-2
出版发行　北京大学出版社
地　　址　北京市海淀区成府路205号　100871
网　　址　http://www.pup.cn
电子邮箱　zpup@pup.cn
新浪微博　@北京大学出版社
电　　话　邮购部010-62752015　发行部010-62750672　编辑部010-62765014
印 刷 者　湖南省众鑫印务有限公司
经 销 者　新华书店
787毫米×1092毫米　16开本　19.5印张　498千字
2021年3月第1版
2023年12月第2版　2024年12月第2次印刷
定　　价　68.00元

前　言

“大学物理实验”是高等学校理工科各专业的一门公共必修基础课程，其教学过程是一项充满探索和创新的实践活动，在提高学生的物理思维能力以及培养具有创造性的工程技术人才方面具有重要作用．“大学物理实验”的教学过程十分重视实验知识、实验方法和实验技能的学习与训练．本书可以让学生了解物理实验的主要过程与基本方法，为今后的学习和工作奠定良好的实验基础．

党的二十大报告中提出，“教育、科技、人才是全面建设社会主义现代化国家的基础性、战略性支撑”．立足新时代、贯彻新要求、走好新征程，必须深刻把握好教育、科技、人才工作的重要意义、重大使命和内在联系．

本书根据教育部颁发的最新版的理工科类大学物理实验课程教学的基本要求，由多位具有多年教学经验的老师编写而成．全书包含 39 个实验项目，其中力学、热学实验 13 个，电磁学实验 14 个，光学、近代物理实验 12 个．本书还配有慕课视频，详细网址可以参见 http://gzhdx.fanya.chaoxing.com/portal/courseNetwork/list?keyword＝大学物理实验．

本书由袁聿海、张姗、梁鸿东担任主编，秦杰利、吴玉洁、张义财、彭智伟、张福鹏、赖楚瑜、詹康生、陈莹、王金、刘玉华担任副主编．袁晓辉、曾政杰、苏梓涵、熊诗哲构思了全书教学资源的结构配置，在此表示感谢．

编写过程中，编者借鉴了国内外许多高校、研究院所编写的同类教材、相关网络资源，以及仪器生产厂家的仪器使用说明，在此对相关作者表示深深的谢意．

限于编者的水平，书中难免有不当或疏漏之处，欢迎广大读者批评指正．

编　者

2023 年 3 月

目　录

绪　论

物理学是研究自然界物质的基本结构、运动形式、相互作用及转化规律的自然科学. 随着科学技术的发展,各学科之间的交叉融合越来越明显. 物理学作为一门基础学科,其基本概念和基本理论已经渗透到其他理工类学科和工程技术领域. 物理学已成为其他许多理工类学科和工程技术的基础.

"大学物理"作为一门重要的基础课程,一方面为学生提供了后续课程所必需的知识基础,另一方面能使学生了解现代科学研究所需要具备的基本科学素养. 大学物理理论课侧重向学生传授物理学的基本定律及其应用,而大学物理实验课不仅可以补充物理学理论的诞生和发展过程,介绍物理学家艰辛曲折的探索研究过程,还可以让学生通过亲身实践,激发学习物理学的兴趣,体会物理学的美.

大学物理实验课的目的是使学生熟悉大学物理实验的方法,学习基本物理量的测量方法及一些常用实验仪器的使用方法;能运用物理学理论对实验现象进行分析、判断;能正确记录和处理实验数据,分析实验结果,撰写合格的实验报告.

最新版的理工科类大学物理实验课程教学的基本要求,对教学内容、能力培养、分层次教学、教学模式等方面做出了一些规定,具体如下.

1. 教学内容基本要求

大学物理实验应包括普通物理实验(力学、热学、电磁学、光学实验)和近代物理实验,具体的教学内容基本要求如下.

1) 掌握测量误差的基本知识,具有正确处理实验数据的基本能力

(1) 掌握测量误差与不确定度的基本概念,能逐步学会用不确定度对直接测量和间接测量的结果进行评估.

(2) 掌握处理实验数据的一些常用方法,包括列表法、作图法和最小二乘法等. 随着计算机及其应用技术的普及,应掌握用计算机通用软件处理实验数据的基本方法.

2) 掌握基本物理量的测量方法

例如:长度、质量、时间、热量、温度、湿度、压强、压力、电流、电压、电阻、磁感应强度、发光强度、折射率、元电荷、普朗克(Planck)常量、里德伯(Rydberg)常量等常用物理量及物性参量的测量,注意加强数字化测量技术和计算技术在物理实验教学中的应用.

3) 了解常用的物理实验方法,并逐步学会使用它们

例如:比较法、转换法、放大法、模拟法、补偿法、平衡法和干涉(衍射)法,以及在近代科学研究和工程技术中广泛应用的其他方法.

4) 掌握实验室常用仪器的性能,并能够正确使用仪器

例如:长度测量仪器、计时仪器、测温仪器、变阻器、电表、交/直流电桥、通用示波器、低频信号发生器、分光计、光谱仪、常用电源和光源等仪器.

各校应根据条件,在物理实验课中逐步引进在当代科学研究与工程技术中广泛应用的现代物理技术.例如:激光技术、传感器技术、微弱信号检测技术、光电子技术、结构分析波谱技术等.

5) 掌握常用的实验操作技术

例如:零位调整、水平/竖直调整、光路的共轴调整、消视差调整、逐次逼近调整、根据给定的电路图正确接线、简单的电路故障检查与排除,以及在近代科学研究与工程技术中广泛应用的仪器的正确调节.

此外,还应适当介绍物理实验史料和物理实验在现代科学技术中的应用知识.

2. 能力培养基本要求

(1) 独立实验的能力:能够通过阅读实验教材、查询有关资料和思考问题,掌握实验原理及方法,做好实验前的准备;正确使用仪器及辅助设备,独立完成实验内容,撰写合格的实验报告;培养学生独立实验的能力,逐步形成自主实验的基本能力.

(2) 分析与研究的能力:能够融合实验原理、设计思想、实验方法及相关的理论知识对实验结果进行分析、判断、归纳与综合;掌握通过实验进行物理现象和物理规律研究的基本方法,具有初步的分析与研究的能力.

(3) 理论联系实际的能力:能够在实验中发现问题、分析问题并学习解决问题的科学方法,逐步提高学生综合运用所学知识和技能解决实际问题的能力.

(4) 创新能力:能够完成符合规范要求的设计性、综合性实验,进行初步的具有研究性或创意性内容的实验,激发学生的学习主动性,逐步培养学生的创新能力.

3. 分层次教学基本要求

上述教学要求,应通过开设一定数量的基础性实验、综合性实验、设计性或研究性实验来实现.这三类实验教学层次的学时比例建议为:60%、30%、10%(各校可根据本校的特点和需要,做适当调整,建议综合性实验、设计性或研究性实验的学时调整幅度分别不高于25%,并含有一定比例的近代物理实验).

(1) 基础性实验:主要学习基本物理量的测量、基本实验仪器的使用、基本实验技能和基本测量方法、误差与不确定度及数据处理的理论与方法等,可涉及力学、热学、电磁学、光学、近代物理等各个领域的内容.此类实验为适应各专业的普及性实验.

(2) 综合性实验:指在同一个实验中涉及力学、热学、电磁学、光学、近代物理等多个知识领域,综合应用多种方法和技术的实验.此类实验的目的是巩固学生在基础性实验阶段的学习成果,开阔学生的眼界和思路,提高学生对实验方法和实验技术的综合运用能力.各校应根据本校的实际情况设置该部分实验内容(综合的程度、综合的范围、实验仪器、教学要求等).

(3) 设计性实验:根据给定的实验题目、要求和实验条件,由学生自己设计方案并基本独立完成全过程的实验.各校也应根据本校的实际情况设置该部分实验内容(实验选题、教学要求、实验条件、独立的程度等).

(4) 研究性实验:组织若干个围绕基础物理实验的课题,由学生以个体或团队的形式,以科研方式进行的实验.

设计性或研究性实验是教学理念、教学方法的体现,由单个或系列基础性实验、综合性实验拓展构成.设计性或研究性实验的目的是使学生了解科学实验的全过程、逐步掌握科学思想和科学方法,培养学生独立实验的能力和运用所学知识解决给定问题的能力.各校应根据本校的实际情况设置该类型的实验内容.

4. 教学模式、教学方法和实验学时的基本要求

(1) 各学校应积极创造条件,开放物理实验室,在教学时间、空间和内容上给学生较大的选择自由.为一些实验基础较为薄弱的学生开设预备性实验以保证实验课教学质量;为学有余力的学生开设提高性实验,提供延伸课内实验内容的条件,尽可能开设不同层次的开放性实验,以满足各层次学生求知的需要,适应学生的个性化发展.

(2) 创造条件,充分利用包括网络技术、多媒体教学软件等在内的现代教育技术和丰富教学资源,拓宽教学的时间和空间.提供学生自主学习的平台和师生交流的平台,加强现代化教学信息管理,以满足学生个性化教育和全面提高学生科学实验素质的需要.

(3) 考核是实验教学中的重要环节,应该强化学生实验能力和实践技能的考核,鼓励建立能够反映学生科学实验能力的多样化考核方式.

(4) 基础性实验分组实验一般每组 1 ～ 2 人为宜.

(5) 物理实验课程学时数一般不应少于 54 学时;对于理科、师范类非物理专业和某些需要加强物理基础的工科专业,建议实验学时数一般不少于 64 学时.

第1章 大学物理实验基础

1.1 误差理论

1.1.1 测量和测量分类

测量是人们定量认识研究对象的重要手段,也是人们从事科学研究的基础.测量是在一定条件下将被测物理量与同类标准量进行比较的过程.对于同一物理量,不同的观测者,或者同一观测者在不同的测量过程,或者使用不同的测量仪器所获得的测量结果可能会有一定的差异.

按获取测量结果方式的不同,测量可以分为两大类:直接测量和间接测量.直接测量是将待测量与预先标定好的仪器进行比较,直接从仪器上读出测量结果的大小的一种测量方式.例如,用试管测量体积、用米尺测量长度.间接测量是指待测量由多个直接测量的物理量在一定的函数关系下,根据相互之间的逻辑关系,通过运算后获得的.例如,测量做直线运动的物体的平均速度 $\overline{v}$,需要先测量物体运动的时间间隔 Δt 和位移 Δs,再通过平均速度的定义 $\overline{v}=\dfrac{\Delta s}{\Delta t}$ 获得.

1.1.2 误差的定义

真值是指在一定时间及空间(状态或位置)条件下,体现被测量事物属性的真实数值,是客观存在的,但很难确切测得.测量的目的就是力图得到真值.测量所得的结果称为测量值,测量值与真值之间总是或多或少存在一定的差值,即**测量误差**,简称**误差**,可表示为

$$\Delta x=x-x_0,$$

式中,x 为测量值,x_0 为真值,Δx 为误差;误差的单位与被测量的单位相同,又称为绝对误差.

1.1.3 误差的分类

为了方便对误差进行研究,需要对误差进行分类.对误差的分类可以从不同角度进行.从计量学的观点出发,根据数据处理方法的需要,按误差出现的规律来分类是最实用的.因此,在

误差理论中通常根据误差出现的规律将误差分为系统误差、随机误差和过失误差三类. 下面分别加以介绍.

1. 系统误差

系统误差又称为可测误差或规律误差,它是指未按测量规定的条件或方法进行测量所导致的、按照某些规律变化的误差. 这类误差的特征是:在所处测量条件下,误差的绝对值和符号保持恒定,或者遵循一定的规律变化(绝对值和符号都按照一定规律变化). 产生系统误差的原因可能是仪器本身的缺陷、理论公式和测量方法的近似性、环境的改变或个人的不良习惯等.

测量条件一经确定,系统误差不能通过多次测量取平均值来减小或消除. 但如果能找出产生系统误差的原因,就能选用合适的方法来减小或消除它的影响,如对结果进行修正. 实验时,要注意消除系统误差,即从直接测量值到运算值,再到最后结果,逐级消除系统误差.

2. 随机误差(偶然误差)

随机误差又称为未定误差,它是指在固定测量条件下,多次测量同一物理量时,绝对值和符号以不可预知的方式变化的误差. 这种误差出现的规律很复杂,只能用统计的方法找出误差的绝对值和出现次数之间的数字关系,即找出误差的分布规律. 当测量次数不断增加时,随机误差的算术平均值趋近于零.

从概率论和数理统计的观点来看,可以认为随机误差是在固定测量条件下的随机事件,它是围绕测量结果的算术平均值(数学期望) 周围随机变化的那部分,即绝对值相同的正、负随机误差出现的概率大致相等. 要分析这类误差,必须了解它的概率分布规律. 经典的误差理论认为,随机误差出现的概率分布为正态分布,并在这一前提下建立了随机误差的统计分析方法. 随机误差具有如下特点.

(1) 单峰性:绝对值小的误差出现的概率比绝对值大的误差出现的概率大.

(2) 有界性:绝对值很大的误差出现的概率趋近于零.

(3) 对称性:绝对值相等的正、负误差出现的概率相等.

(4) 抵偿性:随着测量次数的增加,随机误差的算术平均值趋近于零. 用 Δx 表示测量值 x 的随机误差,有

$$\overline{\Delta x}=\lim_{n\to\infty}\frac{\sum_{i=1}^{n}\Delta x_i}{n}=0.$$

因此,多次测量的平均值的随机误差比单次测量的随机误差小,增加测量次数就可以减小随机误差.

3. 过失误差

过失误差又称为粗大误差或操作误差,它是指未正确测量而导致测量结果严重失真的误差. 过失误差是测量中出现过失所致,主要原因有三个:测量者主观疏忽或客观条件发生突变而测量者未能及时加以纠正,导致读数、记录或计算出错;使用的测量仪器本身有缺陷而测量者未能发现;测量者操作测量仪器的方法有误.

过失误差可以根据误差理论判断出来,含有过失误差的测量数据应在处理数据时予以剔除,否则测量结果将不真实,即与真值有较大的偏差.

1.1.4 测量结果的不确定度估计

测量不确定度表示由于存在测量误差而使测量结果不确定或不能肯定的程度,也就是不

可信度. 它是测量准确度的表征,表示测量结果与被测量(真) 值之间的接近程度.

不确定度按评定方法的不同一般分为两大类:采用统计方法评定与计算的不确定度,称为不确定度的A类分量u_A,简称A类不确定度;其他采用非统计方法评定与计算的不确定度,称为不确定度的B类分量u_B,简称B类不确定度.

1. A类不确定度u_A的估算

在相同条件下,对同一被测量做n次测量,则A类不确定度为

$$u_A = t_P S_{\bar{x}} = t_P \sqrt{\frac{\sum_{i=1}^{n}(x_i-\bar{x})^2}{n(n-1)}},$$

式中,t_P是与测量次数n、置信概率P有关的量,$S_{\bar{x}}$为算术平均值的标准偏差. 因为当$n>6$时,t_P与1偏离不大,所以为简化计算,后面的有关计算中取$t_P=1$(全书默认P的取值为68.3%).

2. B类不确定度u_B的估算

在物理实验中,B类不确定度常用误差限(最大误差)来计算. B类不确定度u_B在许多场合是以仪器误差限$\Delta_{仪}$的形式出现的,即

$$u_B = \frac{\Delta_{仪}}{c},$$

式中,c为置信系数. 它因分布不同而异,对于均匀分布,$c=\sqrt{3}$. 部分常用仪器的误差限如表1.1.1所示.

表1.1.1　部分常用仪器的误差限

仪器名称	测量范围	误差限
钢直尺	0～500 mm	0.15 mm
钢卷尺(Ⅰ级)	0～5 m	(0.1+0.1L/m)mm
游标卡尺(分度值0.05 mm)	0～200 mm	0.05 mm
螺旋测微器	0～25 mm	0.004 mm
	25～100 mm	0.005 mm
物理天平	0～500 g	0.02 g
	500～1 000 g	0.05 g
分光计	—	分度值
数显仪表	—	仪表最小读数
读数显微镜	—	0.005 mm
水银式温度计	—	0.2 ℃
指针式电表	—	量程$\times\frac{准确度等级}{100}$

注:L为被测物体四舍五入后的整数长度(单位:m).

3. 不确定度的合成

(1) 当被测量值是直接测量值时,其合成不确定度将结合A类不确定度和B类不确定度.

通常采用方和根合成法，即直接测量值的合成不确定度为

$$U=\sqrt{u_{\mathrm{A}}^{2}+u_{\mathrm{B}}^{2}}.$$

(2) 当被测量值 F 是直接测量值 $x,y,z,\cdots$ 的相关函数时，假设 $x,y,z,\cdots$ 之间彼此独立不相关，则 F 的合成不确定度为

$$U_{F}=\sqrt{\left(\frac{\partial F}{\partial x}\right)^{2}U_{x}^{2}+\left(\frac{\partial F}{\partial y}\right)^{2}U_{y}^{2}+\left(\frac{\partial F}{\partial z}\right)^{2}U_{z}^{2}+\cdots},$$

式中，$\frac{\partial F}{\partial x},\frac{\partial F}{\partial y},\frac{\partial F}{\partial z},\cdots$ 分别为 F 对变量 $x,y,z,\cdots$ 的偏导数，$U_x,U_y,U_z,\cdots$ 分别为直接测量值 $x,y,z,\cdots$ 根据上述(1) 描述方法计算得到的合成不确定度. 当 F 是 $x,y,z,\cdots$ 之间的乘除或方幂关系的函数时，可以使用下式，以简化对合成不确定度的计算：

$$\frac{U_{F}}{F}=\sqrt{\left(\frac{\partial(\ln F)}{\partial x}\right)^{2}U_{x}^{2}+\left(\frac{\partial(\ln F)}{\partial y}\right)^{2}U_{y}^{2}+\left(\frac{\partial(\ln F)}{\partial z}\right)^{2}U_{z}^{2}+\cdots}.$$

1.1.5 相对误差

为了全面评价一个测量结果的优劣，还需要看被测量值本身的大小. 为此，引入相对误差的概念，其定义为

$$E_{\overline{\Delta x}}=\frac{\overline{\Delta x}}{x}\times 100\%,$$

式中，$E_{\overline{\Delta x}}$ 为相对误差，$\overline{\Delta x}$ 为被测量值 x 的随机误差的算术平均值. 类似地，其相对不确定度为

$$E_{U}=\frac{U}{\overline{x}}\times 100\%,$$

式中，U 为合成不确定度，$\overline{x}$ 为被测量值的算术平均值.

1.2 数据测量

1.2.1 主要概念

通常所说的真值可以分为理论真值、约定真值和相对真值. 在计算误差时，一般用约定真值或相对真值.

1. 理论真值

通过有限的实验手段是不可能得到理论真值的，理论真值仅存在于纯理论中. 理论真值往往由定义和公式给出. 例如，四边形内角和是 360°，无论我们采用多么精密的仪器，其测量结果都不可能正好等于 360°，而只能无限靠近它.

2. 约定真值

由于理论真值无法通过有限的实验手段获得，且对于给定目的，并不需要获得理论真值，只需要得到一个与理论真值足够接近的值，即约定真值. 约定真值与理论真值的差可以忽略不计，就给定的目的而言，约定真值可以代替理论真值来使用. 在实际测量中，一般以修正后的足够多次的测量值的平均值作为约定真值.

3. 相对真值

将测量仪器按精度不同分为若干等级,高等级的测量仪器的测量值即为相对真值.

1.2.2 数据处理的基本方法

数据处理贯穿从获得原始数据到得出结论的整个实验过程,主要包括数据记录、整理、作图、计算、分析等涉及数据的获得与加工的处理方法. 常用的数据处理方法有列表法、图示法、图解法、逐差法和最小二乘法等.

1. 列表法

列表法是将实验数据以表格的形式进行排列的数据处理方法. 列表法的作用有两个:记录实验数据,显示物理量之间的对应关系. 用列表法记录和处理数据是一种良好的科学工作习惯,要设计出一个栏目清晰、行列分明的表格,也需要在实验中不断训练,逐步熟悉、掌握,进而形成习惯.

一般来说,用列表法处理数据时,应该遵从如下原则:

① 栏目条理清楚、简单明了,便于显示不同物理量之间的关系;

② 需要给出物理量的符号,并注明单位;

③ 填入表中的数字应该是有效数字;

④ 必要时需加入注释说明.

例如,用螺旋测微器测量钢球直径的实验数据如表 1.2.1 所示.

表 1.2.1 用螺旋测微器测量钢球直径的实验数据 $\Delta = 0.005$ mm

次数 i	初读数 /mm	末读数 /mm	直径 D_i/mm	$(D_i - \overline{D})$/mm
1	0.004	6.002	5.998	0.001 3
2	0.003	6.000	5.997	0.000 3
3	0.005	6.000	5.995	−0.001 7
4	0.005	6.001	5.996	−0.000 7
5	0.004	6.001	5.997	0.000 3
6	0.004	6.002	5.998	0.001 3
7	0.003	6.000	5.997	0.000 3
8	0.005	6.000	5.995	−0.001 7
9	0.005	6.001	5.996	−0.000 7
10	0.003	6.001	5.998	0.001 3

2. 图示法

图示法就是用图像来表示物理规律的一种实验数据处理方法. 一般来说,一个物理规律可以用三种方式来表示:文字、函数关系式和图像. 图示法的优点是能够直观、形象地显示各个物理量之间的数量关系,便于比较分析.

要用好图示法,必须遵循如下原则和步骤:

① 选择合适的坐标纸. 作图一定要用坐标纸,常用的坐标纸有直角坐标纸、双对数坐标纸、单对数坐标纸、极坐标纸等. 选用的原则是尽量让所作图线呈直线,有时还可以采用变量代换的方法将图线变成直线.

② 确定坐标的分度和标记. 一般用横轴表示自变量,纵轴表示因变量,并标明各个坐标轴所代表的物理量及其单位.

③ 根据测量获得的数据,用一定的符号在坐标纸上描出坐标点.

④ 绘制一条与标出的坐标点相符的图线,图线应该尽可能多地通过坐标点. 由于测量误差,某些坐标点可能不在图线上,应该尽量使其均匀地分布在图线的两侧. 图线应该是直线、光滑的曲线或折线.

⑤ 加入注解和说明. 应该在坐标纸上标出图的名称、有关符号的意义和特定的实验条件.

3. 图解法

图解法是在图示法的基础上,利用已经作好的图线,定量地求出待测量、某些参数或经验公式的方法. 由于直线有绘制方便、所确定的函数关系简单等特点,因此,对非线性关系的情况,应在初步分析、把握其关系特征的基础上,通过变量代换的方法将原来的非线性关系转化为与新变量相关的线性关系. 也就是说,将"曲线化直",最后采用图解法.

下面基于直线情况简单介绍图解法的一般步骤:

① 在图线上选取两个点,并用与坐标点不同的符号标记,使两点尽量在直线的两端,如记为 $A(x_1,y_1)$ 和 $B(x_2,y_2)$.

② 求斜率. 根据直线方程 $y=kx+b$,将两点坐标代入,可解出图线的斜率为

$$k=\frac{y_2-y_1}{x_2-x_1}.$$

③ 求出 y 轴上的截距

$$b=\frac{x_2y_1-x_1y_2}{x_2-x_1}.$$

④ 求出 x 轴上的截距

$$x=-\frac{x_2y_1-x_1y_2}{y_2-y_1}.$$

4. 逐差法

由于随机误差具有抵偿性,对于多次测量的结果,常用平均值来估计最佳值,以消除随机误差的影响. 但是,当自变量与因变量呈线性关系时,对于自变量等间距变化的多次测量,如果用求差平均的方法计算因变量的平均增量,就会使中间测量数据两两抵消,失去多次测量求平均的意义. 例如,在拉伸法测量弹性模量的实验中,当载重均匀增加时,标尺位置读数依次为 $x_0,x_1,x_2,x_3,x_4,x_5,x_6,x_7,x_8,x_9$,如果求位置间隔的平均值,则有

$$\overline{\Delta x}=\frac{1}{9}[(x_9-x_8)+(x_8-x_7)+\cdots+(x_1-x_0)]=\frac{1}{9}(x_9-x_0),$$

即中间的测量数据对于计算 $\overline{\Delta x}$ 不起作用. 为了避免这种情况下中间数据的损失,可以采用逐差法处理数据.

逐差法是物理实验中常用的一种数据处理方法,特别是当自变量与因变量呈线性关系,而且自变量等间距变化时,更有其独特的优点. 具体步骤是将测量得到的数据按照自变量的大小顺序排列后平分为前后两组,先求出两组中对应项的差值,然后取其平均值.

例如,对上述弹性模量实验中的 10 个数据的逐差法处理如下:

① 把数据分为两组:

Ⅰ组:x_0,x_1,x_2,x_3,x_4;

Ⅱ组:x_5,x_6,x_7,x_8,x_9.

② 求逐差:$x_5-x_0,x_6-x_1,x_7-x_2,x_8-x_3,x_9-x_4$.

③ 求逐差平均:$\overline{\Delta x'}=\frac{1}{5}[(x_5-x_0)+\cdots+(x_9-x_4)]$.

在实际处理时,用列表的形式较为直观(见表 1.2.2).

表 1.2.2　10 个数据的逐差法处理

Ⅰ组	Ⅱ组	逐差 $\Delta x'$
x_0	x_5	x_5-x_0
x_1	x_6	x_6-x_1
x_2	x_7	x_7-x_2
x_3	x_8	x_8-x_3
x_4	x_9	x_9-x_4

要注意的是:使用逐差法时的 $\Delta x'$,相当于一般直接取平均间隔时 Δx 的 n 倍(n 为每组的数据个数).

5. 最小二乘法

最小二乘法(又称为最小平方法)是一种数据优化方法. 核心思路是通过最小化误差的平方和来寻找数据的最佳匹配函数. 利用最小二乘法可以简便地求得未知的数据,并使得这些求得的数据与实际数据之间误差的平方和最小. 最小二乘法还可用于曲线拟合,通过实验获得测量数据后,可确定假定函数关系中的各项系数,这一过程就是求取有关物理量之间关系的经验公式. 从图线上看,就是要选择一条曲线,使之与所获得的实验数据更好地吻合. 因此,求取经验公式的过程即是曲线拟合的过程.

下面简单介绍最小二乘法的基本原理及其在一元线性拟合中的应用.

1) 最小二乘法的基本原理

设在实验中获得了自变量 x 与因变量 y 的 n 组对应数据$(x_i,y_i)(i=1,2,\cdots,n)$,找出一个已知类型的函数 $y=f(x)$,使偏差平方和 $\sum\limits_{i=1}^{n}[y_i-f(x_i)]^2$ 取最小值(确定关系式中的参数). 这种求解 $f(x)$ 的方法称为最小二乘法.

根据最小二乘法的基本原理,设某测得量的最佳值为 x_0,满足

$$\frac{\mathrm{d}}{\mathrm{d}x_0}\sum_{i=1}^{n}(x_i-x_0)^2=0,$$

可求得

$$x_0=\frac{1}{n}\sum_{i=1}^{n}x_i,$$

即

$$x_0=\overline{x}.$$

而且有

$$\frac{\mathrm{d}^2}{\mathrm{d}x_0^2}\sum_{i=1}^{n}(x_i-x_0)^2=2n>0,$$

说明$\sum_{i=1}^{n}(x_i-x_0)^2$在$x_0=\overline{x}$处取最小值.

可见,当$x_0=\overline{x}$时,各次测量偏差的平方和最小,即平均值就是在相同条件下多次测量结果的最佳值.

根据统计理论,要使上述结论正确,测量的误差分布应该服从正态分布,这便是最小二乘法的统计基础.

2) 一元线性拟合

设一元线性关系为$y=bx+a$,实验获得的n组数据为$(x_i,y_i)(i=1,2,\cdots,n)$.由于误差的存在,当把测量数据代入所设函数关系式时,等式两端一般并不严格相等,而是存在一定的偏差.为了讨论的方便,设自变量x的误差远小于因变量y的误差,则这种偏差就归结为因变量y的偏差,即

$$v_i=y_i-(a+bx_i).$$

根据最小二乘法,获得相应的最佳拟合直线的条件为

$$\begin{cases}\dfrac{\partial}{\partial a}\sum\limits_{i=1}^{n}v_i^2=0,\\ \dfrac{\partial}{\partial b}\sum\limits_{i=1}^{n}v_i^2=0.\end{cases}$$

若记

$$I_{xx}=\sum_{i=1}^{n}(x_i-\overline{x})^2=\sum_{i=1}^{n}x_i^2-\frac{1}{n}\left(\sum_{i=1}^{n}x_i\right)^2,$$

$$I_{yy}=\sum_{i=1}^{n}(y_i-\overline{y})^2=\sum_{i=1}^{n}y_i^2-\frac{1}{n}\left(\sum_{i=1}^{n}y_i\right)^2,$$

$$I_{xy}=\sum_{i=1}^{n}(x_i-\overline{x})(y_i-\overline{y})=\sum_{i=1}^{n}x_iy_i-\frac{1}{n}\left(\sum_{i=1}^{n}x_i\right)\left(\sum_{i=1}^{n}y_i\right),$$

则将其代入方程组可以解出

$$a=\overline{y}-b\overline{x},\quad b=\frac{I_{xy}}{I_{xx}}.$$

基于误差理论,得到最小二乘法一元线性拟合的标准差为

$$S_a=\sqrt{\frac{\sum\limits_{i=1}^{n}x_i^2}{n\sum\limits_{i=1}^{n}x_i^2-\left(\sum\limits_{i=1}^{n}x_i\right)^2}}\cdot S_y,\quad S_b=\sqrt{\frac{n}{n\sum\limits_{i=1}^{n}x_i^2-\left(\sum\limits_{i=1}^{n}x_i\right)^2}}\cdot S_y,$$

$$S_y=\sqrt{\frac{\sum\limits_{i=1}^{n}(y_i-a-bx_i)^2}{n-2}}.$$

为了衡量测量点与拟合直线符合的程度,引入相关系数$r=\dfrac{I_{xy}}{\sqrt{I_{xx}I_{yy}}}$,这里$|r|\leqslant 1$.当$|r|$趋近于1时,说明测量点比较紧密地接近拟合直线;当$|r|$趋近于0时,说明测量点较拟合直线分散,应该考虑用非线性拟合.

因此,使用最小二乘法拟合时,需要计算上述六个参数:a,b,S_a,S_b,S_y,r.

1.2.3 常用测量工具简介

为方便物理量之间的换算,在众多物理量中,设置有长度、质量、时间、(热力学)温度、电流、发光强度(简称光强)和物质的量共七个基本物理量.这些基本物理量的测量构成了物理实验的基础操作.除光强和物质的量的测量仪器外,测量基本物理量所使用的仪器也就成为最常用的测量仪器.其中,长度测量的工具有日常生活中使用的钢直尺、工厂车间里使用的游标卡尺或螺旋测微器(又叫作千分尺),用于测量一些微小物体或不易操控的测量对象的读数显微镜或者是扫描电子显微镜.质量测量则经常使用到托盘天平、物理天平、电子天平或精度更高的电子秤.时间测量的工具则主要有数字秒表和机械秒表两类,手机中的秒表就属于数字秒表.温度测量经常用到的工具有体温计、普通液体式温度计及热电偶等.电流测量工具则有检流计与安培(Ampère)计,常用来测量电阻阻值的设备——欧姆(Ohm)表是在检流计的基础上改装而成的.

1. 长度测量工具

长度的基本单位是米(m),此外,常用的还有千米(km)、毫米(mm)、微米(μm)、纳米(nm).在日常生活中,为了表达方便,也可用分米(dm)、厘米(cm).这些单位之间的换算关系如下:$1\ \text{km}=10^3\ \text{m}$,$1\ \text{m}=10^3\ \text{mm}$,$1\ \text{mm}=10^3\ \mu\text{m}$,$1\ \mu\text{m}=10^3\ \text{nm}$,$1\ \text{m}=10\ \text{dm}$,$1\ \text{dm}=10\ \text{cm}$.

长度测量是其他物理量测量的基础,熟练掌握长度测量方法对其他物理量的测量有较大的帮助.例如,温度计、安培计等测量工具的标度都是以长度来划分的.长度测量工具有钢直尺、游标卡尺、螺旋测微器、读数显微镜等,这些工具的选择应该视被测量的量值与测量精度的要求而定.例如,测量一些管状材料的内、外径或者一端封闭的孔洞的深度时,采用游标卡尺就是一个不错的选择.

下面介绍几种常用仪器的使用方法,要求养成如下使用习惯:

① 观察测量工具,了解其结构,并记录能测量的最大值(一般为仪器的最大刻度值);

② 观察测量工具的最小刻度值(分度值),这个值一般代表能测量到的最大精确值,但一些可以准确读数的数字式仪表除外;

③ 根据设备的种类,决定是否进行估读;

④ 正确使用工具进行测量,并且正确地记录读数及单位.

1) 钢直尺

图 1.2.1 所示为使用钢直尺测量物体(如一段木块)长度时的示意图.该直尺最大刻度值为 300 mm,分度值为 1 mm,对于合格的此类直尺来说,全长允许的最大误差为 ±0.1 mm.如果直尺的全长大于 300 mm,其全长允许的最大误差可以处于 ±0.15 mm ~ ±0.2 mm 之间.在日常生活中使用的直尺,一般标示的单位为厘米(cm),分度值为 1 mm,在进行实验测量时要求对毫米位的下一位进行估读.

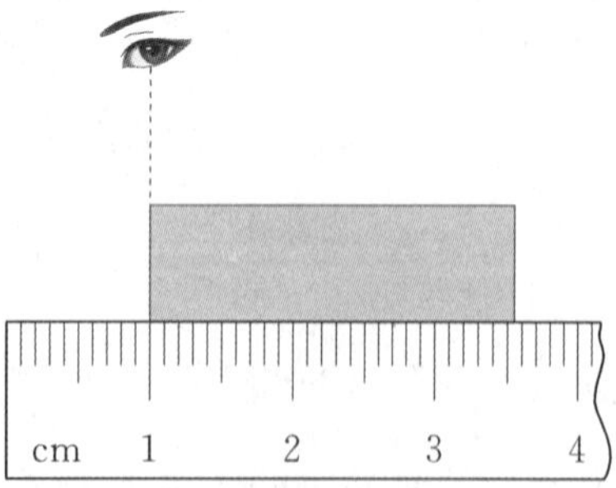

图 1.2.1 钢直尺测物体长度

使用直尺测量物体的几何尺寸,如长度、宽度、高度等时,除对直尺的最大刻度值与分度值进行观察外,在操作的过程中还要求遵守以下几点:

① 直尺的刻度线应尽量靠近待测物,读数时视线要垂直于直尺;

② 如果直尺的起始端点已经受损,则找一整数刻度作为零点进行测量,如图1.2.1中选择1 cm处作为零点开始进行测量;

③ 由于受到外力或者温度等的影响,直尺可能会出现刻度不够均匀的现象,测量时可以选择不同起点进行多次测量,最后计算平均值以减小误差.

遵循如上方法对图 1.2.1 中物体进行测量(以 mm 为单位),可以准确读出十位为 3－1＝2,个位为 35－30＝5;用目测的方法,将 35～36 两端刻线之间等分成10份,物体的右端大约在6份的位置上.测量结果为三位有效数字,则该物体的长度测量读数为$L=25.6$ mm,其中读数 6 叫作估读数.估读数只有一位,随机误差一般就发生在这一位上.但绝不能理解为误差等于 0.6 mm.

2) 游标卡尺

图1.2.2所示为游标卡尺的结构示意图.游标卡尺主要由主尺与副尺(游标)两部分组成.在主尺上的分度值为1 mm,而1 mm的下一位则由可以在主尺上滑动的副尺来读取.游标卡尺与直尺相比,测量更为准确.可以利用游标卡尺的外侧测定部来直接测量物体的长度与外径,利用内侧测定部可以测量管状物的内径,而利用深度测定部可以测量孔洞等的深度.

游标卡尺主尺的分度值一般为 1 mm,若副尺上的分格数为 n,则该游标卡尺的分度值为 $\frac{1}{n}$ mm. 以实验室常用的游标卡尺为例,副尺刻度有 50 个分格,其分度值为 $\frac{1}{50}$ mm＝0.02 mm,称这种游标卡尺为 50 分度游标卡尺.此外,有时也用 20 分度游标卡尺,即副尺刻度有 20 个分格,它的分度值为$\frac{1}{20}$ mm＝0.05 mm.

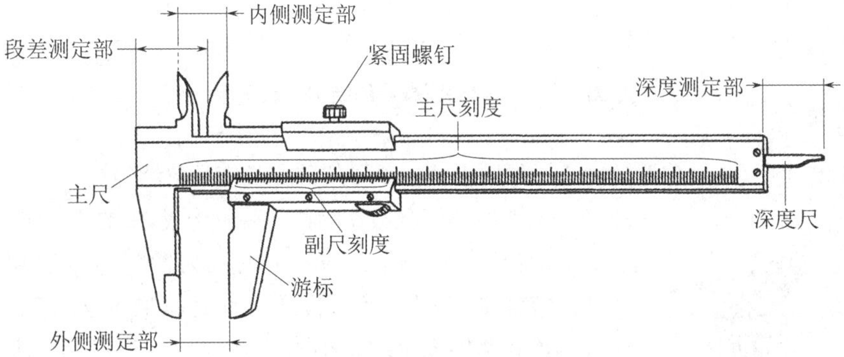

图 1.2.2 游标卡尺的结构示意图

游标卡尺的读数方法如下:先在主尺上读取副尺零刻度前的数字,其单位为 mm,再找到副尺上与主尺刻度对准的格数 N,乘以分度值$\frac{1}{n}$ mm,即 $N\cdot\frac{1}{n}$ 为毫米位的下一位读数.上述两个数字之和便是待测量的读数.

在使用游标卡尺时,还应注意如下事项:

① 测量之前应检查游标卡尺的零点读数,看主、副尺的零刻度线是否对齐,若没有对齐,须记下零点读数,以便对测量值进行修正.

② 用刀口卡住被测物时,松紧要适当,不要用力过大,注意保护游标卡尺的刀口.

③ 测量圆筒内径时,要调整刀口位置,以确保测出的是直径而不是其他弦长.

④ 读数的最后一位数字可以准确地读取,不必估读. 一般取游标卡尺的分度值为其仪器误差.

3) 螺旋测微器

图 1.2.3 所示为螺旋测微器的结构示意图. 螺旋测微器是根据螺旋放大原理制成的,其主要部分是微分筒 C 与可绕其旋转的固定套管 D,当 C 转动一周时,它便前进或者后退一个 0.5 mm 的螺距. 这样,沿螺杆轴线方向的微小移动距离就可通过螺母上的读数表示出来. 螺母(上面有 50 个分格) 每旋转一小格,测微螺杆移动的距离为$\frac{0.5\ \text{mm}}{50}=0.01\ \text{mm}$,所以螺旋测微器测量长度可以精确到0.01 mm,而且还要估读一位. 如果以毫米为单位表示测量结果,可以读取到毫米的千分位,即最终读数的小数点后有三位数字.

在测量前,螺旋测微器的测微螺杆与测砧刚好接触时,其读数应为 0,即微分筒“0”线应与固定套管上横线对齐. 由于在使用中磨损等原因,有可能出现微分筒的“0”线与固定套管上横线未对齐的情况,此时读取一个读数,这个读数叫作零点读数,最后的测量结果就是读数值与零点读数的差值.

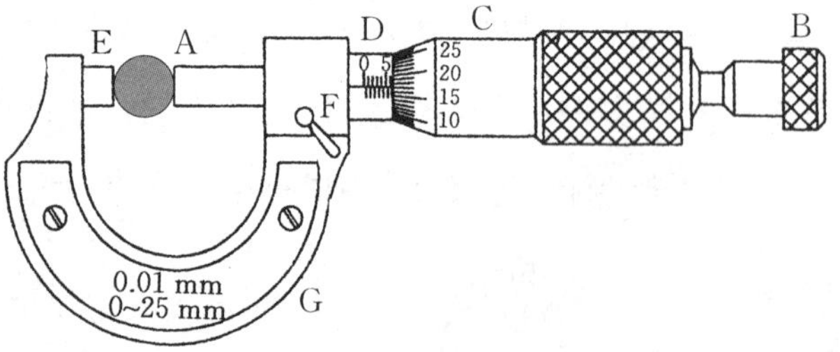

A— 测微螺杆;B— 棘轮;C— 微分筒;D— 固定套管;E— 测砧;F— 制动器;G— 尺架.

图 1.2.3　螺旋测微器的结构示意图

4) 读数显微镜

如图 1.2.4 所示,读数显微镜是一种用来精密测量位移或长度的仪器. 它由一个显微镜和一个类似螺旋测微器的移动装置构成,主要用于测量一些微小的长度[如牛顿(Newton) 环干涉条纹]. 它主要由观察装置、位置调节装置和读数装置三个部分组成. 其中观察装置由目镜和调焦旋钮组成,而位置的调节则通过转鼓来实现,旋转转鼓可使镜筒左右移动. 读数由主尺的读数及转鼓上的微小读数两部分构成. 使用读数显微镜时,首先将待测物置于载物台,调整目镜直至可以看到一清晰的黑色“十”字图案. 然后旋转转鼓,使“十”字图案向一侧移动,当“十”字图案与待测物的一侧相切时进行读数(方法与螺旋测微器相似),记为 x_0. 接着继续旋转(注意旋转方向保持不变) 转鼓,当“十”字图案与待测物的另一侧相切时进行读数,记为 x. 最后通过计算 $|x-x_0|$ 来确定待测物的长度.

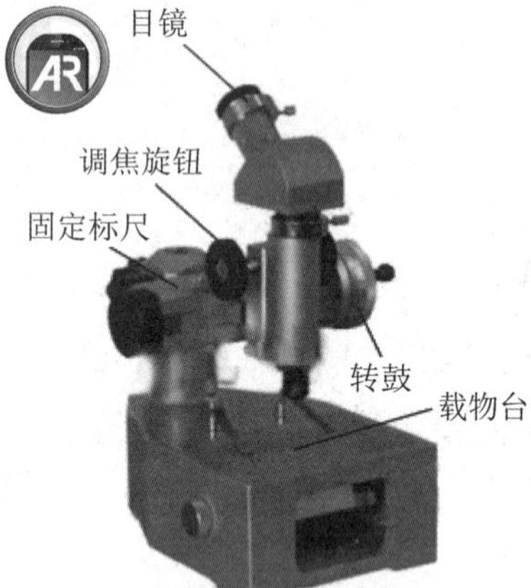

图 1.2.4　读数显微镜

2. 质量测量工具

在大学物理实验室中，测量物体质量所用的工具一般为天平，它是利用杠杆的平衡原理制成的. 将待测物体与标准砝码进行比较，从而得到物体的质量. 图 1.2.5 所示为物理天平的结构示意图，图中 A 为横梁，B 为支架，C 为指针，D 为游码，E 与 E′ 为横梁螺母，F 与 F′ 为底座调节旋钮，G 为启动螺母，H 为制动架，J 为水准仪，O 为刀口，P 与 P′ 为平衡调节螺母，Q 为临时托盘，S 为分度盘，W 与 W′ 为托盘.

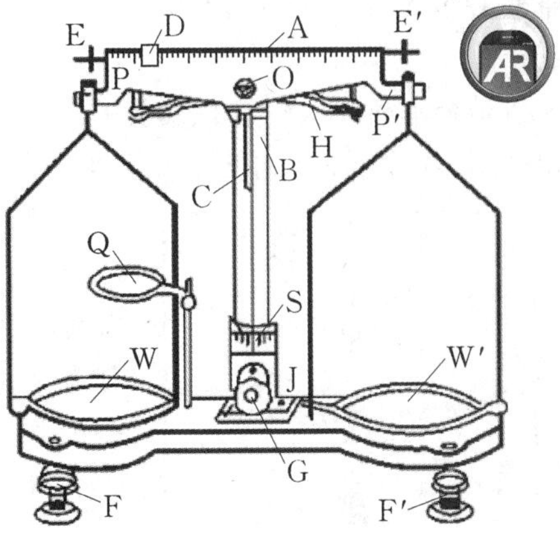

图 1.2.5　物理天平的结构示意图

在使用物理天平前，必须了解其最大称量值(天平允许测量的最大值，即所有砝码的质量和与游码读数最大值之和)、分度值(天平的指针从标尺的中间位置偏离一小格时，天平上两托盘的质量差)、相对精度(天平的分度值与最大称量值之比).

物理天平的使用步骤如下：

第一步，调整底座水平. 通过观察水准仪 J 判断底座的倾斜程度，若水准仪 J 中的气泡不在中心位置，则旋转天平的底座调节旋钮 F 或 F′，使水准仪 J 中的气泡位于中心位置.

第二步，调节横梁平衡. 将游码 D 移至零刻度处，旋转启动螺母 G，使横梁 A 升起，参考分度盘 S 来观察指针 C 的位置. 如果指针 C 静止时指向分度盘 S 的中间刻度或者指针 C 摆动时在分度盘 S 的中间刻度左右对称地摆动，那么表示此时横梁 A 平衡；否则，就要根据指针 C 的倾向相应地调节横梁螺母 E 或 E′，使横梁 A 平衡.

第三步，放置待测物体与称量. 旋转启动螺母 G 制动横梁 A，将待测物体放入天平的左托盘 W，同时在右托盘 W′ 放入砝码，然后再次旋转启动螺母 G，升起横梁 A，参照第二步，观察横梁 A 是否平衡，如果不平衡，则通过增减砝码与移动游码 D，再次使横梁 A 平衡.

第四步，读数. 旋转启动螺母 G，使横梁 A 落下，分别读取砝码与游码 D 的示值，然后相加，所得值就是待测物体的质量.

在物理天平使用的过程中，为了保护天平的刀口 O，在调整横梁 A 平衡、取放物体或者砝码时，要旋转启动螺母 G，使横梁 A 处于制动状态，只有在观察天平是否平衡时才将横梁 A 升起. 为了确保砝码的准确度，在取放砝码时要用镊子夹取.

在实验室中测量质量还会用到电子天平，电子天平使用方法比较简单，主要有初始化、放置物体、静待读数三个主要步骤. 第一步，打开电子天平开关，等待电子天平初始化，静待液晶显示屏上出现一系列的“0” 字样；第二步，把待测物体置于电子天平载物平台，要注意轻拿轻放；第三步，当液晶显示屏上的数字保持不变时就可以进行正确的读数记录.

3. 电学物理量测量工具

大学物理实验中，需要测量的电学物理量有电流、电压及电阻等. 其中电流的测量是其他电学物理量测量的基础，也是许多非电学物理量测量的基础. 电流的测量仪器种类较多，最基本的电流测量仪器为检流计(又叫作微安计). 合理改装检流计，以测量较大的电流，则称之为安培计. 用来测量电压的仪器叫作伏特(Volta)计,测量电阻的仪器叫作欧姆表,还有一种叫作多用表的仪器,功能全面,使用方便,通过挡位的切换可以测量多种电学物理量. 在实验室中经常会用到可以观察到电压波形、频率和相位的示波器,示波器的使用将在具体实验中进行详细介绍.

结合本科生大学物理实验的实际情况,下面主要介绍检流计(指针式)、伏特计(指针式)和多用表(数字式)的使用方法及读数方法.

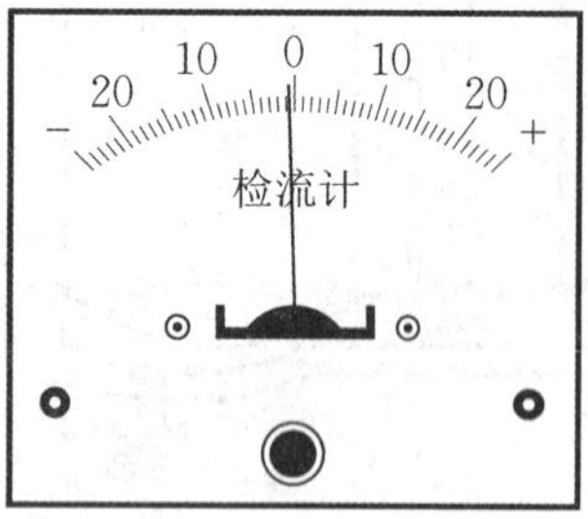

图 1.2.6　检流计的表头

1) 检流计

检流计是一种测量微小电流的仪表,可供电桥、电势差计、电表改装与校准实验使用. 检流计的表头如图 1.2.6 所示,观察其表盘,可以看出零点处于刻度盘的中间,左为负,右为正,可以表示电流的方向. 在表盘的下方有一调零旋钮,可在使用检流计前进行机械调零. 当检流计通过引线串联接入电路时,要注意电路电流不能太大,否则会损坏检流计.

2) 伏特计

伏特计可以用来测量电路的电压,使用时将其正、负两极与待测电路并联,切换到恰当的量程,然后进行读数记录. 在使用过程中,容易出现的问题主要是读数出错. 正确的操作如下:在测量前,将伏特计调零,并选择最大量程,以避免表头过载而打弯指针. 测量时,将正、负两极与信号线相连,根据所测信号大小选择合适的量程. 为了减小误差,要求指针位于满刻度的$\frac{2}{3}$以上.

注意:当伏特计接入被测信号电压时,一般应先接地线,再接信号线.

3) 多用表

多用表可以测量多种电学物理量,如直(交)流电流与电压、电阻的阻值、电容器电容、二极管极性、三极管参数等. 根据表盘可将多用表分为指针式与数字式两类,目前使用频率较高的是数字式多用表. 下面以数字式多用表为例介绍使用方法.

在使用多用表测量不同的物理量时,首先要进行挡位的切换,同时注意量程的选择,以及表笔的正、负极性,这一点在测量电流与电压时尤其要注意. 其次,测量电阻时,必须把电阻从电路中断开,不得带电进行电阻的测量,而且在记录读数时要弄清楚所在挡位的具体意义. 最后,使用完毕后,应将表笔拔出,并且关闭多用表,多用表挡位拨到空挡或最大交流电压挡.

4. 时间测量工具

时间是描述物理过程发生发展过程的一个基本物理量,实验离不开时间的测量. 时间的基本单位是秒(s). 秒与小时(h)和分钟(min)可以按照 1 h=60 min,1 min=60 s,1 h=3 600 s 的关系进行换算. 而在进行实验时,还有可能用到毫秒(ms),$1\ \text{s}=10^3\ \text{ms}$.

实验室常用的时间测量仪器主要是机械秒表(可以精确到 0.2 s)、数字秒表(可以精确到 0.1 s 或 0.01 s)和数字毫秒计(可以精确到 0.1 ms). 例如,在变温黏滞系数的测定实验中使用数字秒表进行测量,在重力加速度的测量实验与三线摆测物体的转动惯量实验中使用数字毫秒计进行测量.

上述三种时间测量仪器都有"计时启动/计时结束"的按钮(按一次启动计时,再按一次计时结束),对于机械秒表和数字秒表,在完成一个计时周期后还可用复位按钮进行复零. 在实验室进行实验时，有时也可以采用手机中的秒表功能来进行测量.

如图 1.2.7 所示，秒表上有开始/停止按钮和复位按钮. 机械秒表在使用前要上紧发条，用完要让秒表继续走动，以防弹性发条疲劳而缩短使用寿命，而数字秒表则在使用后要复零，以减少电能损耗.

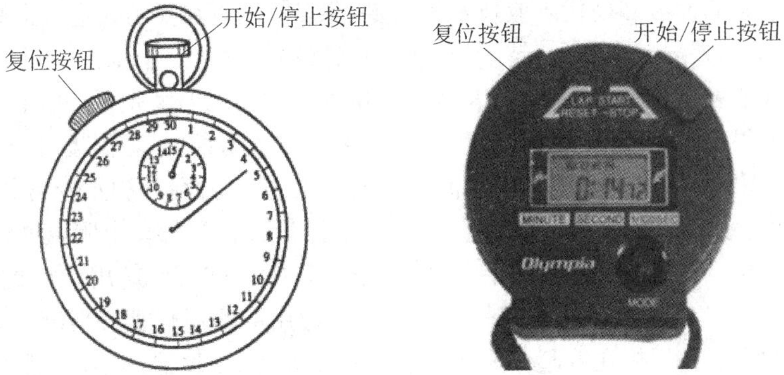

(a) 机械秒表　　(b) 数字秒表

图 1.2.7　秒表

5. 温度测量工具

温度与人们的生活紧密相关，在现代科学技术中，温度测量的跨度很大，其范围可由接近 -273.15 ℃ 到几千摄氏度不等，所采用的测量工具（温度计）种类也就较多，如液体温度计[煤油温度计、酒精温度计、汞（水银）温度计]、气体温度计、固体温度计（电阻温度计、热电偶）、辐射温度计和光测温度计等.

液体温度计是利用液体热胀冷缩的性质制成的. 最早的温度计是意大利科学家伽利略（Galileo）于 1593 年发明的. 它由一根玻璃管及玻璃泡组成，内部装有水. 这种温度计易受到外界影响，测量误差较大. 1659 年，法国科学家布利奥（Boulliau）把玻璃泡的体积缩小，并把水改为汞（由于汞具有危害性，目前已有许多国家出台了限制汞类产品的政策，我国也有相关规定），这样的温度计已具备了现在温度计的雏形. 1714 年，科学家华伦海特（Fahrenheit）又发明了华氏温度计，并用华氏度（℉）为单位来表征温度. 他观察了水的沸腾温度、水和冰混合时的温度、盐水和冰混合时的温度，经过反复实验与核准，最后把一定浓度的盐水凝固时的温度定为0 ℉，把纯水凝固时的温度定为 32 ℉，把 1 个标准大气压下水沸腾的温度定为 212 ℉. 在华氏温度计出现的同时，法国科学家列奥缪尔（Reaumur）也设计制造了一种温度计. 他认为汞的膨胀系数太小，不宜作为测温物质. 经过反复实践，他发现含有 $\frac{1}{5}$ 水的酒精，在水的结冰温度到沸腾温度的过程中，其体积会从 1 000 个体积单位膨胀到 1 080 个体积单位. 因此，他把水的冰点和沸点之间的温度等分成 80 份，定为温度计的温度分度，这就是列氏温度计. 1742 年，瑞典科学家摄尔修斯（Celsius）改进了华氏温度计的刻度，在水的冰点与沸点之间等分成 100 份，成了现在的百分温度，即摄氏温度，用 ℃ 表示. 华氏温度 t_F 与摄氏温度 t 的关系为

$$\frac{t_F}{^\circ F}=\frac{9}{5}\frac{t}{^\circ C}+32 \quad 或 \quad \frac{t}{^\circ C}=\frac{5}{9}\left(\frac{t_F}{^\circ F}-32\right).$$

上述三种温标在世界上多个国家都有使用，英国和美国多用华氏温标，德国多用列氏温标，而我国、法国等大多数国家则多用摄氏温标.

在使用液体温度计测量液体温度时,一般要注意:

① 玻璃泡应全部浸入待测液体中,且不要碰到容器底部和侧壁;

② 玻璃泡浸入待测液体后要稍候,待温度计的示数稳定后再读数;

③ 读数时玻璃泡要留在待测液体中,视线与温度计中液柱的上表面平齐.

随着科学技术的发展和现代工业技术的需要,测温技术也在不断改进和提高.由于测温要求的范围越来越广,差异越来越大,越来越多的测温仪器被发明出来,以满足不同的需要.气体温度计多用氢气或氦气作为测温物质,因为氢气和氦气的液化温度很低,接近于绝对零度,所以它的测温范围很广.这种温度计精确度很高,多用于精密测量.电阻温度计分为金属电阻温度计和半导体电阻温度计,都是根据电阻值随温度变化这一特性制成的.金属电阻温度计的测温物质主要有铂、金、铜、镍等纯金属及铑-铁、磷-青铜等合金;半导体电阻温度计主要用碳、锗等作为测温物质.电阻温度计使用方便可靠,已获得广泛应用.它的测量范围为 $-260\sim600$ ℃.温差电偶温度计是一种工业上广泛应用的测温仪器,利用温差电效应制成,即将两种不同的金属丝焊接在一起作为工作端,另两端与测量仪器连接,形成电路.把工作端放在被测温度处,工作端与自由端温度不同,就会出现电势差,因而有电流通过回路.通过对电学物理量的测量,利用已知处的温度,就可以测定另一处的温度.这种温度计多用铜-康铜、铁-康铜、金-钴-铜、铂-铑等合金制成.它适用于温差较大的两种物质之间,多用于高温和低温测量.有的温差电偶温度计能测量高达 3 000 ℃ 的高温,有的能测量接近绝对零度的低温.

1.3 测量和运算中的有效数字

1.3.1 有效数字的概念

实验中,由于存在一定的测量误差,因此读数给出的数字包含了通过仪器得到的可靠数字与测量误差带来的不可靠数字,统称为有效数字.在实验中,我们要根据仪器的精度、类型确定其中的有效数字,以便规范记录实验数据.

有效数字的位数从左起第一个不为0的数开始数起,直到最后一位数字.例如,0.002 345,0.234 5,2.345 都是 4 位有效数字.在实验中,当处理很大或很小的数据时,有效数字通常使用科学记数法表示.例如,太阳和地球的平均距离可以用有效数字表示为 1.496×10^8 km,珠穆朗玛峰高度可表示为 $8.848\ 86\times10^3$ m.

对于直接测量值,记录的数据的有效位数与仪器精度密切相关,高精度仪器得到的有效数字位数多,而低精度仪器得到的有效数字位数少.实验记录的有效数字包含了可靠数字和最后一位不可靠数字,其中最后一位不可靠数字取决于仪器的类型和仪器的分度值.对于直尺、螺旋测微器、读数显微镜、指针式电表等仪器,其测量数字最后一位需要估读到分度值的 $\frac{1}{2}\sim\frac{1}{10}$,即使是"0"也要记录.而对于游标卡尺、数字式仪表、电阻箱等仪器,其测量数字可直接读出,不需要估读.

1.3.2 有效数字的运算规则

当处理实验数据时，会涉及多个不同有效数字的计算和处理过程．为了规范计算结果，在这些过程中，应当遵循以下规定：

① 当有效数字需要进行修约时，按照“四舍六入五凑偶”的原则进行．例如，当要保留两位有效数字时，4.13 应当记为 4.1，4.17 应当记为 4.2，而 4.15 和 4.25 都应记为 4.2.

② 可靠数字与可靠数字相运算，结果仍为可靠数字.

③ 可靠数字与不可靠数字相运算，结果为不可靠数字.

④ 运算结果只保留一位不可靠数字，末位多余的不可靠数字应当按照有效数字修约规则进行修约.

⑤ 运算中，常系数$\left(如\ 2,\frac{1}{3},\pi\ 等\right)$的位数可以认为是无限多.

根据以上规定，有效数字之间进行代数运算时，应当遵循以下规则：

① 有效数字进行加减运算时，其结果的末位有效数字和参加运算中末位最高的有效数字对齐．例如，$3.124+5.26=8.38$，$5.879-3.2=2.7$.

② 有效数字进行乘除运算时，其结果的有效数字位数与参加运算中有效数字位数最少的那个数相同．当参加运算的有效数字首位相乘大于 10 时，可以再多保留一位有效数字．例如，$32.1\times2.8=90$，$98.2\times7.6=746$.

第2章
力学、热学实验

实验 2.1 常用仪器的使用

掌握常用物理量的测量仪器(直尺、游标卡尺、螺旋测微器、天平、温度计、多用表、秒表)的测量原理、测量方法及读数方法对于理工科类本科学生有着重要的意义.第一,对这些仪器的使用将会伴随着学生的每一次实验,甚至与其今后的工作、生活联系紧密;第二,对这些常用仪器的掌握,有助于学生更好地使用其他高精尖设备;第三,这些常用仪器的使用,有助于学生培养良好的实验习惯.

本实验将在上一章的基础上,重点介绍常用仪器的测量步骤、读数方法、数据处理及注意事项.

实验目的

(1) 熟练掌握常用仪器的使用方法.

(2) 能够正确地使用常用仪器,对给定器材进行测量.

(3) 能够对常用仪器进行正确读数,并进一步提高分析测量数据不确定度的能力,能对结果进行修正.

实验仪器

直尺、游标卡尺、木块、铜管(铝管)、螺旋测微器、小钢球、物理天平、多用表、电阻、温度计、自来水、机械秒表.

实验要求

(1) 3 学时内完成一次实验.

(2) 了解常用仪器的结构和原理.

(3) 使用直尺、游标卡尺测量木块的边长.

(4) 使用游标卡尺测量铜管的内、外径及高度.

(5) 使用螺旋测微器测量小钢球的直径.

(6) 使用物理天平测量物体的质量.

(7) 使用多用表测电阻阻值.

(8) 使用温度计正确测量自来水的温度.

(9) 使用秒表测自己脉搏跳动 50 次或 100 次所用的时间.

(10) 对测量结果进行评价,提交合格的实验报告.

实验内容

1. 长度与质量的测量

认真学习上一章中长度测量工具与质量测量工具的相关内容,并分别测出实验室提供的测量对象(如木块、铜管或铝管、小钢球等)的质量及长、宽、高,内径、外径与直径等.

2. 电阻阻值的测量

1) 观察多用表

对机械式多用表表头(见图 2.1.1)进行仔细观察. 观察时,可以按照表头、选择开关与表笔及其插孔的顺序进行.

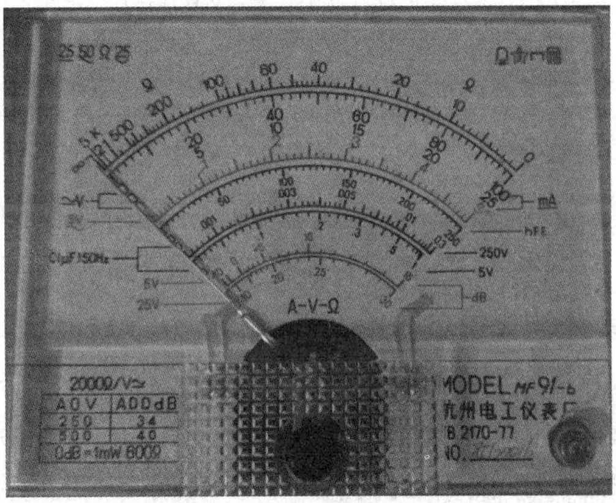

图 2.1.1 机械式多用表表头

(1) 如果表头上刻有"A""V""Ω" 等符号,则表示该表是可以测量电流、电压和电阻等的多用表. 表盘上符号"Ω"所指的线是电阻刻度线,刻度线的右端为零,左端为∞,刻度值分布是不均匀的;符号"—" 或"DC" 表示直流;符号"~" 或"AC" 表示交流;符号"≃" 所指的线是交流和直流共用的刻度线. 刻度线下的几行数字是与选择开关的不同挡位相对应的刻度值. 另外,在表头上设有机械调零旋钮,用以校正指针在左端指零位.

(2) 多用表的选择开关是一个多挡位的旋转开关,用来选择测量项目和量程. 一般多用表的测量项目包括"mA"(直流电流)、"$\overline{V}$"(直流电压)、"$\tilde{V}$"(交流电压) 和"Ω"(电阻). 每个测量项目又划分为几个不同的量程或挡位以供选择.

(3) 表笔分为红、黑两支. 使用时应将红色表笔插入标有"+" 号的插孔,黑色表笔插入标有"—" 号的插孔.

2) 使用多用表的注意事项

(1) 使用多用表前,首先将多用表水平放置,并检查表针是否停在表盘左端的零位,若有偏离,可用小螺丝刀轻轻转动表头上的机械调零旋钮,使表针指零;其次,将表笔按要求插入插孔；最后，将选择开关旋到相应的测量项目和量程上，就可以使用了.

（2）使用完多用表后，第一步，拔出表笔；第二步，将选择开关旋至“OFF”挡，若无此挡，应旋至交流电压最大量程挡，如“$\tilde{\mathrm{V}}$ - 1000 V”挡；第三步，若长期不用，应将表内电池取出，以防电池电解液渗漏而腐蚀内部电路.

3）用数字式多用表测量电阻

（1）测量步骤. 数字式多用表（见图 2.1.2）欧姆挡可以测量导体的电阻. 欧姆挡用“Ω”表示，分为 200，2 k，20 k，200 k，2 M 和 20 M 等挡位. 测量时，首先将红表笔插入“VΩ”孔，黑表笔插入“COM”孔，挡位旋钮打到“Ω”挡的适当位置，然后分别用红、黑表笔接到电阻两端的金属部分，读出显示屏上显示的数据.

图 2.1.2　数字式多用表

（2）注意事项. ① 量程的选择和转换. 量程选小了，显示屏上会显示“1.”，此时应换用较大的量程；反之，如果量程选大了，显示屏上会显示一个接近于“0”的数，此时应换用较小的量程. ② 显示屏上显示的数字加上挡位的单位就是电阻的阻值. 注意“200”挡的单位是“Ω”，“2 k ～ 200 k”挡的单位是“kΩ”，“2 M ～ 2 000 M”挡的单位是“MΩ”.

3. 正确测量自来水的温度

（1）使用温度计时，应握持它的上部，实验中不允许将温度计当作搅拌棒使用.

（2）测量液体的温度时，必须使温度计的整个玻璃泡全部浸入待测液体，玻璃泡不能接触容器底部和侧壁，否则测出来的温度会有偏差，读数时，玻璃泡应留在待测液体中.

（3）温度计是用厚玻璃管制成的，温度的刻度在管的外表面，作为测温物质的液体装在管子里，读数的时候眼睛必须保持在温度计液面的同一高度上，否则会产生误差.

4. 用秒表（以机械秒表为例）测自己脉搏跳动 50 次或 100 次所用的时间

（1）观察秒表的构造和表盘，确认大、小表盘一周的量程及分度值.

（2）按动三次按钮，观察指针的动作，了解秒表的计时方法.

（3）启动后，看大针转过一周时，小针转过多少，了解大、小指针转动之间的关系和读数方法. 读数时应按先小后大的顺序看两指针指示的刻度.

数据处理

在数据处理过程中，只要将相应的测量数据代入以下公式即可得到对应物理量的不确定度.（各测量值用 x 表示.）

注　若物理量为电压 U 或电流 I，则 $\Delta_{仪}$ = 量程 × a%，其中 a 为指针式仪表的准确度等级；若测量时使用数字式仪表，则 $\Delta_{仪}$ 为最末一位的一个单位或按仪器说明估算.

x 的平均值

$$\overline{x}=\frac{1}{n}\sum_{i=1}^{n}x_i.$$

A 类不确定度

$$u_A = \sqrt{\frac{\sum_{i=1}^{n}(x_i - \overline{x})^2}{n(n-1)}} \quad (t_P \text{ 取值为 } 1).$$

B类不确定度

$$u_B = \frac{\Delta_{仪}}{\sqrt{3}}.$$

合成不确定度

$$U_x = \sqrt{u_A^2 + u_B^2}.$$

相对不确定度

$$E_U = \frac{U_x}{\overline{x}} \times 100\%.$$

x 的测量结果的完整表示为

$$x = \overline{x} \pm 2U_x.$$

原始数据记录(实验 2.1)

表 2.1.1　木块几何参数测量

测量次序	1	2	3	4	5	6	平均值
长度 a/cm							
宽度 b/cm							
高度 h/cm							

表 2.1.2　铜管(铝管)几何参数测量

测量次序	1	2	3	4	5	6	平均值
内径 d/cm							
外径 D/cm							
高度 h/cm							

表 2.1.3　小钢球的直径测量　　(零点读数:D_0 = ________)

测量次序	1	2	3	4	5	平均值	平均值(修正零点读数)
直径 D/cm							

表 2.1.4　物体质量测量

测量次序	1	2	3	4	5	6	平均值
物体质量 /kg							

表 2.1.5　电阻阻值测量

测量次序	1	2	3	4	5	6	平均值
电阻 R_1/Ω							
电阻 R_2/Ω							
电阻 R_3/Ω							

温度数据记录:自来水的温度 t = ________ ℃.

秒表数据记录:脉搏跳动 50 次或 100 次所用的时间 T = ________ s.

大学物理实验预习报告

实验项目 常用仪器的使用

班别________________学号________________姓名________________

实验进行时间______年______月______日,第______周,星期______,______时至______时

实验地点________________

实验目的

实验原理简述

实验中应注意事项

实验 2.2 固体密度的测量

密度是物质的一种基本属性,利用密度可以鉴定物体的物质组成,同时也可以确定物体的结构.例如,在工业上经常采用测量密度的方式来对物质进行成分分析和纯度鉴定.密度是指单位体积内所含物质质量的多少,一般表示为 $1\ m^3$ 的体积所包含的物质质量,单位为kg/m^3.物质的密度测量有多种方法,基本方法是利用密度的定义式,即分别测量物质的质量 m 和相应的体积 V,则可得该物质的密度 $\rho=\dfrac{m}{V}$.对于液体或气体,可以利用密度测试仪测量密度.对于固体类物质,还可以采用排水法测量密度.

实验目的

(1) 学习利用基本方法测量固体的密度,并且进一步强化常用仪器的使用.

(2) 了解天平的结构,掌握它的使用方法,学会正确读数、记录数据.

(3) 学习并掌握使用排水法测量固体体积的原理和测量方法.

实验仪器

直尺、游标卡尺、螺旋测微器、物理天平(或电子天平)、量筒(或量杯)、毛巾、细线、铁块、镊子和待测物体若干.

实验原理

固体具有不同的形状与结构,其中体积的测量对密度测量结果的影响较大.对于不同的固体,其密度测量方法也有差别.

1. 形状规则物体密度的测量

对于形状规则的物体,如长方体、球体等,在内部没有孔洞的基础上可以先利用天平测量物体的质量 m,然后利用直尺、游标卡尺或螺旋测微器等工具测量其长、宽、直径等几何参数,再计算体积,最终求出该物体的密度.

例如,现有一个球形物体,其质量为 m,直径为 d,其密度可表示为

$$\rho=\frac{6m}{\pi d^3}.$$

又如,现有一个待测的长方体木块,其质量为 m,长为 a,宽为 b,高为 h,其密度可表示为

$$\rho=\frac{m}{abh}.$$

2. 形状不规则物体密度的测量

1) 排水法测量形状不规则物体的密度

大部分固体的形状是不规则的,其密度一般采用排水法进行测量.阿基米德(Archimedes)原理指出,浸在液体中的物体受到一向上的浮力,其大小等于物体所排开的液体受到的重力.根据这一原理,可以求出物体的体积.

如图 2.2.1 所示,一块新开出来的矿石形状不规则,测量该矿石密度的步骤如下:① 用天平测量该矿石在空气中的质量 m_1;② 把该矿石用细线系好,将它完全浸入水中,细线的另一端挂在天平托盘挂钩上,待水与矿石完全静止后,记录此时天平的读数 m_2.

由牛顿第二定律可得 $T+F_{浮}=G$(T 为矿石在水中受到的细线对它的拉力,$T=m_2g$;$F_{浮}$ 为矿石受到水对其的浮力,$F_{浮}=\rho_{水}gV_{排}$,$\rho_{水}$ 为实验温度下水的密度;G 为矿石所受到的重力,$G=m_1g$),即

$$m_2g+\rho_{水}gV_{排}=m_1g,$$

解得

$$V_{排}=\frac{m_1-m_2}{\rho_{水}},$$

从而该矿石的密度为

$$\rho=\frac{m_1}{m_1-m_2}\rho_{水}.$$

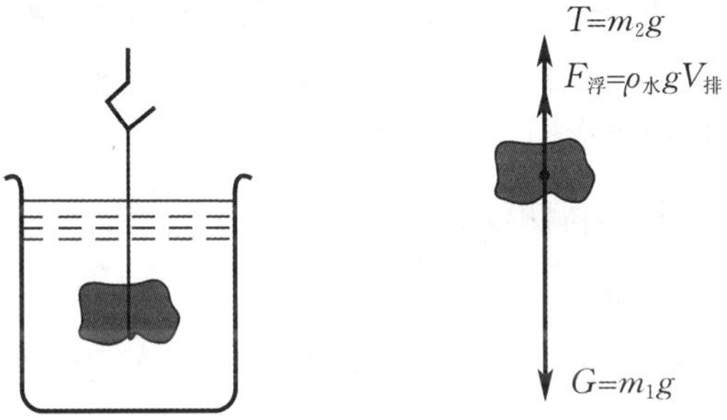

(a)　(b)

图 2.2.1　排水法测矿石的密度

2) 排水法测密度小于水的固体的密度

利用上述方法仅可以测量密度大于 10^3 kg/m^3(水的密度)的固体材料的密度.对于密度小于 10^3 kg/m^3 的固体材料,还需要借助辅助物来完成测量工作,因为当待测物的密度小于水的密度时,待测物不能自行浸入水中.

(1) 方法一:① 用天平测量待测物在空气中的质量 m;② 将待测物拴上一重物,读取重物在水中、待测物在空气中时的合质量 m_2[见图 2.2.2(a)];③ 读取待测物和重物都浸没在水中时的合质量 m_3[见图 2.2.2(b)].

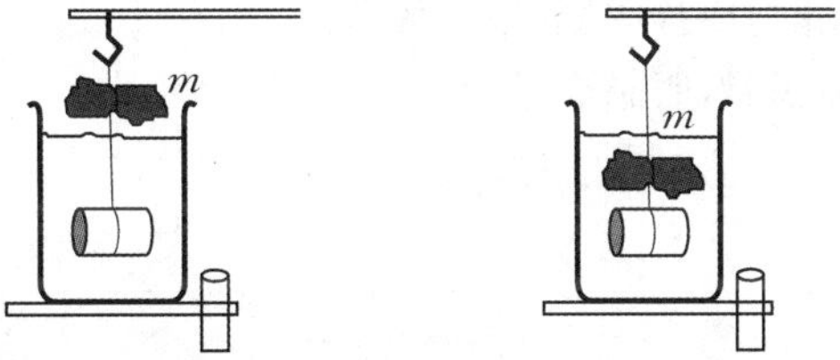

(a) 测量m_2　(b) 测量m_3

图 2.2.2　排水法测密度小于水的固体的密度

待测物的密度为

$$\rho=\frac{m}{m_2-m_3}\rho_{水}.$$

(2) 方法二:① 用天平测量待测物的质量 m;② 取一量筒,倒入适量的水;③ 用线拴住一重物(如铁块) 并将它没入水中,记下这时量筒中水和重物的总体积 V_1;④ 用线把重物与待测物绑在一起,将它们没入水中,记下这时量筒中水、重物和待测物的总体积 V_2.

待测物的体积为

$$V=V_2-V_1.$$

待测物的密度为

$$\rho=\frac{m}{V_2-V_1}.$$

实验内容

1. 测量形状规则物体的密度

(1) 用直尺、游标卡尺、螺旋测微器测量待测物(长方体木块、铝管、小钢球) 的几何参数,选不同位置测量六次,取算术平均值,并记录数据于实验表格内.

(2) 用天平测量待测物的质量 m.

(3) 利用公式 $\rho=\frac{m}{V}$ 计算出待测物的密度.

2. 测量形状不规则物体的密度

自行设计步骤,任选一种测量方法测量密度大于水或者小于水的待测物的密度.

数据处理

(1) 根据具体待测物的形状及性质,自行设计表格,记录数据.

(2) 利用密度公式,计算待测物的密度.

(3) 计算相对误差.

(4) 分析、评价实验结果.

注意事项

(1) 直尺、游标卡尺和螺旋测微器的使用注意事项见 1.2.3 小节.

(2) 在固体密度的测量过程中,应轻拿轻放,避免天平受损.

(3) 在拴重物及待测物时,应拴牢固,以免脱落.

(4) 读取量筒中的总体积时,眼睛要平视.

思考题

1. 如何用本实验介绍的方法测量某种液体的密度?
2. 如何测量木块的密度?

原始数据记录(实验 2.2)

表 2.2.1　长方体测量

测量次序	长度 /mm	宽度 /mm	高度 /mm
1			
2			
3			
4			
5			
6			
平均值			
质量 m/g			

表 2.2.2　圆柱体测量

测量次序	内径 /mm	外径 /mm	长度 /mm
1			
2			
3			
4			
5			
6			
平均值			
质量 m/g			

表 2.2.3　球体测量

测量次序	1	2	3	4	5	6	平均值
直径 /mm							
质量 m/g							

大学物理实验预习报告

实验项目 固体密度的测量

班别__________________ 学号__________________ 姓名__________________

实验进行时间______年______月______日,第______周,星期______,______时至______时

实验地点____________________

实验目的

实验原理简述

实验中应注意事项

实验 2.3 重力加速度的测量

重力加速度是一个物体由于受地球引力作用而具有的加速度，也叫作自由落体加速度. 通常，重力加速度是地球表面附近的物体在真空环境下自由下落的加速度，记为 g. 受地球自转、地形、海拔高度、地壳成分等因素的影响，地表不同地区的重力加速度会有所差异. 重力加速度的精确测量在国防科技、经济建设和科学研究中具有十分重要的意义，可以应用于重力探矿、重力预震、地球物理学和空间科学研究等领域中.

重力加速度的测量方法有落体法、单摆法、复摆法、弦振动法等. 在本实验中，将使用落体法和单摆法两种方法对重力加速度进行测量，并对比这两种方法得到的重力加速度的测量精度和优缺点.

实验目的

(1) 掌握用落体法测量重力加速度的原理和测量方法.
(2) 掌握用单摆法测量重力加速度的原理和测量方法.
(3) 学会用作图法处理实验数据.
(4) 了解实验中不同数据处理方法导致的误差和不确定度的分析方法.

实验仪器

(1) 落体法装置：自由落体装置(包括两个光电门、数字毫秒计)、金属小球.
(2) 单摆法装置：单摆装置、直尺、游标卡尺、数字毫秒计、细线、金属小球、摆幅测量标尺.

实验原理

1. 落体法

落体法是通过测量小球在重力作用下自由下落的时间和高度来间接得到重力加速度的一种方法，实验装置如图 2.3.1 所示. 在仪器顶端有被电磁铁吸住的小球，下方有两个光电门 A 和 B. 当电磁铁断电后释放小球，小球在重力作用下直线下落. 当小球经过光电门 A 时启动计时，经过光电门 B 时停止计时. 光电门 A 和 B 之间的高度差记为 h_1，下落时间记为 t_1，则有

$$h_1 = v_0 t_1 + \frac{1}{2} g t_1^2, \tag{2.3.1}$$

式中，g 是重力加速度，v_0 是经过光电门 A 时小球的初速度. 由于上式中初速度 v_0 与重力加速度 g 都是未知量，为了测量重力加速度 g，可以变换光电门B的高度(见图 2.3.1 中最下方的光电门B的位置)，再进行一次同样的测量. 这次测量得到光电门A和B之间的高度差记为 h_2，下落时间记为 t_2，则有

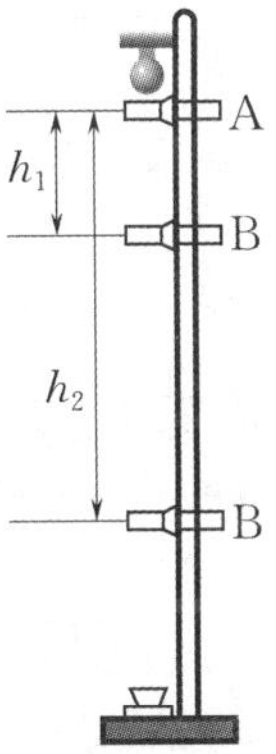

图 2.3.1 落体法

$$h_2 = v_0 t_2 + \frac{1}{2} g t_2^2. \tag{2.3.2}$$

联立式(2.3.1)与式(2.3.2),消去 v_0,得到

$$g=\frac{2\left(\frac{h_2}{t_2}-\frac{h_1}{t_1}\right)}{t_2-t_1}. \tag{2.3.3}$$

式(2.3.3)中,h_1 和 h_2 是两个光电门之间的高度差,与小球底部到光电门A的距离无关;t_1 和 t_2 是小球两次经过光电门A,B之间的时间,不需要考虑小球开始下落时到触碰到光电门A的时间,也不需要对小球的直径进行测量. 因此,用这种方法测量重力加速度具有简单易用的特点.

实验中,还可以通过变换光电门B的位置对重力加速度进行多次测量. 假设有8组测量数据,光电门A和B之间的高度差为 h_i,测量得到下落时间为 $t_i(i=1,2,\cdots,8)$. 利用这些测量数据,可以使用三种不同的方法求出重力加速度.

(1) 根据每四组数据进行一次逐差的方法,可以得到重力加速度的测量值为

$$g=\frac{2\left(\frac{h_8}{t_8}+\frac{h_7}{t_7}+\frac{h_6}{t_6}+\frac{h_5}{t_5}-\frac{h_4}{t_4}-\frac{h_3}{t_3}-\frac{h_2}{t_2}-\frac{h_1}{t_1}\right)}{t_8+t_7+t_6+t_5-t_4-t_3-t_2-t_1}. \tag{2.3.4}$$

假设第 i 组测量中,两个光电门计时的不确定度为 $U_{t_i}(i=1,2,\cdots,8)$,各组的高度差测量不确定度均为 U_h,则根据式(2.3.4)和误差传递公式,g 的不确定度为

$$U_g=\frac{2}{\sum\limits_{i=5}^{8}t_i-\sum\limits_{j=1}^{4}t_j}\sqrt{\sum_{i=1}^{8}\left[\frac{U_h^2}{t_i^2}+\left(\frac{v_{0i}}{t_i}+g\right)^2U_{t_i}^2\right]}, \tag{2.3.5}$$

式中,$v_{0i}=\frac{h_i}{t_i}-\frac{1}{2}gt_i^2$ 为第 i 组数据得到的初速度值.

(2) 使用作图法处理数据. 在坐标纸上以 t 为横坐标、$\frac{h}{t}$ 为纵坐标绘出8组数据的坐标位置. 将8组数据用一条尽量靠近所有数据点的直线连接起来. 在直线上取两个距离较远的点,根据两个点的横坐标和纵坐标距离求出该直线的斜率 k. 重力加速度 g 为斜率 k 的两倍,即 $g=2k$.

(3) 将前7组中的每组测量数据分别与第8组数据对比,求得7个重力加速度测量值 g_i,即

$$g_i=\frac{2\left(\frac{h_8}{t_8}-\frac{h_i}{t_i}\right)}{t_8-t_i}\quad(i=1,2,\cdots,7). \tag{2.3.6}$$

需要注意的是,每组 g_i 的测量精度都是不同的. 根据式(2.3.6)和误差传递公式,g_i 的不确定度为

$$U_{g_i}=\frac{2}{t_8-t_i}\sqrt{\left(\frac{U_h^2}{t_i^2}+\frac{U_h^2}{t_8^2}\right)+\left[\left(\frac{v_{0i}}{t_i}+g_i\right)^2U_{t_8}^2+\left(\frac{v_{08}}{t_8}+g_i\right)^2U_{t_i}^2\right]}, \tag{2.3.7}$$

式中,$v_{0i}=\frac{h_i}{t_i}-\frac{1}{2}g_it_i^2$,$v_{08}=\frac{h_8}{t_8}-\frac{1}{2}g_it_8^2$. 经简单分析可知,为了使得 U_{g_i} 尽量小,应当让初速度 v_{0i} 和 v_{08} 尽量小,即光电门A应当尽量靠近小球下落处. 当光电门A固定以后,通过简单的数学分析可知,U_{g_i} 在 t_i 取某个值时存在最小值. 由于 t_i 和 h_i 有一一对应的关系,可以通过分

析每组测量数据，将精度最高的 g_i 值找出，作为重力加速度的最佳测量值.

2. 单摆法

单摆法是通过测量一个由细线悬挂的小球的摆动周期来间接测量重力加速度的方法. 一个质量为 m 的小球挂在一根绳子上，从一定高度释放后，小球在重力作用下，在竖直平面内的平衡位置左右摆动(见图 2.3.2). 绳子重量可以忽略不计，单摆的摆长 L 为小球质心到悬点的长度. 记 θ 为绳子与竖直方向的夹角，则小球的速度为 $L\dfrac{\mathrm{d}\theta}{\mathrm{d}t}$，与最低点的高度差为 $L(1-\cos\theta)$. 忽略空气阻力和浮力，取最低点为重力势能零点，根据能量守恒定律，单摆在任一位置的总能量

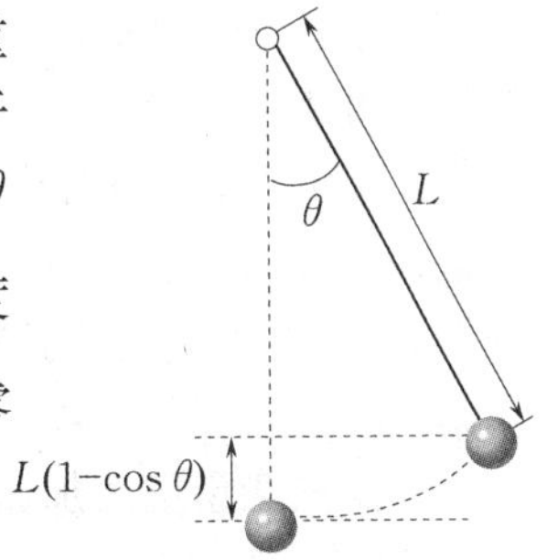

图 2.3.2　单摆法

$$E=\frac{1}{2}m\left(L\frac{\mathrm{d}\theta}{\mathrm{d}t}\right)^2+mgL(1-\cos\theta)=E_0,$$

式中，E_0 为单摆初始能量. 假设小球初始释放时绳子与竖直方向的夹角为 θ_0，则

$$E_0=mgL(1-\cos\theta_0).$$

方程可以化简为

$$\frac{\mathrm{d}\theta}{\mathrm{d}t}=\sqrt{\frac{2g}{L}}\sqrt{\cos\theta-\cos\theta_0}.$$

单摆的周期为

$$T=\int\mathrm{d}t=4\int_0^{\theta_0}\sqrt{\frac{L}{2g}}\frac{\mathrm{d}\theta}{\sqrt{\cos\theta-\cos\theta_0}}=2\pi\sqrt{\frac{L}{g}}\left(1+\frac{1}{4}\sin^2\frac{\theta_0}{2}+\cdots\right).\tag{2.3.8}$$

可以看到，在式(2.3.8)中，当 θ_0 较大时，θ_0 也会对周期的测量产生影响，取一阶近似，则周期和重力加速度分别为

$$T=2\pi\sqrt{\frac{L}{g}}\left(1+\frac{1}{4}\sin^2\frac{\theta_0}{2}\right),\tag{2.3.9}$$

$$g=\frac{4\pi^2L}{T^2}\left(1+\frac{1}{4}\sin^2\frac{\theta_0}{2}\right)^2.\tag{2.3.10}$$

若 $\theta_0\approx0°$，则重力加速度为

$$g=\frac{4\pi^2L}{T^2}.\tag{2.3.11}$$

在实验中，可以采用不同的初始角度 θ_0 或摆长 L，并测量相应的周期 T，用多组数据求平均值的方法求出重力加速度. 也可以使用作图法画出以 $\sin^2\dfrac{\theta_0}{2}$ 为横坐标、T 为纵坐标的测量点，用一条尽量靠近所有数据点的直线连接起来. 将直线向横轴左边外推，从截距中得到 $\theta_0=0°$ 时的周期 T，根据式(2.3.11)得到重力加速度 g.

实验内容

1. 落体法测量重力加速度

(1) 调整自由落体装置，使之水平. 安装吊线锤，检查立柱是否竖直，若未竖直，则旋动三个底脚螺钉调整，要求使吊线通过光电门的圆孔中心. 确认仪器水平后拆除吊线锤.

(2) 熟悉数字毫秒计的使用方法. 一般光电联动计时仪器有多种计时方式,本实验采用的是双光电门方式. 检验方法如下:用小物件(如纸片等)遮挡一下上光电门,这时数字毫秒计应该开始计时,再遮挡一下下光电门,此时数字毫秒计应该停止计时.

(3) 将上光电门安装在小球底部下方 5 ~ 10 cm 处(之后不再移动),将下光电门安装在上光电门下方 10 cm 处.

(4) 打开数字毫秒计中的电磁铁开关,使小球被电磁铁吸住. 关闭电磁铁开关,小球下落,数字毫秒计计时. 此时数字毫秒计显示次数应为 2,时间窗口显示下落时间 t. 将下落时间记录到表 2.3.1 中. 重复实验五次,并求下落时间的平均值.

(5) 向下移动下光电门 10 cm,重复步骤(4). 共测量八次.

2. 单摆法测量重力加速度

1) 验证周期与摆角的关系

(1) 调节小球挂绳的长度到适当值(1 ~ 1.2 m 左右),使用直尺测量挂绳悬点到小球表面的距离 l,使用游标卡尺测量小球的直径 D. 每个量在不同位置测量三次,将测量数据填入表 2.3.2,并计算摆长 $L = l + \frac{D}{2}$.

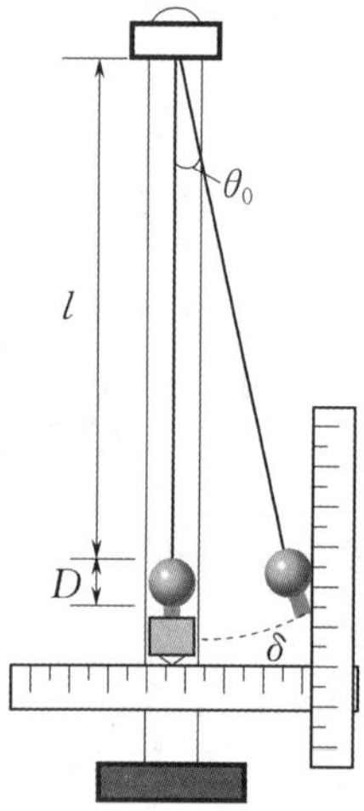

图 2.3.3　单摆法测量重力加速度

(2) 调节单摆装置,使之水平. 当小球静止悬挂,不再摆动时,挂绳大致与挂杆平行;调节光电门的位置,使小球下方的塑料挡板刚好挡住光电门;调节水平标尺的高度和位置,使小球和光电门位于水平标尺正上方,记录小球垂直悬挂静止时光电门的位置.

(3) 移动竖直标尺,使小球的初始水平位移为 δ(见图 2.3.3). δ 的要求值见表 2.3.3.

(4) 打开数字秒表(人工计时),按"R"键重置数字秒表,调节计数为 60 次.

(5) 将小球在水平方向移动至竖直标尺处,使小球表面与竖直标尺刚好接触. 由几何关系可知,水平位移 δ 与摆角 θ 的关系为 $\delta = L\sin\theta + \frac{D}{2}$. 将小球放开,小球将进行周期摆动. 同时,按下计时器的开始键"⌒"开始计时,数字秒表计数达到 60 次后会自动停止计时,并显示 30 个周期的总时间 t. 每组实验重复三次,数据记入表 2.3.3.

(6) 按表 2.3.3 提供的 δ 值,重复(3) ~ (5) 步骤. 对每个 δ 值重复做三次. 将实验数据记入表 2.3.3.

2) 验证周期与摆长的关系

根据表 2.3.4,改变摆线长 l,使用类似的方法完成实验,并将实验数据记录到表 2.3.4 中. 要求初始时摆角 $\theta_0 < 5°$.

数据处理

1. 落体法

(1) 计算 t 的不确定度 U_{t_i} 并填入表 2.3.5.

(2) 计算高度差 h 的不确定度 U_h,其中 A 类不确定度 $u_A = 0$.

(3) 根据实验原理中描述的方法(1),用逐差法计算重力加速度 g,并求相应的不确定度 U_g.

(4) 根据实验原理中描述的方法(2),用作图法求 g 值.

(5)(选做) 根据实验原理中描述的方法(3),计算每个 h_i 对应的重力加速度 g_i 和不确定度 U_{g_i},填入表 2.3.5. 在所有结果中,取最小误差的点作为实验测量得到的最佳 g 值.

将上述每种方法得到的 g 值与当地标准重力加速度值 g_0 做对比,计算相对误差

$$E_g = \frac{|g-g_0|}{g_0} \times 100\%.$$

2. 单摆法

(1) 利用作图法求重力加速度. 根据表 2.3.4 中的数据作 $T-\sin^2\frac{\theta_0}{2}$ 关系图,验证摆角和周期之间的关系,并用外推法求出 $\theta_0=0°$ 时的周期 T. 根据式(2.3.11) 求重力加速度 g.

(2) 根据表 2.3.4 中的数据进行计算,完成表 2.3.6. 其中每组摆长对应的重力加速度 g 可以根据式(2.3.11) 求得. 在单摆法中,重力加速度的不确定度

$$U_g = g\sqrt{\left(\frac{U_L}{L}\right)^2 + \left(\frac{2U_T}{T}\right)^2},$$

式中,摆长的不确定度 $U_L = u_B$.

(3) 对比测量值 g 与当地标准重力加速度值 g_0 的差别,计算相对误差

$$E_g = \frac{|g-g_0|}{g_0} \times 100\%.$$

3. 对比测量重力加速度的两种实验方法和数据处理方法

比较测量重力加速度的两种实验方法和数据处理方法,哪一种更简单、方便、实用? 所得到的测量结果,哪一种更精确? 分析产生误差的原因.

注意事项

(1) 在落体法实验中,要求上、下两光电门中心在同一条铅垂线上,使小球下落时的中心通过两个光电门的中心.

(2) 在落体法和单摆法实验中,支柱都不应该有晃动,实验过程中不要碰撞实验装置.

思考题

1. 在单摆法实验中,为什么单摆必须在竖直平面内摆动?

2. 将所得的实验结果与当地标准重力加速度值相比较,能得出什么结论? 若有偏差,试分析.

原始数据记录(实验 2.3)

表 2.3.1　落体法测量重力加速度

下光电门与上光电门的高度差 /cm		下落时间 t/s						平均速度 $\overline{v}_i=\frac{h_i}{t}$/(cm/s)
		1	2	3	4	5	平均值	
h_1	10							
h_2	20							
h_3	30							
h_4	40							
h_5	50							
h_6	60							
h_7	70							
h_8	80							

表 2.3.2　单摆法测量重力加速度(1)

测量次序	小球直径 D/cm	摆线长 l/cm	摆长 $L=\left(l+\frac{D}{2}\right)$/cm
1			
2			
3			
平均值			

表 2.3.3　单摆法测量重力加速度(2)

光电门底部对应的标尺位置:________ cm

初始水平位移 δ/cm	30 个周期总时间 t/s				平均单个周期 T/s
	1	2	3	平均值	
5					
10					
15					
20					

表 2.3.4 单摆法测量重力加速度(3)

摆线长 l/cm	初始水平位移 δ/cm	30 个周期总时间 t/s				平均单个周期 T/s
		1	2	3	平均值	
60						
80						
100						
120						

表 2.3.5 落体法测量重力加速度不确定度计算

上、下光电门的高度差 h_i/cm	下落时间的不确定度 U_{t_i}/s	重力加速度 g_i/(cm/s^2)	重力加速度的不确定度 U_{g_i}/(cm/s^2)
10			
20			
30			
40			
50			
60			
70			
80			

表 2.3.6 单摆法测量重力加速度不确定度计算

摆长 L/cm	重力加速度 g/(cm/s^2)	单个周期的不确定度 U_T/s	重力加速度的不确定度 U_g/(cm/s^2)
$60+\frac{D}{2}$			
$80+\frac{D}{2}$			
$100+\frac{D}{2}$			
$120+\frac{D}{2}$			

大学物理实验预习报告

实验项目**重力加速度的测量**

班别__________________学号__________________姓名__________________

实验进行时间______年______月______日,第______周,星期______,______时至______时

实验地点____________________

实验目的

实验原理简述

实验中应注意事项

实验 2.4 三线摆法测物体的转动惯量

转动惯量是刚体绕某定轴旋转时惯性的量度，其量值取决于刚体的形状、质量分布及转轴的位置，而与刚体是否处于旋转状态无关. 刚体的转动惯量在科学实验、工程技术、航天、电力、机械、仪表等许多领域有重要的应用. 许多涉及转动动力学的问题，如钟摆的摆动、直升机螺旋桨的转动、火箭发射和飞行控制等，都与转动惯量的大小密切相关. 对于几何形状简单、质量分布均匀的刚体，可以直接用数学方法计算出它相对于转轴的转动惯量. 而对于几何形状复杂、质量分布不均匀的刚体，其转动惯量只能通过实验的方法来精确地测定. 因此，学会使用实验方法来测定刚体的转动惯量具有重要的实际意义.

实验上，为测定刚体的转动惯量，一般先让刚体以某种形式进行运动，再通过描述运动的某些物理量与转动惯量的关系来进行测定. 测定刚体转动惯量的方法有很多，常用的有三线摆法、扭矩法、复摆法等. 本实验采用三线摆法，通过周期扭转运动测定刚体的转动惯量，其特点是物理图像清楚、操作简便易行、适合各种形状的物体，如机械零件、电机转子、枪炮弹丸、电风扇的风叶等.

实验目的

（1）掌握三线摆法测物体转动惯量的原理和测量方法.

（2）用三线摆法测定圆盘、圆柱和圆环的转动惯量.

（3）验证转动惯量的平行轴定理.

实验仪器

转动惯量测量仪、数字毫秒计、电子秤、气泡水准仪、直尺、游标卡尺、金属圆柱、金属圆环.

实验原理

1. 刚体转动惯量的理论基础知识

当刚体绕某个定轴转动时，其转动惯量 J 定义为刚体中每个质元的质量 $\mathrm{d}m$ 与质元到转轴距离 r 平方的乘积的积分：

$$J=\int r^2\,\mathrm{d}m.$$

可见，转动惯量与刚体的质量分布和转轴位置有关.

转动惯量是描述刚体在外力矩作用下改变其转动状态难易程度的物理量. 当外力矩 M 作用于刚体时，刚体将获得角加速度 α，根据刚体的转动定律有

$$\alpha=\frac{M}{J}.$$

因此，转动惯量越大的刚体，在相同力矩的作用下获得的角加速度越小，其转动状态越难改变. 将刚体的转动定律与牛顿第二定律对比，可以看到，转动惯量与质量意义相当，是刚体在转动过程中惯性的量度.

某些形状规则、质量分布均匀的物体，其转动惯量可以通过计算获得. 例如，本实验中，对于底面直径为 D、总质量为 m 的圆柱形物体，绕垂直于底面且经过圆心的定轴转动时的转动惯量为 $J=\frac{1}{8}mD^2$；对于外直径为 D_2、内直径为 D_1、总质量为 m 的圆环，绕垂直于环面且经过环心的定轴转动时的转动惯量为 $J=\frac{1}{8}m(D_2^2+D_1^2)$.

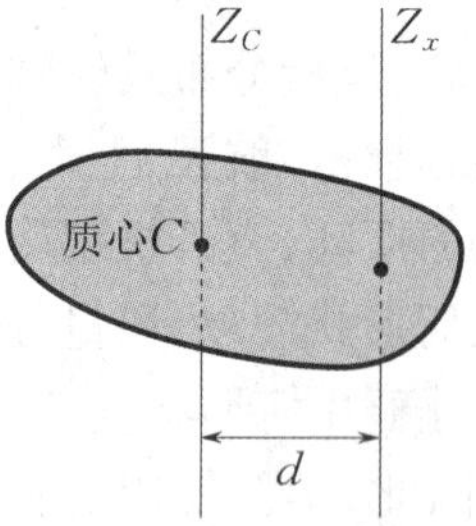

图 2.4.1　平行轴定理

刚体的转动惯量与转轴有关. 如图 2.4.1 所示，假设刚体质量为 m，质心位于 C 点，其相对于通过质心 C 的转轴 Z_C 的转动惯量为 J_C，另一转轴 Z_x 与 Z_C 互相平行，两平行轴相距为 d，则刚体相对于转轴 Z_x 的转动惯量为

$$J_x=J_C+md^2.$$

这一结论称为平行轴定理.

2. 三线摆原理

本实验使用三线摆法测定圆柱和圆环的转动惯量.

三线摆装置的结构如图 2.4.2 所示，它由上、下两个圆盘及三条等长的悬线连接而成. 上、下两个圆盘的三个悬线点连线均构成等边三角形，其内接圆的圆心分别与上、下圆盘的圆心重合（一般上圆盘半径比下圆盘半径小），上、下圆盘的圆心分别记为 O 和 O'，将上圆盘转动一小角度，可使下圆盘绕转轴 OO' 来回转动. 在下圆盘转动过程中，如果上、下圆盘都处于水平状态，并且下圆盘转动时没有晃动，那么下圆盘的质心将沿转轴 OO' 竖直升降. 在这一过程中，下圆盘（包括放置在下圆盘上面的物体）的势能与动能相互转化. 下圆盘转动的周期与它的转动惯量有关. 若下圆盘上放置了其他物体，则下圆盘的转动周期将发生变化.

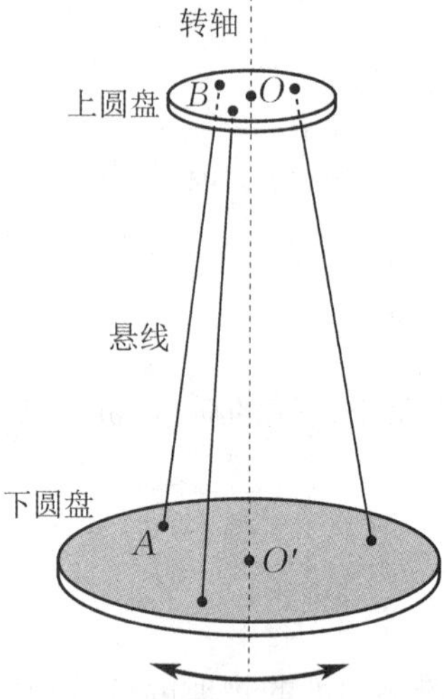

图 2.4.2　三线摆装置的结构

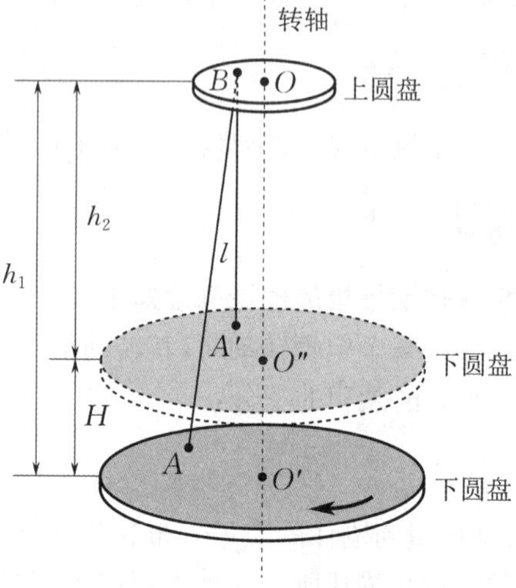

图 2.4.3　下圆盘转动的侧视图

下面研究下圆盘转动周期与其转动惯量的关系.

如图2.4.3所示，当上、下圆盘都静止时，下圆盘位于最低处，记上、下圆盘高度差为 h_1，悬线长度为 l. 当小角度转动上圆盘，再放开后，下圆盘将相对上圆盘来回转动. 在任意时刻，当下圆盘转动一个小角度 θ 时，由于悬线长度固定，上、下圆盘的高度差将变为 h_2，下圆盘相对最低处上升的高度为

$$H=h_1-h_2.$$

下圆盘相对 OO' 轴转动的角速度为$\frac{\mathrm{d}\theta}{\mathrm{d}t}$，竖直方向的速度为$\frac{\mathrm{d}H}{\mathrm{d}t}$. 假设下圆盘的质量为 m_0，转动惯量为J_0，则其转动动能为$\frac{1}{2}J_0\left(\frac{\mathrm{d}\theta}{\mathrm{d}t}\right)^2$，竖直方向的动能为$\frac{1}{2}m_0\left(\frac{\mathrm{d}H}{\mathrm{d}t}\right)^2$，重力势能在转动过程中相对最低处的改变量为 m_0gH. 如果忽略空气阻力，则根据重力场中总机械能守恒，有

$$\frac{1}{2}J_0\left(\frac{\mathrm{d}\theta}{\mathrm{d}t}\right)^2+\frac{1}{2}m_0\left(\frac{\mathrm{d}H}{\mathrm{d}t}\right)^2+m_0gH=\text{常量}.$$

当 θ 很小(小于 5°) 时，$\left(\frac{\mathrm{d}H}{\mathrm{d}t}\right)^2$ 可以忽略不计，上式简化为

$$\frac{1}{2}J_0\left(\frac{\mathrm{d}\theta}{\mathrm{d}t}\right)^2+m_0gH=\text{常量}. \tag{2.4.1}$$

为了获得 θ 的解，需要获得 H 和 θ 的关系. 设 A 点和 A' 点分别为下圆盘在最低处时和转动后的某个悬线点位置，B' 点为上圆盘与 A(或 A') 点相连的悬线点在转动后的下圆盘上作垂线的投影点(见图 2.4.4). 记 $R=|O'A|$，$r=|O'B'|$，其中 O' 点为下圆盘的圆心，则 r，R 分别为上、下圆盘中悬线点到盘圆心的距离. 由图 2.4.3 和图 2.4.5 可知

$$|A'B'|^2=R^2+r^2-2Rr\cos\theta,\quad h_2^2=l^2-|A'B'|^2,\quad h_1^2=l^2-(R-r)^2.$$

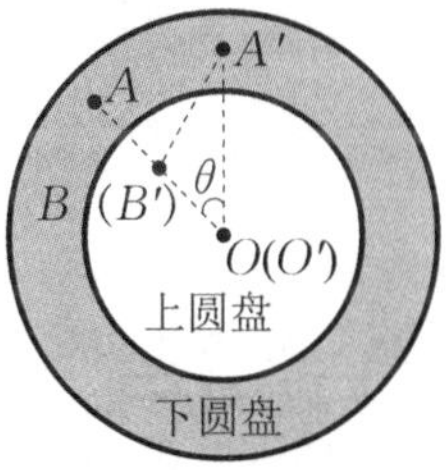

图 2.4.4　几何关系图

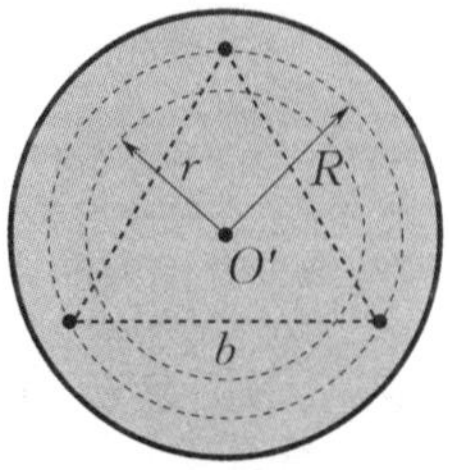

图 2.4.5　上、下圆盘的俯视图

由于 $h_1\approx h_2$，可令 $h=h_1$ 为上、下圆盘静止时的高度差. 联立上面各式得到

$$h_1^2-h_2^2\approx 2Hh=2Rr(1-\cos\theta),$$

因此

$$H=\frac{Rr(1-\cos\theta)}{h}. \tag{2.4.2}$$

将式(2.4.2) 代入式(2.4.1)，得

$$\frac{1}{2}J_0\left(\frac{\mathrm{d}\theta}{\mathrm{d}t}\right)^2+\frac{m_0gRr(1-\cos\theta)}{h}=\text{常量}.$$

上式两边同时求时间的导数，得

$$J_0\frac{\mathrm{d}\theta}{\mathrm{d}t}\frac{\mathrm{d}^2\theta}{\mathrm{d}t^2}+\frac{m_0gRr\sin\theta}{h}\frac{\mathrm{d}\theta}{\mathrm{d}t}=0.$$

因为 θ 很小，即 $\sin\theta\approx\theta$，所以上式可简化为

$$\frac{\mathrm{d}^2\theta}{\mathrm{d}t^2}=-\frac{m_0gRr\sin\theta}{hJ_0}\approx-\frac{m_0gRr\theta}{hJ_0}=-\omega_0^2\theta. \tag{2.4.3}$$

式(2.4.3) 表明，下圆盘小角度的来回转动可看作简谐振动，ω_0 为振动的角频率，有

$$\omega_0=\sqrt{\frac{m_0gRr}{hJ_0}}.$$

微分方程(2.4.3)的解为

$$\theta=\theta_0\sin(\omega_0t+\varphi),$$

振动周期为

$$T_0=\frac{2\pi}{\omega_0}=2\pi\sqrt{\frac{hJ_0}{m_0gRr}}.$$

故转动惯量与振动周期的关系为

$$J_0=\frac{m_0gRr}{4\pi^2h}T_0^2. \tag{2.4.4}$$

注意:R 和 r 不是圆盘的半径,而是悬线点到转轴 OO' 的距离. 实验过程中,可以通过测量悬线点组成的等边三角形的边长来获得. 假设下圆盘悬线点组成的等边三角形的边长为 b(见图 2.4.5),则对于下圆盘有

$$R=\frac{\sqrt{3}}{3}b.$$

假设上圆盘悬线点组成的等边三角形的边长为 a,类似地,有

$$r=\frac{\sqrt{3}}{3}a.$$

将 R 和 r 代入式(2.4.4),得

$$J_0=\frac{m_0gab}{12\pi^2h}T_0^2. \tag{2.4.5}$$

通过式(2.4.5),测量下圆盘转动周期及三线摆的其他参数,就可以计算下圆盘的转动惯量.

3. 待测物体转动惯量的测量

根据式(2.4.5)得到下圆盘的转动惯量后,可以进一步测量待测物体的转动惯量. 具体方法如下:

设待测物体的质量为 m,转动惯量为 J. 将待测物体放置在下圆盘上,其质心通过转轴 OO'. 假设下圆盘和待测物体的总转动惯量为 J',其转动周期变为 T,则有

$$J'=J_0+J=\frac{(m_0+m)gab}{12\pi^2h}T^2. \tag{2.4.6}$$

联立式(2.4.5)、式(2.4.6),解得待测物体的转动惯量为

$$J=J'-J_0=\frac{gab}{12\pi^2h}[(m_0+m)T^2-m_0T_0^2]. \tag{2.4.7}$$

利用这种方法,可以间接测量待测物体的转动惯量. 在本实验中,需要使用这种方法测量圆柱、圆环的转动惯量并检验平行轴定理.

实验内容

(1) 使用电子秤分别测量下圆盘、圆柱、圆环的质量 m_0,m_C,m_R,将测量数据记录在表 2.4.1 中. 使用游标卡尺测量圆柱的底面直径 D_C、圆环的外径 D_R 和内径 D_r,将测量数据记

原始数据记录(实验 2.4)

表 2.4.1　使用电子秤测量各物体质量

下圆盘质量 m_0/g	圆柱质量 m_C/g	圆环质量 m_R/g	质量测量误差 Δm/g

表 2.4.2　三线摆的物理量测量

物体	物理量	测量值 /cm	测量工具	仪器误差
上圆盘	悬线点连线构成等边三角形的边长			
	平均值 a			
下圆盘	悬线点连线构成等边三角形的边长			
	平均值 b			
上、下圆盘静止时的高度差 h				
圆柱	直径 D_C			
圆环	外径 D_R			
	内径 D_r			

表 2.4.3　三线摆法测物体的转动惯量

测量次序	T_{30}/s						
	下圆盘	下圆盘和圆柱	下圆盘和圆环	下圆盘和两个圆柱			
				$R_C = 6$ cm	$R_C = 8$ cm	$R_C = 10$ cm	$R_C = 12$ cm
1							
2							
3							
4							
5							
$\overline{T}_{30}$/s							
$\dfrac{\overline{T}_{30}}{30}$/s							

大学物理实验预习报告

实验项目 三线摆法测物体的转动惯量

班别__________________学号__________________姓名__________________

实验进行时间______年______月______日,第______周,星期______,______时至______时

实验地点__________________

实验目的

实验原理简述

实验中应注意事项

实验 2.5 弹性模量的测定

弹性模量是描述固体材料抵抗形变的能力的物理量，其大小与固体材料的几何尺寸及所受的外力大小无关，只取决于固体材料本身的物理性质. 弹性模量的大小可用来表征材料的刚性，其值越大，表明该材料越不易发生形变. 因此，弹性模量是选定机械零件材料的依据之一，是工程技术设计中常用的参数. 它的测定对研究各种材料的力学性质有着重要意义.

实验上测量弹性模量的方法主要分为动态法和静态法. 动态法的优点是测量比较准确，缺点是测得的共振频率与弹性模量之间的关系较复杂，且存在频率牵引产生的系统误差. 静态法的优势在于物理概念比较清晰、直观，但准确性较动态法稍差. 常用的静态法包括拉伸法、迈克耳孙(Michelson)干涉法、光电法等. 每种测量方法都有其自身的特点，但都是围绕如何准确测量微小位移的变化来展开的.

静态拉伸法是金属弹性模量测量中最常见、最简单的一种方法，能够清晰、直观地表达弹性模量的物理概念，适用于恒定温度下对非脆性材料弹性模量的测量，但也有不足之处. 例如，由于载荷大，加载速度慢，有弛豫过程，不能很真实地反映材料内部结构的变化. 本实验运用光杠杆放大法对被拉伸的钢丝的形变进行测量，通过计算公式求出待测材料的弹性模量. 实验数据处理一般有作图法、逐差法、最小二乘法等. 由于最小二乘法较为烦琐，本实验主要采用逐差法和作图法进行数据处理.

实验目的

(1) 掌握静态拉伸法测量弹性模量的原理和测量方法.

(2) 掌握光杠杆放大法测量微小伸长量的原理和测量方法.

(3) 学会使用逐差法和作图法处理实验数据.

实验仪器

弹性模量测量仪、望远镜标尺架、光杠杆平面镜、砝码(1.0 kg,2.0 kg)、钢卷尺、游标卡尺、螺旋测微器、水平仪等.

实验原理

在外力的作用下，固体材料的形状会发生变化，称为形变. 形变分为弹性形变和塑性形变. 当形变不超过某一限度时，撤走外力之后形变能够随之消失，这种形变称为弹性形变. 当外力较大时，物体的形变与外力不成比例，且当外力停止作用后，物体形变不能完全消失，这种形变称为塑性形变. 塑性形变的产生，是物体形变产生的内应力超过了物体的弹性限度的缘故. 如果再继续增大外力,当物体内产生的内应力超过某一极限时,物体可能发生断裂破坏.本实验只研究弹性形变,因此在实验中应该控制外力的大小,确保外力撤除后物体能恢复原状.

在弹性限度内,材料的弹力符合胡克(Hooke)定律,即固体材料受力之后,材料中的应力与应变(单位形变量)之间呈线性关系.本实验研究最简单的形变:棒状物体(细钢丝)受外力后的伸长或缩短.

设细钢丝的原长为 L,横截面积为 S.沿长度方向施力 F 后,其长度改变量为 ΔL,则细钢丝上各点的应力为$\frac{F}{S}$,应变为$\frac{\Delta L}{L}$.根据胡克定律,在弹性限度内有

$$\frac{F}{S}=E\,\frac{\Delta L}{L}, \tag{2.5.1}$$

则

$$E=\frac{F/S}{\Delta L/L}, \tag{2.5.2}$$

式中,比例系数 E 就是弹性模量,在国际单位制中 E 的单位为 $\mathrm{N/m^2}$.弹性模量反映材料对于拉伸或压缩形变的抵抗能力,表征材料的刚性.通常对一定材料而言,E 可以看作一个常数,它只与材料的性质和温度有关,而与外力及物体的几何形状无关.对于一定的材料,拉伸和压缩的弹性模量通常相差不多.实验中所用细钢丝直径为 d,则 $S=\frac{1}{4}\pi d^2$,将其代入式(2.5.2),整理得

$$E=\frac{4FL}{\pi d^2\Delta L}. \tag{2.5.3}$$

要测定细钢丝的弹性模量E,必须准确测量式(2.5.3)中右边各量.其中L,d,F都可用一般方法测得,唯有 ΔL 是一个微小的变化量,用一般测量工具难以测准.为了测准细钢丝的微小长度变化,本实验采用光杠杆放大法进行测量.光杠杆放大法具有稳定性高、易操作、受环境的干扰小等特点.光杠杆放大法的测量原理如图 2.5.1 所示,设图中平面镜的法线和望远镜的光轴在同一直线上,且望远镜的光轴和标尺平面垂直,标尺上某一刻度发出的光线经平面镜反射进入望远镜,可将望远镜中十字叉丝调整到该刻度(设为 a_0)的像处.若平面镜后足下移 ΔL,即平面镜绕两前足转过角度 θ,平面镜法线也将转过角度 θ.根据反射定律,反射线也转过角度 θ,此时望远镜十字叉丝对准标尺上另一刻度(设为 a)的像.因为 ΔL 很小,且$\Delta L\ll b$,θ 也很小,所以有$\frac{\Delta L}{b}=\tan\theta\approx\theta$.因 $a-a_0\ll D$,故有$\frac{a-a_0}{D}=\tan 2\theta\approx 2\theta$.联立两式,消去 θ,有$\frac{a-a_0}{D}=\frac{2\Delta L}{b}$.令 $\Delta a=a-a_0$,则有

$$\Delta L=\frac{b\Delta a}{2D}, \tag{2.5.4}$$

式中，b 为平面镜后足到两前足连线的垂直距离，称为光杠杆常数；D 为平面镜镜面到望远镜标尺之间的垂直距离；$\Delta a = a - a_0$ 为加砝码前、后标尺在望远镜中的像移动的距离，可以通过望远镜中十字叉丝读出. $\frac{\Delta a}{\Delta L} = \frac{2D}{b}$ 称为光杠杆的放大率. 将式(2.5.4)代入式(2.5.3)，可得

$$E = \frac{4FL}{\pi d^2 \Delta L} = \frac{8FLD}{\pi d^2 b \Delta a} = \frac{8mgLD}{\pi d^2 b \Delta a}, \tag{2.5.5}$$

式中，m 为砝码的质量，g 为重力加速度.

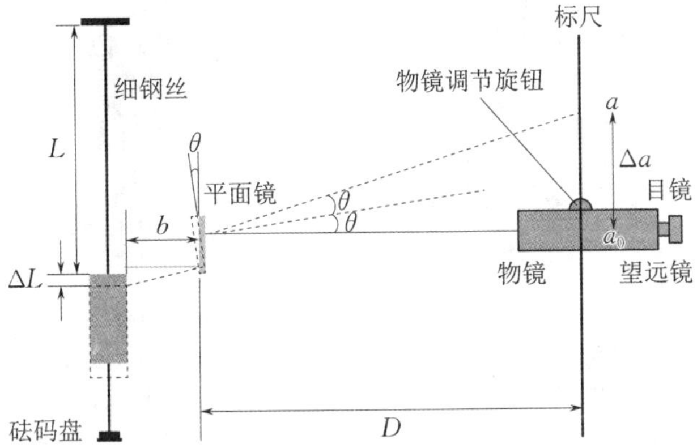

图 2.5.1　光杠杆放大法的测量原理图

实验时，首先加挂初始砝码[又称为本底砝码，其质量不计入式(2.5.5)中的 m]把细钢丝拉直，并记录望远镜中十字叉丝对准标尺上某一刻度的像 a_0，然后逐次增加 1.0 kg 砝码，分别记录各次十字叉丝对准标尺上某一刻度的像 $a_1, a_2, \cdots, a_9$. 当砝码加到 9.0 kg 时，停留1 min，再逐次减少 1.0 kg 砝码，分别记录各次十字叉丝对准标尺上某一刻度的像 $a'_9, a'_8, \cdots, a'_0$. 求出所加砝码相等时的各次记录的平均值 $\overline{a_0}, \overline{a_1}, \cdots, \overline{a_9}$，再运用逐差法 $\Delta\overline{a_i} = \overline{a_{i+5}} - \overline{a_i}$，求得五组差值，最后对这五组差值求和、取平均值，得到 $\Delta\overline{a}$，即

$$\Delta\overline{a} = \frac{1}{5}\sum_{i=0}^{4}(\overline{a_{i+5}} - \overline{a_i}),$$

从而

$$\overline{\Delta a} = \frac{1}{5}\Delta\overline{a} = \frac{1}{25}\sum_{i=0}^{4}(\overline{a_{i+5}} - \overline{a_i}). \tag{2.5.6}$$

实验内容

1. 了解弹性模量测量仪

如图 2.5.2(a) 所示，在弹性模量测量仪上、下钢丝夹头 14 和 19 固定细钢丝的两端，在下钢丝夹头 19 的下端挂有砝码 21. 调节仪器底部三角座 22 上的底脚调整螺钉 23，可以使工作台 18 水平，且使下钢丝夹头 19 刚好悬于工作台 18 上的圆孔中间.

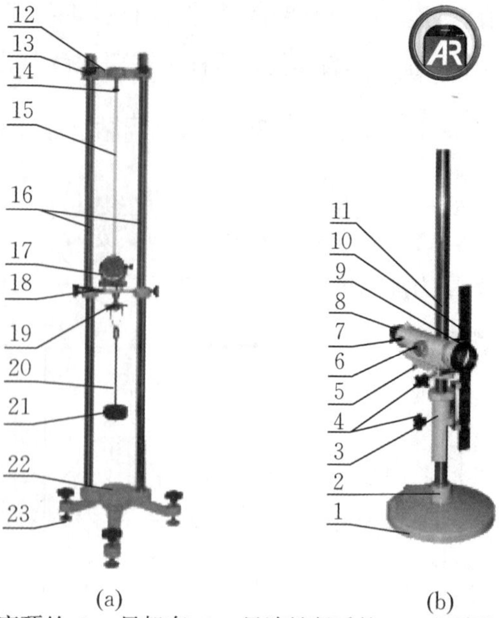

1— 尺读底座;2— 底座顶丝;3— 尺架套;4— 尺读锁紧手轮;5— 尺读俯仰手轮;
6— 尺读调焦手轮;7— 内调焦望远镜;8— 目镜;9— 准星;10— 标尺;11— 尺读立杆;
12— 上托板;13— 锁紧手轮;14— 上钢丝夹头;15— 细钢丝;16— 支架立杆;17— 光杠杆;
18— 工作台;19— 下钢丝夹头;20— 砝码钩盘;21— 砝码;22— 三角座;23— 底脚调整螺钉.

图 2.5.2 弹性模量测量仪结构图

光杠杆系统由一块带有三个足(两前一后)的平面镜(见图 2.5.3)和望远镜尺组[见图 2.5.2(b)]组成. 三个足的足尖可连成一等腰三角形,后足尖在两前足尖刀口的中垂线上. 使用时,平面镜放在弹性模量测量仪的工作台 18 上,两前足放在平台的槽内,后足放在下钢丝夹头 19 的圆柱上端面上. 注意后足不要与细钢丝 15 直接接触. 望远镜尺组是由一把立着的毫米标尺和标尺旁边的一台望远镜组成的[见图 2.5.2(b)].

图 2.5.3 光杠杆结构图

2. 调节弹性模量测量仪

(1) 调整弹性模量测量仪底部三角座 22 上的三个底脚调整螺钉 23,使弹性模量测量仪支架立杆 16 竖直.

(2) 调整弹性模量测量仪支架上的工作台 18,使之水平,且与下钢丝夹头 19 的圆柱上端面在同一水平面上. 要求下钢丝夹头 19 能在工作台 18 的圆孔内上下自由移动.

(3) 将平面镜放置在工作台 18 上,两前足尖放在工作台的槽内,后足放在下钢丝夹头 19 的圆柱上端面上. 检查平面镜三个足的平面是否水平,若不水平,则可上下移动下钢丝夹头 19,待平面镜三个足的平面水平后旋紧固定螺钉.

(4) 调整平面镜,使平面镜镜面处于竖直平面内.

(5) 在钢丝下端托盘上加挂初始砝码,将待测细钢丝 15 拉直.

3. 调节平面镜、望远镜尺组

(1) 粗调. 将望远镜尺组放在距平面镜 1.5 ~ 2.0 m 处. 平面镜竖直放置;调节望远镜大致水平,使望远镜轴心线和标尺平面竖直;标尺的零刻线与望远镜等高为佳;使望远镜和平面镜处于同一高度；反复调节望远镜的左右方位、望远镜与平面镜的角度以及平面镜的俯仰角（保持竖直），以沿望远镜准星方向观察平面镜，能够看到标尺的像和观察者眼睛的像为最佳.

(2) 微调. 调焦，使望远镜内成像清晰；微调望远镜的方位和角度，直到视野内出现平面镜；微调望远镜的左右位置和俯仰手轮，使平面镜位于视场的中央；逆时针调焦距，出现标尺的像. 调节望远镜目镜，使十字叉丝清晰，目标成像在十字叉丝平面上，以望远镜中央十字叉丝的横丝落在标尺像的零刻线上为佳.

(3) 消除视差. 调节平面镜镜面倾角，使中央十字叉丝对准标尺像的某一刻度，不出现相对偏移（无视差）.

4. 测量

(1) 开始时，记录望远镜中十字叉丝对准标尺上某一刻度时的像 a_0.

(2) 逐次增加 1.0 kg 砝码，在表 2.5.1 中记录各次十字叉丝对准标尺上某一刻度时的像 $a_1, a_2, \cdots, a_8$. 当砝码加到 9.0 kg 时，记录 a_9. 停留 1 min 后，记录 a'_9. 再从 9.0 kg 开始，逐次减少 1.0 kg 砝码，分别在表 2.5.1 中记录各次十字叉丝对准标尺上某一刻度时的像 $a'_8, a'_7, \cdots, a'_0$.

(3) 用螺旋测微器测量细钢丝直径 d. 选不同位置测量三次，将结果记录在表 2.5.2 中.

(4) 用钢卷尺测量细钢丝的长度 L（上、下钢丝夹头之间的距离），测量三次，将结果记录在表 2.5.3 中.

(5) 测量平面镜后足到两前足连线的垂直距离. 对于三足等高的平面镜，可将其放在平整白纸上用力压，压出三个点印. 用钢卷尺测量光杠杆后足到两前足连线的垂直距离 b（光杠杆常数），测量三次，将结果记录在表 2.5.4 中.

(6) 测量平面镜镜面与标尺间的垂直距离 D，测量一次即可.

在实验测量中，如果出现增加砝码和减少砝码时读数相差较大，或者当砝码按比例增加，而 Δa 不按比例增加等情况时，应认真查找原因，及时消除，重新测量. 其原因可能是：

① 细钢丝不直，且初始砝码太轻，没有把细钢丝完全拉直.

② 弹性模量测量仪的支架立杆不垂直，使下钢丝夹头不能在工作台的圆孔内上下自由移动，甚至卡住，摩擦阻力太大.

③ 加、减砝码时动作太重，导致平面镜发生移动.

④ 上、下钢丝夹头没有夹紧，在增加砝码时细钢丝打滑.

⑤ 在实验过程中，地板、实验桌振动或者某种原因碰动仪器，使读数发生变化.

⑥ 细钢丝锈蚀、粗细不匀，或所加砝码已超过细钢丝的弹性限度.

⑦ 细钢丝在安装或使用过程中产生扭曲.

数据处理

1. 逐差法

实验中每次在细钢丝下端增加一个砝码（1.0 kg），记录望远镜中的标尺读数 $a_i (i=0,1,2,\cdots,9)$. 停留 1 min 后，记下读数 a'_9，再每次减少一个砝码，依次记录望远镜中的标尺读数 $a'_i (i=8,7,\cdots,0)$. 取平均值 $\overline{a_i}=\dfrac{1}{2}(a_i+a'_i)$，得到 10 个平均值. 再用逐差法求 $\Delta\overline{a_i}=\overline{a_{i+5}}-\overline{a_i}$，最后对逐差结果取平均值再除以 5，即

$$\overline{\Delta a}=\frac{1}{25}\sum_{i=0}^{4}(\overline{a_{i+5}}-\overline{a_i}).$$

这样逐差的结果既反映了测量数据的均匀程度,也减小了测量误差. 如果简单地计算每增加 1 个砝码标尺读数变化的平均值,即

$$\overline{\Delta a}=\frac{1}{9}[(a_9-a_8)+(a_8-a_7)+(a_7-a_6)+(a_6-a_5)+(a_5-a_4)$$
$$+(a_4-a_3)+(a_3-a_2)+(a_2-a_1)+(a_1-a_0)],$$

结果只有头尾两个数据有用,中间数据都相互抵消. 这样处理数据与一次加 9 个砝码单次测量结果是一样的.

2. 作图法

本实验除采用逐差法外,还可考虑采用作图法来进行数据处理.

将式(2.5.5)即 $E=\frac{8mgLD}{\pi d^2 b\Delta a}$ 改写成 $a=\frac{8LD}{\pi d^2 bE}F+a_0=KF+a_0$. 由此作 a-F 图形,可得到一条直线. 由图形计算该直线的斜率 K,再由 $K=\frac{8LD}{\pi d^2 bE}$ 计算弹性模量 E.

3. 注意单位的统一

在计算弹性模量 E 时,应把所有物理量的单位均换算成国际单位. 此时计算出的 E 的单位为 N/m^2.

4. 误差分析

(1) 在本实验中,d 和 Δa 的测量误差对结果影响最大,两者均应进行多次测量.

(2) 从放大倍数考虑,平面镜与标尺间的距离 D 越大越好,但从误差均分原则考虑,D 不需要过大,一般取 1.5 ~ 2.0 m 为宜. 当用钢卷尺测量时,应尽可能把尺放水平,只要倾角小于 5°,ΔD 就不会超过 1.0 cm.

(3) 平面镜后足到前足连线的垂直距离 b 大约为 7.0 cm,要仔细测量. 对于前足和后足在同一平面的平面镜,可在平整的纸上按下三足的印迹来进行测量,使 Δb 控制在 0.05 cm以内.

(4) 每块砝码的质量为 1.0 kg,经天平校正其误差 $\Delta m<1$ g. 重力加速度 g 的误差可以和 π 一样处理,即在计算时多取一位有效数字,使 Δg 较其他误差小一个数量级,这样就可以忽略不计. 但应注意,实验过程中砝码常有生锈现象和跌落损伤等情况出现,需要定期校验.

(5) 如果细钢丝太粗,可能导致伸长量过小,从而引起 Δa 测量困难;如果细钢丝过细,可能导致弹性限度过小,容易发生塑性形变,或者增加直径 d 的相对误差. 一般选用 0.2 ~ 0.7 mm 的低碳细钢丝为宜. 要求细钢丝粗细均匀,不能有锈蚀. 用螺旋测微器在细钢丝上、中、下三个不同部位相互垂直的方向各测一次直径 d,取平均值. 只要细钢丝粗细均匀且测量得当,相对误差应小于 1%.

(6) 当砝码数量变化时,望远镜中读数的变化值 Δa 因各人操作技巧的不同而有较大差别,因此要采用多次测量,并用逐差法处理数据.

以上讨论没有涉及如公式的近似等引起的系统误差.

注意事项

(1) 在实验过程中,不得碰撞仪器,不要按压放置望远镜的桌面,更不能移动平面镜和望

远镜尺组的位置,否则会影响标尺读数的准确性.

(2) 加挂砝码时必须轻拿轻放,砝码的开口需相互错开,待系统稳定后才可读数.

(3) 待测细钢丝不得弯曲.若加挂初始砝码不能将其拉直,或细钢丝严重锈蚀,则须更换细钢丝.

(4) 若目标成像不在十字叉丝平面,则可能导致标尺成像不清晰,应重新调节.

思考题

1. 如果实验时细钢丝有些弯曲,对实验有何影响?如何从实验数据中发现这个问题?
2. 引起测量误差的因素有哪些?实验中应如何尽量减小误差?
3. 如何根据实验测得的数据计算所用光杠杆系统的放大倍数?

原始数据记录(实验 2.5)

表 2.5.1　光杠杆放大法测量细钢丝的伸长量

砝码质量 m/kg	标尺读数/mm 增加砝码		减少砝码		$\overline{a_i}=\frac{1}{2}(a_i+a'_i)$ /mm		逐差结果 /mm	逐差结果取平均再除以 5 $\overline{\Delta a}=\frac{1}{25}\sum_{i=0}^{4}(\overline{a_{i+5}}-\overline{a_i})$ /mm
0	a_0		a'_0		$\overline{a_0}$		$\overline{\Delta a_0}=\overline{a_5}-\overline{a_0}$ =	
1	a_1		a'_1		$\overline{a_1}$			
2	a_2		a'_2		$\overline{a_2}$		$\overline{\Delta a_1}=\overline{a_6}-\overline{a_1}$ =	
3	a_3		a'_3		$\overline{a_3}$			
4	a_4		a'_4		$\overline{a_4}$		$\overline{\Delta a_2}=\overline{a_7}-\overline{a_2}$ =	
5	a_5		a'_5		$\overline{a_5}$			
6	a_6		a'_6		$\overline{a_6}$		$\overline{\Delta a_3}=\overline{a_8}-\overline{a_3}$ =	
7	a_7		a'_7		$\overline{a_7}$			
8	a_8		a'_8		$\overline{a_8}$		$\overline{\Delta a_4}=\overline{a_9}-\overline{a_4}$ =	
9	a_9		a'_9		$\overline{a_9}$			

表 2.5.2　细钢丝直径的测量

细钢丝直径	测量次序 1	2	3
零点读数 d_{i0}/mm			
测量读数 d_i/mm			
细钢丝直径 $d=(d_i-d_{i0})$/mm			
细钢丝直径平均值 $\overline{d}$/mm			

表 2.5.3　细钢丝长度的测量

细钢丝长度	测量次序 1	2	3
测量读数 L_i/mm			
细钢丝长度平均值 $\overline{L}$/mm			

表 2.5.4　平面镜后足到两前足连线的垂直距离的测量

平面镜后足到两前足连线的垂直距离	测量次序		
	1	2	3
测量读数 b_i/mm			
平面镜后足到两前足连线的垂直距离平均值 $\bar{b}$/mm			

镜尺距离 $D=$________.

把由表 2.5.1 至表 2.5.4 求得的数据及 D 值代入弹性模量计算公式 $E=\dfrac{8mgLD}{\pi d^2 b\Delta a}$，即可求得细钢丝的弹性模量. 注意所有物理量的单位均应换算成国际单位.

大学物理实验预习报告

实验项目 弹性模量的测定

班别__________ 学号__________ 姓名__________

实验进行时间______年______月______日,第______周,星期______,______时至______时

实验地点__________

实验目的

实验原理简述

实验中应注意事项

实验 2.6 空气中超声波声速的测定

声波是一种在弹性介质中传播的机械波，它是一种纵波，其振动方向与传播方向一致. 按照频率范围可将声波分为次声波、可闻声波和超声波. 频率低于 20 Hz 的声波称为次声波；频率在 20 Hz ～ 20 kHz 的声波可以被人耳听到，称为可闻声波；频率高于 20 kHz 的声波称为超声波. 声速是声波在弹性介质中传播的速度，仅与介质的性质有关，与声波的频率无关. 超声波具有能量高、方向性好等优点，使用超声波段对部分声学量进行测量比较方便. 采用超声波测量介质中的声速，可以获得传播介质的特性及状态的变化. 在气体成分分析、液体流速测量等实际应用中，声速的测量都具有重要的意义.

实验目的

（1）学会用驻波法和行波法测量空气中的声速.

（2）掌握时差法测定介质中的声速.

（3）了解压电陶瓷换能器的功能，熟悉信号源及双踪示波器的使用.

（4）掌握用逐差法处理实验数据.

实验仪器

超声实验装置(换能器及移动支架组合)、声速测试仪(信号源频率计与测试仪线盒)、双踪示波器、游标卡尺.

实验原理

由波动理论可知，声波的传播速度 v 与声波频率 f 和波长 λ 的关系为

$$v = f\lambda,$$

从而测出声波的频率和波长，就可以求出声速. 本实验通过信号源频率计控制换能器，信号源频率计的输出频率就是声波频率. 声波的波长可以用驻波法(共振干涉法) 或行波法(相位比较法) 测量.

1. 压电陶瓷换能器

压电陶瓷换能器能将信号源频率计产生的正弦振荡信号转换成空气中的超声振动. 压电陶瓷换能器主要由压电陶瓷环片、轻金属铝(做成喇叭的形状，增加辐射面积) 和重金属(如铁) 组成. 压电陶瓷环片由多晶体结构的压电材料(如钛酸钡) 制成. 在压电陶瓷环片的两个底面电极加上正弦交变电压，它就会按正弦规律发生纵向伸缩，从而发出超声波. 同样，压电陶瓷环片也可以在声压的作用下把声波信号转换为电信号. 压电陶瓷换能器在声-电转化过程中信号频率保持不变.

2. 驻波法测量波长

如图 2.6.1 所示，S_1，S_2 是两个结构、性能完全相同的压电陶瓷换能器. S_1 用作超声发射，叫作发射换能器(定子)；S_2 用作超声接收，叫作接收换能器(动子). 当信号源输出的正弦电压

接入 S_1 时,S_1 会将此信号转化为超声波信号从其端面发出. 当 S_2 接收到超声波信号后,一部分被接收转化为正弦电信号,接入双踪示波器即可进行观察,另一部分向 S_1 方向反射.

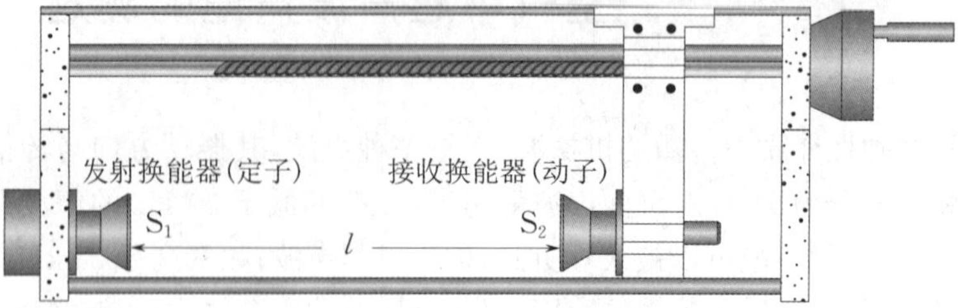

图 2.6.1 压电陶瓷换能器及移动支架

在驻波法实验中,S_1,S_2 的端面是相互平行的,因此在 S_1,S_2 之间的区域内存在入射波和反射波.

由波的干涉原理可知,两列相向传播的同频率波发生干涉,一定条件下可形成驻波(见图 2.6.2). 驻波中振幅最大的点为波腹,振幅最小的点为波节,任意两个相邻波腹(或波节)之间的距离都等于半个波长. 改变两个换能器间的距离,同时用示波器检测 S_2 输出电压幅度的变化,即可观察到电压幅度随距离周期性变化.

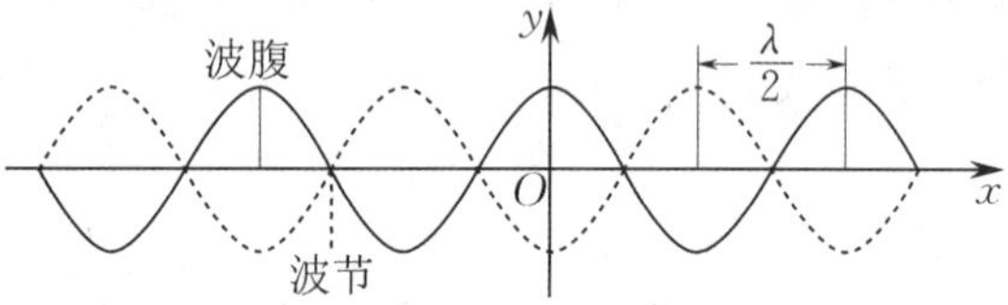

图 2.6.2 驻波示意图

当 S_1 与 S_2 之间的距离 l 满足

$$l = \frac{\lambda}{2} n \quad (n = 0, 1, 2, \cdots) \tag{2.6.1}$$

时,振幅取极大(或极小)值. 记录相邻两次出现最大电压数值时游标卡尺的读数 l,两读数之差的绝对值等于波长的一半. 信号源发出的正弦交变电压的频率与声波频率一致,测出波长即可计算声速. 实际测量中为了提高精度,可连续多次测量,并用逐差法处理数据.

3. 行波法测量波长

将信号源的输出信号接入示波器的 Y 通道. S_1 发出的超声波经空气传至 S_2,转换成电信号接入示波器的 X 通道. S_2 接收的信号与 S_1 发射的信号之间存在相位差 φ,φ 与 l 满足下列关系:

$$\varphi = \frac{l}{\lambda} \cdot 2\pi = 2\pi n + \Delta\varphi \quad (n = 0, 1, 2, \cdots; 0 \leqslant \Delta\varphi < 2\pi). \tag{2.6.2}$$

有一定相位差且振动方向相互垂直的同频率正弦波发生叠加,合成的轨迹称为李萨如(Lissajous) 图形(见图 2.6.3).

当 S_1 与 S_2 之间的距离 l 满足

$$l = \lambda n \quad (n = 0, 1, 2, \cdots), \tag{2.6.3}$$

即每当 S_1 与 S_2 之间的距离等于一个波长的整数倍时,发射与接收信号之间的相位差也正好等于 2π 的整数倍,就会出现与 $\Delta\varphi = 0$ 时相同的直线李萨如图形. 此时记录 S_2 的位置读数,即可

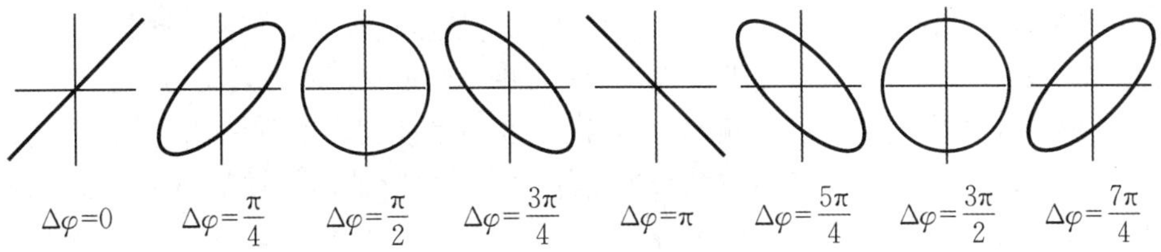

图 2.6.3　相位差不同时的李萨如图形

求出声波的波长. 再根据声波的频率,即可求出声波的传播速度.

实验内容

1. 声速测定系统的连接与工作频率的调节

(1) 超声实验装置与声速测试仪及双踪示波器的连线示意图如图 2.6.4 所示.

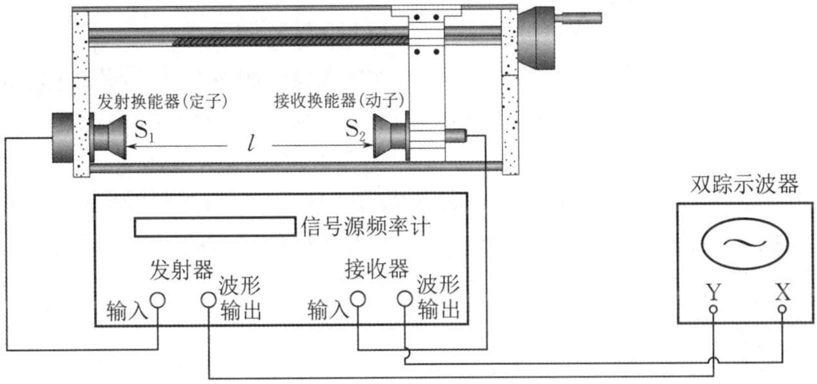

图 2.6.4　连线示意图

① 超声实验装置中的换能器与声速测试仪中的信号源频率计之间的连接:信号源频率计面板上的发射器输入端口,用于输出一定频率的功率信号. 将其连接到超声实验装置中的发射换能器(定子);将信号源频率计面板上的接收器输入端口连接到超声实验装置中的接收换能器(动子).

② 双踪示波器与声速测试仪中的信号源频率计之间的连接:信号源频率计面板上的发射器波形输出端口,连接至双踪示波器的 CH1(Y 通道),用于观察发射波波形;接收器波形输出端口,连接至双踪示波器的 CH2(X 通道),用于观察接收波波形.

(2) 打开声速测试仪电源,显示欢迎界面后自动进入按键说明界面. 按确认键进入工作模式选择界面. 用驻波法和行波法测量声速时,选择驱动信号为连续正弦波工作模式,预热 15 min.

(3) 调节驱动信号频率到压电陶瓷换能器系统的最佳工作点.

为了得到清晰的接收波波形,需将外加的驱动信号频率调节到发射换能器的谐振频率点处. 这样才能交换地进行电声能量转换,得到较好的实验效果.

为了在双踪示波器上获得稳定的波形,按照换能器的标称工作频率,将扫描速度选择在 $5 \sim 20\ \mu s/div$.

在仪器预热后,首先自行约定两超声换能器之间距离的变化范围,在变化范围内选择两换能器之间的距离;然后选定声速测试仪中信号源频率计的输出电压($10 \sim 15\ V_{pp}$) 并调节信号频率(30 ～ 45 kHz). 观察频率调整时接收波波形的电压幅度变化，在某一频率点处出现电压幅度最大. 这时稳定信号频率，改变两换能器之间的距离，观察接收波波形的电压幅度变化，记录接收波波形电压幅度的最大值和频率值. 再次改变两换能器之间的距离，重复上述操作，测量多次. 在多次测试数据中，选择接收波波形电压幅度最大时的信号频率为压电陶瓷换能器系统的最佳频率工作点.

2. 用驻波法测量空气中的超声波声速

如图 2.6.4 所示连接系统，选定最佳频率工作点后，在实验过程中保持频率不变. 按下双踪示波器的 CH2(X 通道) 按钮，将接收器波形输出设为触发信号端.

信号源选择连续波模式，调节示波器，使示波器屏幕上出现稳定、大小适中的正弦波形.

摇动超声实验装置丝杆摇柄，在 S_1 和 S_2 的距离为 5 cm 附近处，找到共振位置(振幅最大)作为第一个测量点，记录游标卡尺上的读数. 摇动摇柄，使 S_2 逐渐远离 S_1，每到共振位置均记录位置读数，在表 2.6.1 中记录 10 组数据.

3. 用行波法测量空气中的超声波声速

连接系统，选定最佳频率工作点后，在实验过程中保持频率不变. 信号源选择连续波模式.

将示波器设定在 X-Y 工作状态. 调节示波器，使示波器屏幕上出现稳定、大小适中的椭圆形.

摇动超声实验装置丝杆摇柄，在 S_1 和 S_2 的距离为 5 cm 附近处，找到 $\Delta\varphi=0$ 的点，记录游标卡尺上的读数. 摇动摇柄，使 S_2 逐渐远离 S_1，每到共振位置均记录位置读数，在表 2.6.2 中记录 10 组数据.

数据处理

(1) 完成表 2.6.1 和表 2.6.2，分别计算 $\bar{\lambda}=\frac{1}{5}\sum_{i=1}^{5}\lambda_i$.

(2) 分别用驻波法和行波法将 v 的测量结果表示为 $v=\bar{v}\pm 2U_v$，并计算相对不确定度.

① 计算 λ 的不确定度.

A 类不确定度：

$$u_A=\sqrt{\frac{\sum_{i=1}^{5}(\lambda_i-\bar{\lambda})^2}{n(n-1)}}\quad (t_P \text{ 取 } 1).$$

B 类不确定度：取游标卡尺的分度值为其误差限，有

$$u_B=\frac{\Delta_{仪}}{\sqrt{3}}=\frac{0.02\ \text{mm}}{\sqrt{3}}=0.01\ \text{mm}.$$

λ 的合成不确定度：

$$U_\lambda=\sqrt{u_A^2+u_B^2}.$$

结果表示为

$$\lambda=\bar{\lambda}\pm U_\lambda.$$

② 计算 f 的不确定度：

$$U_f=\frac{\Delta'_{仪}}{\sqrt{3}}=0.577\ \text{Hz}.$$

③ 计算 v 的不确定度及结果表示：

$$U_v=\sqrt{(fU_\lambda)^2+(\lambda U_f)^2},\quad \bar{v}=f\bar{\lambda},\quad v=\bar{v}\pm 2U_v.$$

④ v 的相对不确定度：

$$E_U=\frac{U_v}{\bar{v}}\times 100\%.$$

(3) 当温度为 t(单位:℃) 时,空气中声速的理论值为

$$v_t=v_t\sqrt{1+\frac{t}{273.15}}.$$

计算实验测量值和理论值的相对误差：

$$E=\frac{|\bar{v}-v_t|}{v_t}\times 100\%.$$

注意事项

(1) 调节游标卡尺时,应保持同一方向摇动摇柄,以减少误差.

(2) 使用声速测试仪时,应避免信号源频率计输出端短路.

思考题

1. 在声速测量中,驻波法和行波法有何异同?

2. 两列波在空间相遇时产生驻波的条件是什么? 如果发射面和接收面不平行,结果会如何?

3. 用驻波法测波长时,为何只测电压值最大的位置,该位置对应的是波节还是波腹?

4. 行波法为什么选直线图形作为测量基准? 李萨如图形从斜率为正的直线变到斜率为负的直线,相位变化了多少?

5. 在行波法中,调节示波器上的哪些旋钮可以改变直线的斜率,哪些旋钮可以改变李萨如图形的形状?

6. 试用最小二乘法求声速:

利用表2.6.1中的前两列作 $x-n$ 关系图,并进行最小二乘法线性拟合,所得直线的斜率等于半波长.

利用表2.6.2中的前两列作 $x-n$ 关系图,并进行最小二乘法线性拟合,所得直线的斜率等于波长.

原始数据记录(实验 2.6)

表 2.6.1　驻波法测波速

<table>
<tr><td colspan="2">$f_n =$ ________ Hz</td><td>室温 $t =$ ________ ℃</td><td></td></tr>
<tr><td>序号 n</td><td>游标卡尺读数 x_n/cm</td><td>$l_n = (x_{n+5} - x_n)$/cm</td><td>$\lambda_i = \frac{2}{5} l_n (i = 1,2,3,4,5)$</td></tr>
<tr><td>0</td><td></td><td></td><td></td></tr>
<tr><td>1</td><td></td><td></td><td></td></tr>
<tr><td>2</td><td></td><td></td><td></td></tr>
<tr><td>3</td><td></td><td></td><td></td></tr>
<tr><td>4</td><td></td><td></td><td></td></tr>
<tr><td>5</td><td></td><td colspan="2" rowspan="5">$l = \frac{\lambda}{2} n \quad (n = 0,1,2,\cdots)$</td></tr>
<tr><td>6</td><td></td></tr>
<tr><td>7</td><td></td></tr>
<tr><td>8</td><td></td></tr>
<tr><td>9</td><td></td></tr>
</table>

表 2.6.2　行波法测波速

<table>
<tr><td colspan="2">$f_n =$ ________ Hz</td><td>室温 $t =$ ________ ℃</td><td></td></tr>
<tr><td>序号 n</td><td>游标卡尺读数 x_n/cm</td><td>$l_n = (x_{n+5} - x_n)$/cm</td><td>$\lambda_i = \frac{1}{5} l_n (i = 1,2,3,4,5)$</td></tr>
<tr><td>0</td><td></td><td></td><td></td></tr>
<tr><td>1</td><td></td><td></td><td></td></tr>
<tr><td>2</td><td></td><td></td><td></td></tr>
<tr><td>3</td><td></td><td></td><td></td></tr>
<tr><td>4</td><td></td><td></td><td></td></tr>
<tr><td>5</td><td></td><td colspan="2" rowspan="5">$l = \lambda n \quad (n = 0,1,2,\cdots)$</td></tr>
<tr><td>6</td><td></td></tr>
<tr><td>7</td><td></td></tr>
<tr><td>8</td><td></td></tr>
<tr><td>9</td><td></td></tr>
</table>

大学物理实验预习报告

实验项目<u>空气中超声波声速的测定</u>

班别________________学号________________姓名________________

实验进行时间_____年_____月_____日,第_____周,星期_____,_____时至_____时

实验地点__________________

实验目的

实验原理简述

实验中应注意事项

实验 2.7 变温黏滞系数的测定

液体的黏滞系数又称为内摩擦系数或黏度,是描述液体内摩擦力性质的一个重要物理量.它表征液体反抗形变的能力,只有在液体内部存在相对运动时才表现出来.黏滞系数除与材料特性有关之外,还取决于温度.液体的黏滞系数随着温度升高而减小,气体则反之,黏滞系数大体上随着温度的升高而增大.黏滞系数作为液体的一种重要性质,反映了液体流动行为的特征.液体黏滞系数的测量,在石油的开采和输运、油脂涂料、医学、水利工程、材料科学、机械工业和国防建设等科学研究和生产技术方面有着重要的意义和广泛的应用.因此,测定液体在不同温度下的黏滞系数具有重要的实际意义.

在黏滞系数的研究过程中,纳维(Navier)、哈根(Hagen)、泊肃叶(Poiseuille)、斯托克斯(Stokes)等人做出了突出的贡献.斯托克斯研究了液体流动的有关问题,得到了著名的斯托克斯黏滞公式,比较系统地反映了液体在运动过程中质量、动量、能量之间的关系:一个在液体中运动的物体所受力的大小与物体的几何形状、速度及液体的内摩擦力有关.

在流动的液体中,液体质元之间存在着相对运动,各流体层的流速不同.在相互接触的两个流体层之间的接触面上,形成一对阻碍流体层相对运动的等值反向的摩擦力,流速较慢的流体层给流速较快的流体层一个使之减速的力,而该力的反作用力又给流速较慢的流体层一个使之加速的力.这一对摩擦力称为内摩擦力或黏滞阻力.流体的这种性质称为黏滞性.从实验中可得黏滞定律:黏滞阻力的大小 f 与所取流体层的面积 ΔS 和流体层之间的速度空间变化率$\frac{\mathrm{d}u}{\mathrm{d}r}$ 的乘积成正比,即

$$f=\eta\Delta S\ \frac{\mathrm{d}u}{\mathrm{d}r},$$

式中,比例系数 η 称为黏滞系数.不同的液体具有不同的黏滞系数,同一种液体,在不同的温度下,其黏滞系数的变化也很大.以蓖麻油为例,在室温附近,温度每改变 1 ℃,黏滞系数的改变量约 10%. η 的单位是帕[斯卡]秒(Pa・s).

液体黏滞系数的测量方法较多,常用的方法有落球法、转筒法、毛细管法、落针法等,其中落球法是大学物理实验经常采用的一种测量方法.该方法可以测量黏滞系数较大的透明液体或者半透明液体,如甘油、蓖麻油、变压器油等的黏滞系数.而对于类似于水、酒精(乙醇)等黏滞系数较小的液体,则一般采用毛细管法.毛细管法是指通过测定一定时间内流过毛细管的液体的体积来确定液体的黏滞系数.本实验采用落球法测量不同温度下甘油的黏滞系数,其物理现象明显,物理概念清晰,综合了多方面的物理知识,实验操作和训练内容也比较多,是一个不错的综合性实验项目.

实验目的

(1) 了解并掌握斯托克斯定律,理解液体的黏滞阻力.

(2) 能够运用牛顿运动定律对小钢球的运动进行受力分析,且会计算收尾速度(加速度为零时的速度).

(3) 了解 PID 温控仪的原理,设定最佳控制参数. 学会使用黏滞系数测定仪和 PID 温控仪,能进行温度的调节与控制.

(4) 观察液体的内摩擦现象,学会用落球法测液体的黏滞系数.

(5) 研究不同温度下甘油的黏滞系数的变化规律.

实验仪器

黏滞系数测定仪、开放式 PID 温控仪、读数显微镜、甘油、水和小钢球.

实验原理

1. 液体的黏滞系数

若液体是无限广延的,且其黏滞系数又较大,小钢球的质量均匀且半径很小,小钢球下落的速度 v 不大,小钢球下落产生的湍流可忽略不计,则小钢球所受的黏滞阻力的大小

$$f=3\pi\eta dv, \tag{2.7.1}$$

式中,η 为液体的黏滞系数,d 为小钢球的直径,v 为小钢球下落的速度. 式(2.7.1)即为斯托克斯定律的数学表达式.

本实验采用有限边界的液体,即盛放在量筒中的甘油作为待测液体.

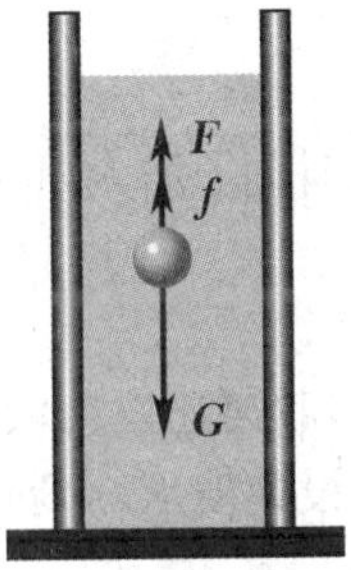

图 2.7.1　受力分析图

小钢球在液体中下落时,受到三个力的作用:重力 $\boldsymbol{G}$、浮力 $\boldsymbol{F}$ 和黏滞阻力 $\boldsymbol{f}$,如图 2.7.1 所示. 其中,$\boldsymbol{F}$ 和 $\boldsymbol{f}$ 沿竖直方向向上,$\boldsymbol{G}$ 沿竖直方向向下,$\boldsymbol{G}$ 的大小不变. 当小钢球完全浸入液体后,$\boldsymbol{F}$ 的大小也不变,而 $\boldsymbol{f}$ 的大小则随小钢球速度的增加而增加. 小钢球从静止开始下落,先做加速运动. 当下落速度达到一定值时,小钢球所受的三个力平衡,开始匀速下落,此时

$$G-F-f=0,$$

式中,$G=\frac{1}{6}\pi d^3\rho_0 g$,小钢球的密度 $\rho_0=7.80\times10^3\ \mathrm{kg/m^3}$;$F=\frac{1}{6}\pi d^3\rho g$,甘油的密度 $\rho=1.263\times10^3\sim1.303\times10^3\ \mathrm{kg/m^3}$,实验室提供的纯甘油密度为 $\rho=1.263\times10^3\ \mathrm{kg/m^3}$,$g$ 为当地的重力加速度. 于是,液体的黏滞系数为

$$\eta=\frac{(\rho_0-\rho)gd^2}{18v_0}, \tag{2.7.2}$$

式中,v_0 的测量可采用公式 $v_0=\frac{l}{t}$ 求得,l 可在量筒外壁上直接读取,t 采用秒表测量.

式(2.7.2)忽略了甘油的上表面和量筒的影响,在假定小钢球沿量筒中心轴线竖直下落时,该式近似成立. 实验过程中小钢球在量筒中下落,量筒的深度和直径均有限,不能完全符合斯托克斯定律的"无限广延"的假设,另外还须考虑到湍流的影响,因此须对式(2.7.2)进行修正.

可以证明,修正后的液体的黏滞系数的公式为

$$\eta=\frac{(\rho_0-\rho)gd^2}{18v_0\left(1+2.4\frac{d}{D}\right)}, \tag{2.7.3}$$

式中,D 为量筒的内直径.

根据式(2.7.3),测定小钢球的直径 d、量筒的内直径 D 和小钢球的收尾速度 v_0,即可求得甘油的黏滞系数.

2. 小钢球达到收尾速度之前所经过路程 L 的推导

由牛顿运动定律及黏滞阻力的表达式,可列出小钢球在达到收尾速度之前的运动方程:

$$\frac{1}{6}\pi d^3\rho_0\frac{\mathrm{d}v}{\mathrm{d}t}=\frac{1}{6}\pi d^3(\rho_0-\rho)g-3\pi\eta dv. \tag{2.7.4}$$

经整理后得

$$\frac{\mathrm{d}v}{\mathrm{d}t}+\frac{18\eta v}{d^2\rho_0}=\left(1-\frac{\rho}{\rho_0}\right)g. \tag{2.7.5}$$

这是一阶线性微分方程,其通解为

$$v=\left(1-\frac{\rho}{\rho_0}\right)g\frac{d^2\rho_0}{18\eta}+C\mathrm{e}^{-\frac{18\eta}{d^2\rho_0}t}. \tag{2.7.6}$$

设小钢球以零初速放入液体中,代入初始条件 $t=0,v=0$,确定常数 C 并整理,得

$$v=\frac{d^2g}{18\eta}(\rho_0-\rho)\left(1-\mathrm{e}^{-\frac{18\eta}{d^2\rho_0}t}\right).$$

随着时间 t 增大,负指数项 $\mathrm{e}^{-\frac{18\eta}{d^2\rho_0}t}$ 迅速趋近于 0,因此收尾速度为

$$v_0=\frac{d^2g}{18\eta}(\rho_0-\rho). \tag{2.7.7}$$

可见,收尾速度与液体的黏滞系数成反比.

设速度从 0 到收尾速度这段时间的 99.9% 为平衡时间 t_0,即令

$$\mathrm{e}^{-\frac{18\eta}{d^2\rho_0}t}=0.001. \tag{2.7.8}$$

由式(2.7.8)可计算平衡时间. 若小钢球直径为 10^{-3} m,代入小钢球的密度 ρ_0、甘油的密度 ρ 及 30 ℃ 时甘油的黏滞系数 $\eta=0.524$ Pa · s,可得此时的收尾速度 $v_0\approx0.054$ m/s,平衡时间 $t_0\approx0.013$ s. 平衡距离 L 等于收尾速度与平衡时间的乘积,即 $L=v_0t_0\approx0.054\ \mathrm{m/s}\times0.013\ \mathrm{s}\approx0.70\ \mathrm{mm}$. 在现有实验条件下,小钢球下落距离超过 1 mm,即可认为小钢球基本达到了收尾速度.

实验内容

1. 熟悉仪器

参照仪器使用说明书有关内容,熟悉黏滞系数测定仪、开放式 PID 温控仪的使用,熟练掌握读数显微镜和数字秒表的使用方法,了解相关注意事项.

1) 黏滞系数测定仪

黏滞系数测定仪的外形如图 2.7.2 所示. 待测液体装在细长的样品管中,能使液体温度较快地与加热水温达到热平衡状态. 样品管壁上有刻度线,便于测量小钢球下落的距离. 样品管外的加热水套连接到温控仪,通过热循环水加热待测液体. 底座下有调节螺钉,用于调节样品管,使之竖直.

2) 开放式 PID 温控仪

开放式 PID 温控仪包括加热器、水箱、水泵、控制及显示电路等部分.

开放式 PID 温控仪内置微处理器,带有液晶显示屏,具有操作菜单化、能根据实验对象选择参数以达到最佳控制、能显示温控过程的温度变化曲线和功率变化曲线及温度和功率的实时值、能存储温度及功率变化曲线、控制精度高等特点. 该仪器面板如图 2.7.3 所示.

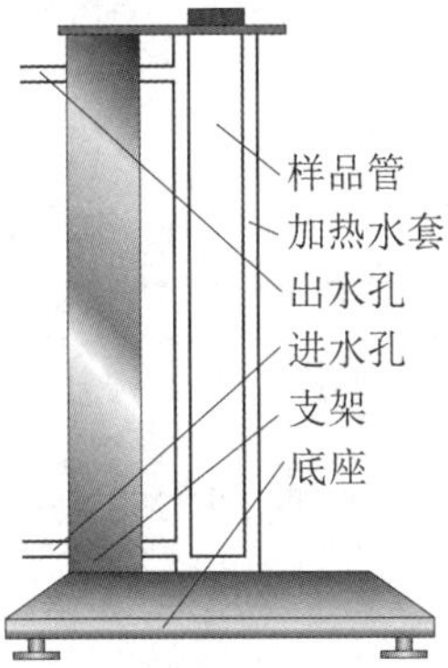

图 2.7.2 黏滞系数测定仪

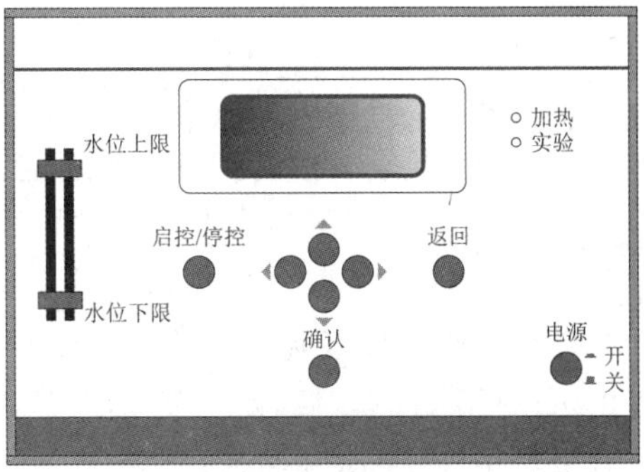

图 2.7.3 开放式 PID 温控仪面板

开机后,水泵即开始运转. 显示屏显示操作菜单,在菜单中可进行工作方式选择. 输入序号及室温,设定所需温度及参数. 使用◀ ▶ 键选择项目,▲ ▼ 键设置参数. 按确认键进入下一屏,按返回键返回上一屏.

进入测量界面后,显示屏上方的数据栏从左至右依次显示序号、设定温度、初始温度、当前温度、当前功率、调节时间等参数. 显示屏上的图形区以时间为横坐标、温度(以及功率) 为纵坐标,并可用▲ ▼ 键改变温度坐标值. 温控仪每隔 15 s 采集一次温度及功率值,并将采得的数据标示在图上. 温度达到设定值并保持该温度在 2 min 内的波动小于 0.1 ℃,温控仪则自动判定达到热平衡,并在图形区右边显示过渡时间 t、动态偏差 σ、静态偏差 e.

一次实验完成退出时,温控仪自动将屏幕按设定的序号存储图形(可共存储 10 幅),以供需要时查看、分析和比较.

2. 实验初期准备

(1) 开启开放式 PID 温控仪,进入操作界面,设定测量温度,启动加热器进行升温. 注意,温度设定先从较低的温度开始,在较低的温度测量完毕后再设定较高的温度.

(2) 了解甘油的黏滞系数值 η 与温度 T 之间的关系(见表 2.7.1),利用表中的数据,结合式(2.7.3) 来估算小钢球下落一定距离所用的时间. 这样在测量时可以用于分析测量时间的准确性,同时,还可以利用表 2.7.1 的数据来分析测量结果的准确性.

表 2.7.1 甘油的黏滞系数值 η 与温度 T 之间的关系

温度 /℃	η/(Pa · s)	温度 /℃	η/(Pa · s)	温度 /℃	η/(Pa · s)	温度 /℃	η/(Pa · s)
20	1.412	30	0.524	40	0.284	50	0.142
60	0.081	70	0.051	80	0.031	90	0.021

(3) 选择合适的小钢球,利用读数显微镜测量小钢球的直径 d 三次,将数据记入表 2.7.2.

(4) 在样品管外壁上设定小钢球下落的起点和终点两条标志线,三次测量上、下两条标志线之间的距离(小钢球匀速下落的距离),将数据记入表 2.7.3.

3. 进行测量并记录数据

(1) 用镊子夹住小钢球,使小钢球在量筒液面处中央下落.测量小钢球匀速下落的时间,即在量筒外壁上、下两条标志线之间的下落时间,测量五次,将数据记入表 2.7.4.

(2) 一般考虑环境温度,建议从 30 ℃ 开始测量,后续每隔 5 ℃ 改变一次温度,重复前面的操作,将数据记入表 2.7.4.

4. 计算实验结果并绘制曲线

(1) 计算小钢球的收尾速度 v_0.

(2) 计算各温度下甘油的黏滞系数 η.

(3) 在坐标纸上绘制甘油的黏滞系数随温度变化的曲线,即 $\eta - T$ 曲线.

数据处理

(1) 小钢球直径 d 以及温度 T 时小钢球下落距离 l 所用的时间 t 的数据处理可参阅实验 2.1 的方法.

d 的测量结果为 $d=\bar{d}\pm 2U_d$.

t 的测量结果为 $t=\bar{t}\pm 2U_t$.

(2) 温度 T 时黏滞系数 η 的不确定度计算:

黏滞系数可用 $\bar{\eta}=\dfrac{(\rho_0-\rho)g\bar{d}^2}{18\dfrac{l}{\bar{t}}\left(1+2.4\dfrac{\bar{d}}{D}\right)}$ 求得.

温度 T 时黏滞系数 η 的合成不确定度为

$$U_\eta=\bar{\eta}\sqrt{\frac{U_t^2}{t^2}+\frac{2U_d^2}{d^2}}.$$

(3) 当液体温度为 T 时,黏滞系数的完整表示式为

$$\eta_{测量值}=\bar{\eta}\pm 2U_\eta.$$

相对不确定度为

$$E_U=\frac{U_\eta}{\bar{\eta}}\times 100\%.$$

注意事项

(1) 实验前应先将黏滞系数测定仪的样品管调整竖直,保证小钢球沿样品管的中轴线下落.

(2) 小钢球下落时要保持液体处于静止状态,不能连续施放小钢球.

(3) 因为甘油的黏滞系数随温度的变化较大,所以在实验过程中不要用手触摸黏滞系数测定仪,特别是样品管,以免引起温度变化.

(4) 样品管外壁的起点标志线应距液体表面有足够的距离,以确保计时开始时小钢球已达到匀速.

(5) 在观察小钢球通过样品管外壁的起点和终点标志线时,视线要水平,避免视差.

(6) 施放小钢球时要从液体表面中央处开始,不能从高处或偏离样品管的中轴线施放.

(7) 实验时,甘油中应无气泡;小钢球要圆而清洁,实验前应保持干燥、无油污.

思考题

1. 实验中如何满足液体无限广延条件?
2. 落球法测量液体黏滞系数的基本原理和适用范围各是什么?
3. 观察小钢球通过样品管外壁的标志线时,如何避免视差?
4. 小钢球下落时如果偏离中心较大或样品管不竖直,对实验有无影响?
5. 讨论测量次数对测量结果的影响.
6. 分析实验过程中哪些因素会影响测量结果. 如何在实验操作中避免这些影响?

原始数据记录(实验 2.7)

表 2.7.2　小钢球直径 d 的测量

d/mm	第 1 次	第 2 次	第 3 次	平均值

表 2.7.3　样品管外壁上、下标志线间的距离测量

l/mm	第 1 次	第 2 次	第 3 次	平均值

表 2.7.4　小钢球下落时间及 η 的测量

$l=$ ________ m，$D=$ ________ m，$\rho=1.263\times10^3\sim1.303\times10^3$ kg/m^3，$\rho_0=7.80\times10^3$ kg/m^3

实验温度 /℃	小钢球下落时间 /s						速度 / (m/s)	η 的测量值 / (Pa·s)	η 的标准值 / (Pa·s)
	第 1 次	第 2 次	第 3 次	第 4 次	第 5 次	平均值			
30									
35									
40									
45									
50									

大学物理实验预习报告

实验项目 **变温黏滞系数的测定**

班别＿＿＿＿＿＿＿＿学号＿＿＿＿＿＿＿＿姓名＿＿＿＿＿＿＿＿

实验进行时间＿＿＿年＿＿＿月＿＿＿日，第＿＿＿周，星期＿＿＿，＿＿＿时至＿＿＿时

实验地点＿＿＿＿＿＿＿＿

实验目的

实验原理简述

实验中应注意事项

实验 2.8 稳态法测量固体的导热系数

导热系数(又称为热导率)是反映材料热传导能力的重要物理量. 材料的导热机制是工程热物理、材料科学及固体物理等领域的重要课题之一,而对材料导热机制的研究离不开对材料导热系数的测量. 当材料的不同部位存在温度梯度时,热量将通过材料内部分子的热运动从高温部位向低温部位传递,导热系数决定其传热速度的快慢. 一般来说,金属的导热系数比非金属的要大,固体的导热系数比液体的要大,气体的导热系数最小. 材料的导热系数不仅与材料的组成成分和微观结构有关,还与所处环境的温度、压力等有关. 一般而言,在科学实验和工程设计中,大部分材料的导热系数都需要使用实验的方法进行测定.

材料的导热系数的测量方法较多,有稳态法、热流计法、激光闪射法、瞬态热线法等. 本实验采用稳态法. 稳态法适合测量橡胶(热的不良导体)、金属(热的良导体) 等材料的导热系数.

实验目的

(1) 掌握热传导的基本规律及稳态法测量固体导热系数的实验原理.

(2) 了解热电偶测温仪的工作原理,学会使用热电偶测温仪测量物体的温度.

(3) 学会用作图法求冷却速率.

(4) 掌握稳态法测量固体导热系数的实验方法.

实验仪器

导热系数测定仪、热电偶测温仪、杜瓦(Dewar) 瓶、橡胶、游标卡尺、电子秤、冰水混合物.

实验原理

1. 傅里叶定律

当一个物体内部存在温度梯度时,热量将从高温区域向低温区域传导. 如图 2.8.1 所示,在垂直于热传导方向上取两个相互平行、距离为 dh,温度分别为 T 和 $T+\mathrm{d}T$ 的平面,则两个平面间的温度梯度为$\frac{\mathrm{d}T}{\mathrm{d}h}$. 假设平面面积均为 S,在一段时间间隔 $\mathrm{d}t$ 内通过面积 S 的热量为 $\mathrm{d}Q$,则单位时间内的热传导速率为$\frac{\mathrm{d}Q}{\mathrm{d}t}$. 1882 年,物理学家傅里叶(Fourier) 提出了傅里叶定律:热传导速率与温度梯度、传热面积成正比,即

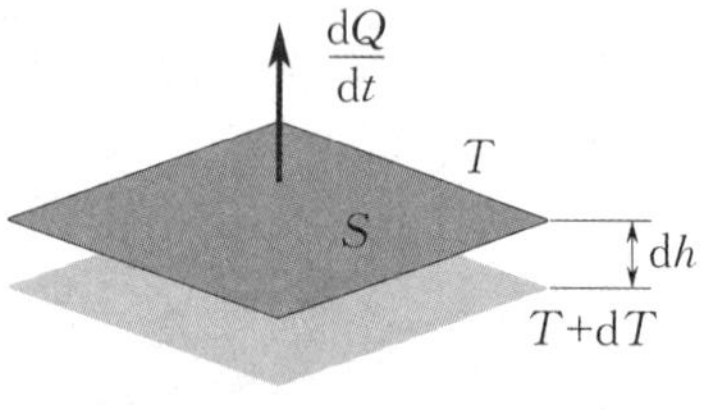

图 2.8.1 热传导示意图

$$\frac{\mathrm{d}Q}{\mathrm{d}t}=-\lambda S\frac{\mathrm{d}T}{\mathrm{d}h}, \tag{2.8.1}$$

式中,λ 为材料的导热系数,表征材料的传热性能,其数值等于相隔单位长度、相差单位温度的两个平面在单位时间内传递的热量大小,负号表示热量是从高温往低温方向传播的. 导热系数的单位为 J/(m・s・K) 或 W/(m・K).

2. 平板稳态法测量热传导速率和导热系数

稳态法测量样品导热系数的原理是将样品的一个表面加热，让另一个表面散热，使得热量从高温区域往低温区域传导. 经过一定时间后，样品内部将形成稳定的温度分布. 这一温度分布与样品材料的传热能力有关. 根据温度分布就可以间接计算出导热系数.

在平板稳态法实验中，将样品制成规则的平板圆面，夹在两个尺寸相同的铜圆盘中间，其中一个铜圆盘为加热盘，其上方有加热设备，通过热传导加热样品；另一个铜圆盘为散热盘，其下方有散热风扇，通过热传导带走样品中的热量，如图 2.8.2 所示. 经过一定时间后，样品的内部将形成稳定的温度梯度. 由于样品的侧面比与铜圆盘的接触面小得多，可以近似认为样品只有在垂直于传热方向（垂直于接触面的方向）上存在稳定的温度梯度. 在同一个平面上，温度处处相同.

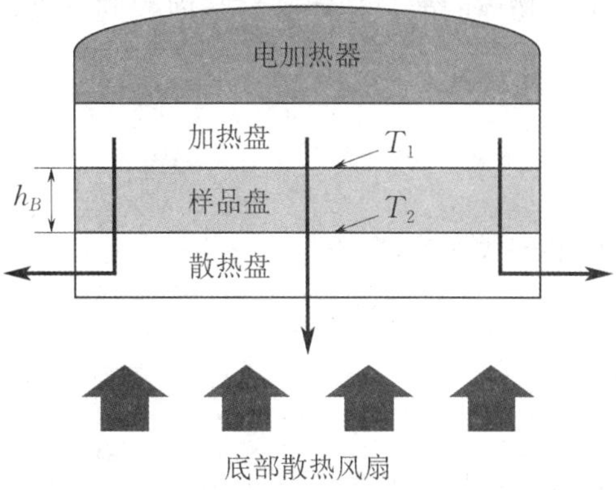

图 2.8.2　导热系数测量示意图

在稳态时，假设样品厚度为 h_B，样品上、下表面的温度分别为 T_1，T_2（$T_1 > T_2$），则样品的温度梯度为

$$\frac{\mathrm{d}T}{\mathrm{d}h}=\frac{T_1-T_2}{h_B}. \tag{2.8.2}$$

假设样品的直径为 d_B，则传热面积为 $S=\frac{\pi d_B^2}{4}$. 将式(2.8.2)代入式(2.8.1)，可得稳态时样品的热传导速率为

$$\frac{\mathrm{d}Q}{\mathrm{d}t}=-\lambda\frac{T_1-T_2}{4h_B}\pi d_B^2. \tag{2.8.3}$$

由式(2.8.3)可知，为了求得导热系数 λ，需要获得稳态时的热传导速率 $\frac{\mathrm{d}Q}{\mathrm{d}t}$. 然而这个量无法直接测得. 在稳态时，加热盘的加热速率、样品的热传导速率和散热盘的散热速率应当相等. 因此，可以通过测量散热盘的散热速率来求得样品稳态时的热传导速率. 方法如下：当样品达到稳态后，将样品盘抽出，让散热盘与加热盘直接接触，当散热盘温度比 T_2 高出一定温度（10 ℃ 或 10 ℃ 以上）时，将加热盘移开，让散热盘在风扇作用下自然冷却，记录散热盘温度随时间下降的变化曲线 $T(t)$. 在稳态时，散热盘上表面温度和样品盘下表面温度都为 T_2. 根据公式 $Q=mcT$，两边对时间同时求导数，可知散热盘在温度为 T_2 时的散热速率

$$\left.\frac{\mathrm{d}Q}{\mathrm{d}t}\right|_{T=T_2}=mc\left.\frac{\mathrm{d}T}{\mathrm{d}t}\right|_{T=T_2}=mck,$$

式中，m 为散热盘的质量；c 为散热盘的比热容；$k=\left.\frac{\mathrm{d}T}{\mathrm{d}t}\right|_{T=T_2}$ 为散热盘在温度为 T_2 时的冷却速率，也是 $T(t)$ 在温度为 T_2 时的斜率（见图 2.8.3）.

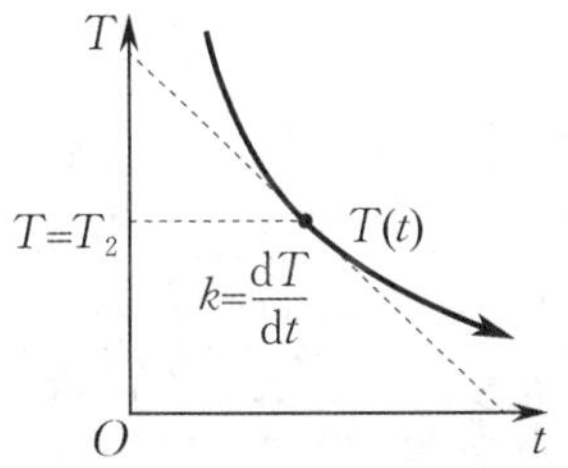

图 2.8.3　冷却速率示意图

值得注意的是，上式所求得的是散热盘完全暴露在空气中时的散热速率，其散热面积为上、下圆面面积和侧面面积之和. 假设散热盘的直径为 d_D，厚度为 h_D，则其表面积为

$$S=\frac{1}{2}\pi d_D^2+\pi d_D h_D.$$

而在样品稳态传热过程中,散热盘的上表面是被样品盘覆盖的,因此散热盘的散热面积应当为

$$S'=\frac{1}{4}\pi d_D^2+\pi d_D h_D.$$

由于物体的散热速率和散热面积成正比,因此散热速率应当修正为

$$\left.\frac{\mathrm{d}Q}{\mathrm{d}t}\right|_{T=T_2}=mck\frac{\frac{1}{4}\pi d_D^2+\pi d_D h_D}{\frac{1}{2}\pi d_D^2+\pi d_D h_D}.$$

将上式代入式(2.8.3),可得

$$\lambda\frac{T_1-T_2}{4h_B}\pi d_B^2=-mck\frac{\frac{1}{4}\pi d_D^2+\pi d_D h_D}{\frac{1}{2}\pi d_D^2+\pi d_D h_D}.$$

整理可得导热系数为

$$\lambda=-\frac{4h_B kmc}{T_1-T_2}\frac{\frac{1}{2}d_D^2+2d_D h_D}{d_D^2+2d_D h_D}\frac{1}{\pi d_B^2}. \tag{2.8.4}$$

3. 热电偶工作原理

在本实验中,上、下铜圆盘的温度用热电偶测温仪进行测量. 热电偶测温仪具有结构简单、灵敏度和准确度高、测温范围广并且可以进行实时动态监测和记录等优点,因此被广泛用于生产和科学研究的测温与温度的自动控制中. 热电偶由两种不同的金属导体接合成闭合回路构成,如图 2.8.4 所示. 两种金属导体回路的一端为温度探头,置于待测温度环境中,另一端放置于标准温度为 t_0 的环境(如冰水混合物,$t_0=0$ ℃)中. 若两端的温度不同,则在回路中将产生电动势 U,称为温差电动势. 若两端温度相同,则 $U=0$ V. 两种导体的材料固定以后,温差电动势由两种导体的温差确定. 由于温差电动势与温差有对应的关系,因此通过测量温差电动势 U 就可以确定待测温度 t.

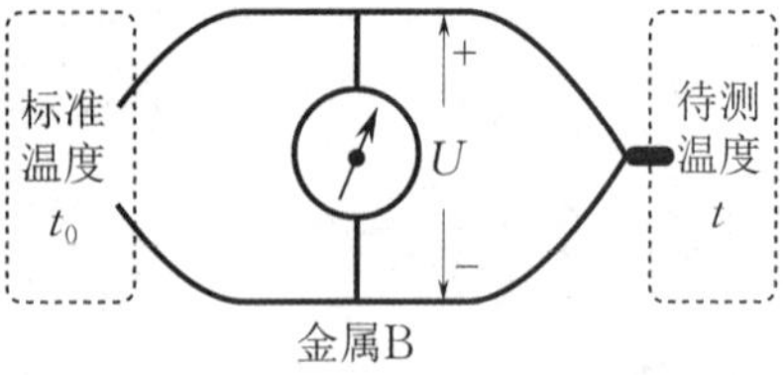

图 2.8.4 热电偶测温仪原理

本实验所用的热电偶为铜-康铜热电偶,其温差电动势 U 与温度 t 之间的关系见表 2.8.1.

表 2.8.1 铜-康铜热电偶的温差电动势与温度的关系

温度(十位)/℃	温差电动势 /mV									
	温度(个位)/℃									
	0	1	2	3	4	5	6	7	8	9
−10	−0.383	−0.421	−0.458	−0.495	−0.534	−0.571	−0.602	−0.646	−0.683	−0.720
−0	0.000	−0.039	−0.077	−0.116	−0.154	−0.193	−0.231	−0.269	−0.307	−0.345
0	0.000	0.039	0.078	0.117	0.156	0.195	0.234	0.273	0.312	0.351
10	0.391	0.430	0.470	0.510	0.549	0.589	0.629	0.669	0.709	0.749

续表

温度（十位）/℃	温差电动势 /mV									
	温度(个位)/℃									
	0	1	2	3	4	5	6	7	8	9
20	0.789	0.830	0.870	0.911	0.951	0.992	1.032	1.073	1.114	1.155
30	1.196	1.237	1.279	1.320	1.361	1.403	1.444	1.486	1.528	1.569
40	1.611	1.653	1.695	1.738	1.780	1.822	1.865	1.907	1.950	1.992
50	2.035	2.078	2.121	2.164	2.207	2.250	2.294	2.337	2.380	2.424
60	2.467	2.511	2.555	2.599	2.643	2.687	2.731	2.775	2.819	2.864
70	2.908	2.953	2.997	3.042	3.087	3.131	3.176	3.221	3.266	3.312
80	3.357	3.402	3.447	3.493	3.538	3.584	3.630	3.676	3.721	3.767
90	3.813	3.859	3.906	3.952	3.998	4.044	4.091	4.137	4.184	4.231
100	4.277	4.324	4.371	4.418	4.465	4.512	4.559	4.607	4.654	4.701
110	4.749	4.796	4.844	4.891	4.939	4.987	5.035	5.083	5.131	5.179

热电偶测温仪的读数方法如下：例如，在某一时刻，热电偶测得温差电动势 $U=2.643$ mV，则可在表 2.8.1 中先找到这一数值，再看它对应的十位温度(60)，最后看它对应的个位温度(4). 所以温差电动势 $U=2.643$ mV 所对应的温度为 64 ℃.

实验内容

1. 熟悉仪器

参照导热系数测定仪使用说明书有关内容，熟悉电路的连接及热电偶的使用.

2. 材料导热系数的测定

1) 测几何参数及质量

用游标卡尺测量散热盘的直径 d_D、厚度 h_D 和样品盘的直径 d_B、厚度 h_B 各五次，要求在不同位置或角度进行测量，然后取平均值. 将以上数据填入原始数据记录表 2.8.2 中. 散热盘的质量 m 由电子秤称出，其比热容 $c=3.805\times10^2$ J/(kg · ℃).

2) 连接设备

如图 2.8.5 所示，布置安装样品盘、加热盘和散热盘. 热电偶测温仪的一端放在 0 ℃ 的杜瓦瓶中，另一端放在加热盘中，它们通过图 2.8.5 所示的导线连接起来. 将样品盘夹在加热盘和散热盘之间，旋转两个铜盘的角度，使得铜盘上放置热电偶测温仪的洞孔与杜瓦瓶同侧. 调节支撑散热盘附近的三颗调节螺钉，使得两个铜盘和样品之间接触良好. 注意不要过紧或过松.

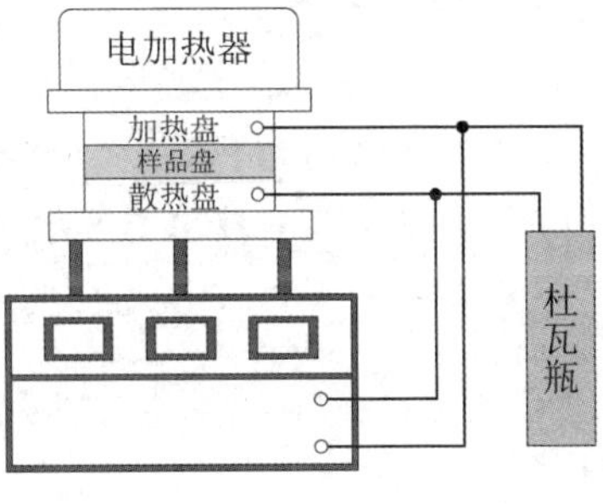

图 2.8.5　仪器布置和导线连接图

将热电偶测温仪插入上、下两铜盘的小孔中，在插入时要抹些散热硅脂，并插到洞孔底部，使热电偶测温仪的测温端(有红色标志的一端) 与铜盘接触良好；使热电偶测温仪的冷端(有绿色标志的一端) 插在冰水混合物中(或直接接低温实验仪提供的冷端,并使温度控制在 0 ℃). 将加热盘热电偶测温仪的信号线插入导热系数测定仪的信号输入端 Ⅰ,散热盘热电偶测温仪的信号线插入信号输入端 Ⅱ.

3) 获得稳态

打开导热系数测定仪电源开关,将温度设定在 80 ℃ 或 100 ℃,开关切换到自动控制,加热 20 ~ 40 min,注意观察热电偶测温仪的电压值. 通过切换信号选择开关,分别观察上、下铜盘的电压值,并通过表 2.8.1 查找对应的温度值. 若在一段时间(如 5 ~ 10 min) 内,两热电偶的电压值基本不变(电势变化在 ± 0.01 mV 以内),则表示样品盘上、下表面温度 T_1,T_2 的示值也不变,即样品盘的温度梯度已达到稳态. 记录稳态时热电偶测温仪两端的电压值,并由表 2.8.1 得到 T_1,T_2 值. 将这些测量值记录到原始数据中.

4) 测冷却速率

移去样品盘,将上、下铜盘贴合在一起,继续对散热盘加热. 当散热盘温度比稳态时温度 T_2 高出 10 ℃ 或 10 ℃ 以上时,移去加热盘,让散热盘暴露在空气中自然冷却. 每隔 30 s 读一次散热盘的电压值,查找表 2.8.1,获得对应的温度值. 将数据记录在表 2.8.3 中,数据获取一直持续到散热盘温度比 T_2 低约 10 ℃.

数据处理

(1) 根据表 2.8.3 绘制散热盘温度与时间的 $T-t$ 关系曲线图(见图 2.8.3). 在温度为 T_2 处作时间轴 t 的平行线,交于曲线 $T(t)$ 一点,过该点作曲线的切线,并求其斜率 k. 切线的斜率 k 即为散热盘在温度 T_2 下的冷却速率,即

$$k=\left.\frac{\mathrm{d}T}{\mathrm{d}t}\right|_{T=T_2}.$$

(2) 将测量的结果和求得的冷却速率 k 代入式(2.8.4),计算材料的导热系数 λ.

注意事项

(1) 实验过程中,要打开风扇开关,且整个实验过程中风扇都要处于打开的状态.

(2) 第一次实验结束,将加热器开关切断,用风扇将加热器吹凉,待与室温平衡后,才能继续实验. 样品不能连续做实验,必须经过半个小时以上的放置,与室温平衡后才能进行下一次实验.

(3) 实验全部结束后必须断开电源,一切恢复原状.

思考题

1. 什么叫作稳态? 怎样判断系统是否达到了稳态? 实验中如何实现稳态条件?
2. 本实验中要测量哪些量? 其中哪几个是关键量?
3. 注意观察实验过程中环境温度的变化,研究它对实验结果的影响.

原始数据记录(实验 2.8)

表 2.8.2　散热盘、样品盘的几何参数测量　　单位:cm

物理量		次序					平均值
		1	2	3	4	5	
散热盘	直径 d_D						
	厚度 h_D						
样品盘	直径 d_B						
	厚度 h_B						

注:要求在不同位置或不同角度进行测量.

散热盘的质量 $m=$________ kg.

稳态时各热电偶的温差电动势值:

加热盘热电偶读数 $U_1=$________ mV,温度 $T_1=$________ ℃.

散热盘热电偶读数 $U_2=$________ mV,温度 $T_2=$________ ℃.

表 2.8.3　测量冷却速率(散热盘温度随时间的变化)

时间 t/s	散热盘热电偶读数 U/mV	温度 T/℃
0		
30		
60		
90		
120		
150		
180		
210		
240		
270		
300		
…	…	…

大学物理实验预习报告

实验项目 稳态法测量固体的导热系数

班别________________ 学号________________ 姓名________________

实验进行时间_____年_____月_____日,第_____周,星期_____,_____时至_____时

实验地点________________

实验目的

实验原理简述

实验中应注意事项

实验 2.9 液体表面张力系数的测量

液体跟气体接触的表面存在一个薄层，叫作表面层. 表面层的分子比液体内部稀疏，分子间的距离比液体内部大，分子间的相互作用表现为引力，就像要把弹簧拉开，弹簧反而表现出收缩的趋势. 因此，液体表面具有尽量缩小的趋势，液体表面像是一张拉紧了的橡皮膜一样. 这种沿着表面的、收缩液面的力称为液体表面张力.

测量液体表面张力系数的常用方法有拉脱法、毛细管升高法和液滴测重法等. 本实验中采用拉脱法. 拉脱法是直接测定法，通常采用物体的弹性形变(伸长或扭转) 来量度力的大小.

(一) 通过焦利氏秤测量液体表面张力系数

实验目的

(1) 学习焦利氏秤测量微小力的原理和测量方法.

(2) 了解液体表面的性质，测量液体表面张力系数.

实验仪器

焦利氏秤、温度计、镊子、烧杯、游标卡尺、砝码、"ㄇ"形金属丝等.

实验原理

液体表面层的分子所处的环境跟液体内部的分子不同，液体内部的每一个分子四周都被同类的其他分子包围，它所受到的周围分子的合力为零. 由于液体上方的气体分子很稀疏，表面层的每一个分子受到的向上的引力比向下的引力小，合力不为零. 这个力垂直于液面并指向液体内部，所以表面层的分子有从液面挤入液体内部的倾向，并使得液体表面自然收缩，直到处于动态平衡. 假如在液体中浸入一块薄钢片，则薄钢片表面附近的液面将高于其他处，如图 2.9.1 所示.

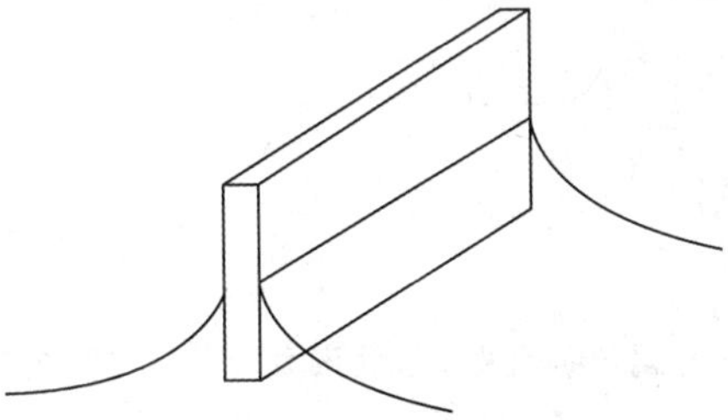

图 2.9.1 薄钢片表面附近的液面

在图 2.9.2 中，直线 MN 是液面上假想的一条分界线，它把液面分成两部分：面 1 和面 2. f_1 为面 1 对面 2 的拉力，f_2 为面 2 对面 1 的拉力. 这两个力大小相等、方向相反且都与液面相切，与 MN 垂直. 这就是液面上相接触的两部分相互作用的表面张力. 显然，表面张力的大小 f 应正比于 MN 的长度 l，即

$$f=\sigma l, \tag{2.9.1}$$

式中,σ 称为表面张力系数,它等于沿液面作用在分界线单位长度上的表面张力的大小.

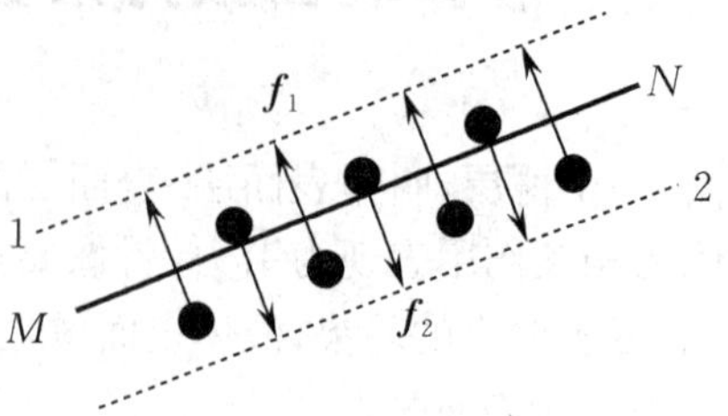

图 2.9.2 表面张力

现在有一"⊓"形金属丝,其直径为 d,金属丝的内宽为 b,如图 2.9.3 所示.将该金属丝浸入液体中,然后缓缓提起(见图 2.9.4),这时"⊓"形金属丝两个侧面都覆盖上一层液膜,"⊓"形金属丝受到向上的拉力 $\boldsymbol{F}$、向下的重力 $m\boldsymbol{g}$ 和液体表面张力 $\boldsymbol{f}$,其中 $\boldsymbol{f}$ 的方向与液面相切,它与"⊓"形金属丝的夹角 φ 称为接触角.当继续提起"⊓"形金属丝时,在液膜被拉破的瞬间,接触角 φ 趋近于零,如图 2.9.5 所示.这时液体表面张力是竖直向下的,由静力平衡方程得

$$F=mg+2f+bdh\rho g,$$

因此液体表面张力大小

$$f=\frac{1}{2}(F-mg-bdh\rho g), \tag{2.9.2}$$

式中,$bdh\rho g$ 为液膜的质量,h 为液膜被拉断时的高度,ρ 为液体的密度,g 为重力加速度.

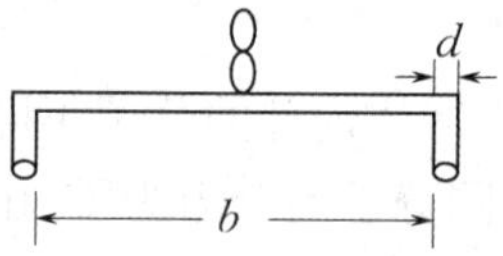

图 2.9.3 "⊓"形金属丝

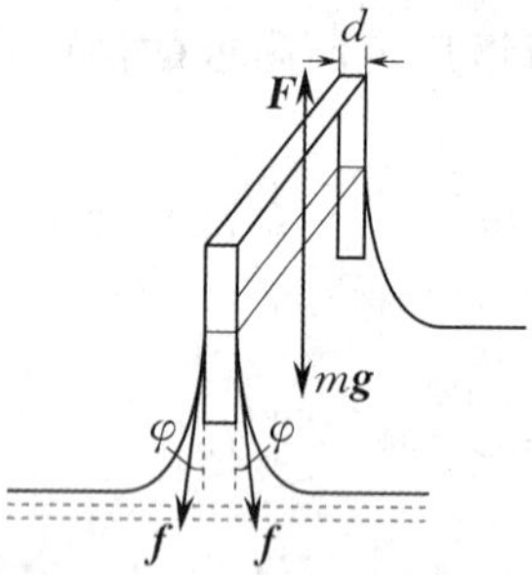

图 2.9.4 提起"⊓"形金属丝时的液体表面张力

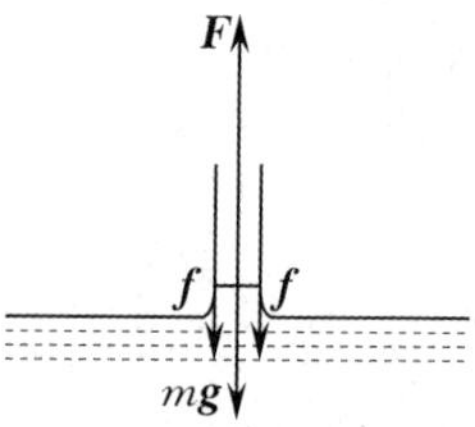

图 2.9.5 液膜被拉破的瞬间

结合式(2.9.2)与式(2.9.1)可得液体表面张力系数

$$\sigma=\frac{F-mg-bdh\rho g}{2b}. \tag{2.9.3}$$

因液膜质量 $bdh\rho g$ 可以忽略不计,故液体表面张力系数可以表示为

$$\sigma=\frac{F-mg}{2b}. \tag{2.9.4}$$

这里F和mg都非常小，本实验通过焦利氏秤来测量，实验前需测弹簧的劲度系数k. 在弹簧下加质量为m的砝码，弹簧伸长Δl，可求得劲度系数$k=\frac{mg}{\Delta l}$.

当“⊓”形金属丝稳定地与液面平齐时，焦利氏秤上读数为S_0，提起“⊓”形金属丝，液膜随之被拉起，若液膜被拉破的瞬间，焦利氏秤上读数为S，则

$$F-mg=k(S-S_0). \tag{2.9.5}$$

将式(2.9.5)代入式(2.9.4)，得

$$\sigma=\frac{k(S-S_0)}{2b}. \tag{2.9.6}$$

实验内容

焦利氏秤由固定在底座上的秤框、可升降的金属杆和锥形弹簧秤等部分组成，如图2.9.6所示. 在秤框上固定有下部可调节的载物平台、作为平衡参考点用的玻璃管和读取弹簧伸长量用的游标. 升降金属杆位于秤框内部，其上部有刻度，用以读出高度，框顶端带有螺钉，供固定锥形弹簧秤用，杆的上升和下降由位于秤框下端的升降钮控制. 锥形弹簧秤由锥形弹簧、带小镜子的金属挂钩和砝码盘组成. 带小镜子的金属挂钩从平衡指示玻璃管内穿过，且不与玻璃管相碰.

焦利氏秤和普通的弹簧秤有所不同. 普通的弹簧秤是固定上端，通过下端移动的距离来称重，而焦利氏秤则是在测量过程中保持下端固定在某一位置，依靠上端移动的距离来称重. 此外，为了克服因弹簧自重引起劲度系数的变化，弹簧是锥形的. 由于焦利氏秤的特点，在使用中应保持小镜子中的指示横线、平衡指示玻璃管上的刻度线及其在小镜子中的像三者对齐，简称三线对齐，作为弹簧下端的固定起算点.

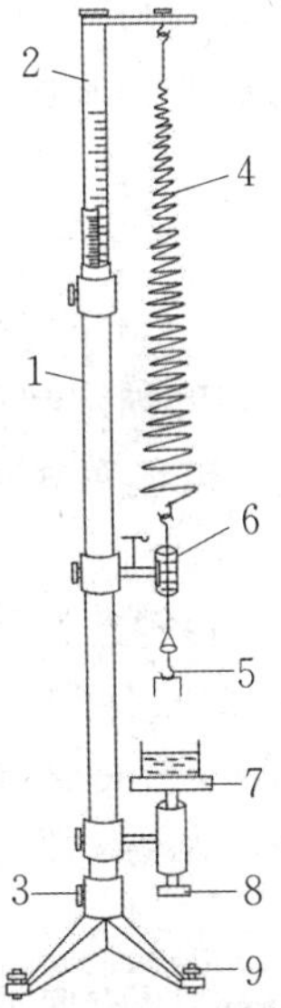

1—秤框；2—升降金属杆；3—升降钮；4—锥形弹簧；5—带小镜子的金属挂钩；
6—平衡指示玻璃管；7—载物平台；8—平台调节螺钉；9—底脚螺钉.

图2.9.6　焦利氏秤结构示意图

1. 测量金属丝的内宽和直径

利用游标卡尺测量金属丝的内宽 b 和直径 d,测量五次,将结果记录在表 2.9.1 中.

2. 测量焦利氏秤上锥形弹簧的劲度系数

(1) 把锥形弹簧、带小镜子的金属挂钩和砝码盘依次安装到秤框内的升降金属杆上. 调节支架底座的底脚螺钉,使秤框竖直,小镜子应正好位于平衡指示玻璃管中间,挂钩上下运动时不致与玻璃管摩擦.

(2) 逐次在砝码盘内放入砝码,调节升降钮,做到三线对齐,记录升降金属杆的位置读数 l_i. 当砝码加到 4.5 g 时,停留一会后逐次取下砝码,调节升降钮,做到三线对齐,记录升降金属杆的位置读数 l'_i. 将结果记录在表 2.9.2 中. 分别用逐差法和作图法计算出弹簧的劲度系数.

3. 测量自来水的表面张力系数

(1) 取下砝码,在砝码盘下挂上已清洗过的金属丝,仍保持三线对齐,记录升降金属杆的位置读数 S_0.

(2) 把盛有自来水的烧杯放在焦利氏秤载物平台上,调节平台调节螺钉和升降钮,使金属丝浸入水面以下.

(3) 缓慢地调节平台调节螺钉和升降钮,注意当烧杯下降和升降金属杆上升时,始终保持三线对齐. 当液膜刚要破裂时,记录升降金属杆的位置读数 S,测量五次,将结果记录在表 2.9.3 中. 取平均值,计算自来水的表面张力系数和不确定度.

4. 测量肥皂水的表面张力系数(选做)

测量步骤同 3.

数据处理

(1) 利用逐差法计算焦利氏秤上锥形弹簧的劲度系数及不确定度,写出测量结果.

(2) 作图法. 将数据点在 $mg-l$ 坐标系中描出,用直尺或相关软件线性拟合得到有关结果.

(3) 利用式(2.9.6) 计算自来水的表面张力系数及不确定度,写出测量结果.

注意事项

(1) 在使用焦利氏秤过程中应保持小镜子中的指示横线、平衡指示玻璃管上的刻度线及其在小镜子中的像三者对齐,作为弹簧下端的固定起算点,这是实验的关键.

(2) 在测量过程中,切记小镜子不能与玻璃管相接触,否则会产生摩擦力,导致测出的拉力不准确.

(3) 在测量自来水与肥皂水的表面张力系数时,为保证三线对齐,需要左手调平台调节螺钉,右手调节升降钮,由于是双手调节,需细心、仔细,不然液膜很容易破裂.

(4) 在测量肥皂水的表面张力系数时,会发现随着液膜逐渐拉长,焦利氏秤显示的拉力先变大后变小,这是由于后来张力出现了横向分量的缘故,故应测出其拉力的最大值作为实验数据.

(5) 本次实验的仪器属于精密仪器,调节时应仔细.

原始数据记录(实验 2.9)

表 2.9.1 测量金属丝的内宽和直径

物理量	次序					平均值
	1	2	3	4	5	
内宽 b/mm						
直径 d/mm						

表 2.9.2 测量焦利氏秤上锥形弹簧的劲度系数

次序 i	砝码质量 m/g	标尺读数		$\overline{l_i}=\frac{1}{2}(l_i+l'_i)$ /mm	逐差结果 $\Delta\overline{l_i}=(\overline{l_{i+5}}-\overline{l_i})$ /mm	平均伸长量 $\overline{\Delta l}=\frac{1}{25}\sum_{i=1}^{5}(\overline{l_{i+5}}-\overline{l_i})$/mm
		增加砝码 l_i/mm	减少砝码 l'_i/mm			
1	0					
2	0.5					
3	1.0					
4	1.5					
5	2.0					
6	2.5				—	
7	3.0				—	
8	3.5				—	
9	4.0				—	
10	4.5				—	

表 2.9.3 液膜破裂前后弹簧伸长量

次序	标尺零点读数 S_0/mm	液膜破裂时读数 S/mm	$\Delta S_0=(S-S_0)$/mm	$\overline{\Delta S}$/mm
1				
2				
3				
4				
5				

大学物理实验预习报告

实验项目 液体表面张力系数的测量(通过焦利氏秤)

班别____________________ 学号____________________ 姓名____________________

实验进行时间______年______月______日,第______周,星期______,______时至______时

实验地点____________________

实验目的

实验原理简述

实验中应注意事项

（二）通过示波器测量液体表面张力系数

除了用焦利氏秤外，还可用力敏传感器和示波器来测量并显示液膜拉断前后的参量变化. 本实验利用示波器实时采集实验数据，通过图形化的方式完整地观测吊环在液膜拉断前后受力的变化情况，更清楚准确地了解拉脱法测量液体表面张力系数的原理.

实验目的

(1) 研究输入电压恒定时，力敏传感器输出电压与拉力的关系，计算力敏传感器的灵敏度.

(2) 观察液面变化和计算机界面图形的变化情况，准确确定拉脱点并测定液体表面张力大小.

实验仪器

液体表面张力系数测定仪、示波器(见图 2.9.7)、收纳盒.

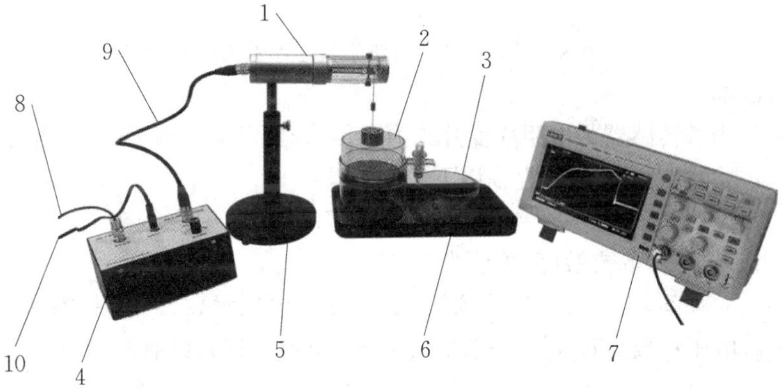

1— 力敏传感器支架；2— 高座测试杯(测试杯)；3— 玻璃皿(接液杯)；4— 测试盒(数据采集器)；5— 升降支架；6— 托盘；7— 示波器；8— 同轴线；9— 多芯屏蔽连接线；10— 电源线.

图 2.9.7　液体表面张力系数测定仪及示波器

实验原理

1. 拉脱法测量液体表面张力系数(利用力敏传感器)

将内径为 D_1、外径为 D_2 的金属吊环悬挂在力敏传感器上，然后把它浸入盛有液体的器皿中. 当吊环缓慢地远离液面时，吊环与液面之间会产生一个液膜. 图 2.9.8(a) 为吊环的受力分析图.

由于液膜表面张力、液膜重力的作用，随着液膜拉高，力敏传感器受到的拉力也会逐渐增大，此后拉力将在达到最大值后有一定减小，最后再迅速减小(对应液膜拉断)[见图 2.9.8(b)]. 这是因为在上拉过程中附着在吊环上的液体比较多，液膜拉出液面后，附着在吊环上的液体慢慢向下流，直到液膜拉断. 在液膜拉断前后瞬间，力敏传感器受到的拉力的大小 F_1，F_2 分别为

$$F_1=G+f,\quad F_2=G,$$

式中，G 表示吊环与附着在其上的液体的总重力. 故表面张力 f 的大小等于吊环拉脱(液膜拉

断) 瞬间力敏传感器受到的拉力差,即

$$f = F_1 - F_2. \tag{2.9.7}$$

由于液膜有内外两个液面,且两个液面的直径与吊环的内外径相同,由式(2.9.1) 可得表面张力

$$f = \sigma\pi(D_1 + D_2). \tag{2.9.8}$$

结合式(2.9.7),可得液体表面张力系数

$$\sigma = \frac{F_1 - F_2}{\pi(D_1 + D_2)}. \tag{2.9.9}$$

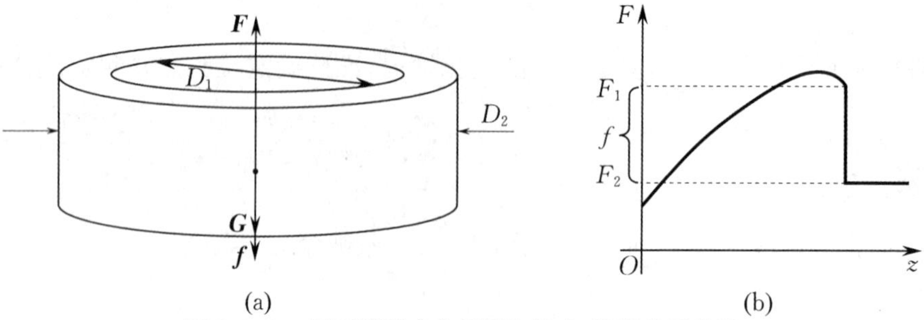

图 2.9.8 吊环的受力分析图和拉力-位移关系曲线

2. 力敏传感器

本实验所用力敏传感器为电阻应变片式力敏传感器,以电压输出显示. 当力敏传感器所受拉力为 F 时,电压示数为 U,两者存在以下线性关系:

$$U = SF + U_0, \tag{2.9.10}$$

式中,S 表示力敏传感器的灵敏度,单位为 V/N.

液膜拉断前一瞬间,力敏传感器受到的拉力为 F_1,电压示数为 U_1,拉断后,力敏传感器受到的拉力为 F_2,电压示数为 U_2,结合式(2.9.9) 和式(2.9.10),则有

$$\sigma = \frac{U_1 - U_2}{\pi S(D_1 + D_2)}. \tag{2.9.11}$$

显然,若已知力敏传感器的灵敏度 S,测出吊环的内、外径 D_1,D_2,并测出液膜拉断瞬间电压示数差,代入式(2.9.11),即可求出液体的表面张力系数.

实验内容

1. 实验前准备

测试前,用洗涤剂和自来水充分清洗干净吊环内、外壁(含底部环状截面),测试杯内壁(含出水口),接液杯内壁及边缘,清洗干净后严禁用手直接接触吊环(细绳及磁钢除外)、测试杯和接液杯的内壁及边缘.

注 洗涤剂必须被充分清洗掉,否则会影响实验结果.

测试杯、接液杯内壁晾干后置于托盘上. 关闭测试杯上的阀门,将待测液体小心倒入测试杯中,直到液面略低于测试杯顶部(确保液体不溢出). 等待 20 min,以使待测液体与环境温度近似一致. 期间待放置砝码的吊环上表面晾干,然后用镊子小心将吊环吸附在力敏传感器的细绳上,并用镊子以轻触吊环外壁的方式,保持吊环稳定不晃动,此时吊环底部近似水平.

注 此时不要把托盘放置在吊环下方,目的是避免后续实验中挂砝码时砝码滑落水中.

用连接线正确连接数据采集器与实验装置、数据采集器与示波器 CH1 通道(此处以 DS1102E 型数字存储示波器为例),然后接通示波器、数据采集器的电源,预热 10 min.

2. 研究输入电压恒定时,力敏传感器输出电压与拉力的关系,计算力敏传感器的灵敏度

(1) 将示波器 CH1 通道垂直挡位(VERTICAL 区的 POSITION 旋钮)的灵敏度设为"200 mV/div",水平挡位(HORIZONTAL 区的 POSITION 旋钮)的灵敏度设为"200 ms/div",耦合类型设为"直流",测量显示设为"平均值",采样获取方式设为"普通". 按下垂直挡位旋钮使垂直位置归零,然后利用 VERTICAL 区的 SCALE 旋钮调节垂直位置,使 CH1 电压零位位于屏幕中央下方 2 ~ 3 div.

(2) 若CH1电压信号为0,则顺时针旋转测试盒上的零点调节旋钮,若CH1电压信号大于 1 000 mV,则逆时针旋转该旋钮,直到电压信号显示在 800 ~ 1 000 mV 范围,此后整个实验过程中不再调节该旋钮. 然后调节垂直位置,使得信号尽量显示在屏幕最下方(到底部的距离小于等于0.5 div,即半格). 待信号稳定,将该电压值记录在表 2.9.4 中,此时未加砝码,故砝码质量为0 g.

(3) 用镊子夹取一个砝码(每个砝码的标称质量均为 0.5 g) 放在吊环上部的凹槽内,待示波器上信号稳定,再次记录该电压值和凹槽内砝码的总质量.

(4) 重复上一步骤,直到凹槽内放置 6 个砝码.

注 *砝码需要对称放置,防止吊环倾覆.*

(5) 用镊子从吊环上部的凹槽内夹取出一个砝码放在砝码盒内,待示波器上信号稳定,再次记录电压值.

(6) 重复上一步骤,直到凹槽内没有砝码.

注 *砝码需要对称取下,防止吊环倾覆.*

(7) 对每个砝码质量 m 下的两次电压取平均值 U 后,绘制 U-m 关系曲线,线性拟合后得到的直线斜率即为力敏传感器的灵敏度 S(单位为 V/g).

3. 测量室温下纯水的表面张力系数

(1) 将放置了测试杯和接液杯的托盘移至吊环下方,使吊环大致(偏差为 2 cm) 处于测试杯中心位置(可结合调节升降支架来实现). 缓慢降低吊环高度,直到吊环下端约一半高度浸入液体后再升高吊环高度直到完全拉出液面(注意不能使吊环整体浸入液体,也不能让吊环上的孔浸入液体中),这样反复升降三次后,将吊环下端约四分之一浸入液体中.

(2) 按下垂直挡位旋钮使 CH1 垂直位置快速归零. 待信号大致稳定后调节垂直位置,使得信号显示在距屏幕底部(2.0 ± 0.5) div 的位置.

(3) 按下水平挡位旋钮使CH1水平位置快速归零. 将水平挡位的灵敏度设为"5 s/div",待信号大致稳定后调节水平位置,使得信号的起始位置在屏幕最左方.

(4) 待信号稳定,按下示波器右上角的"RUN/STOP" 键使屏幕显示暂停,然后完全打开测试杯上的阀门,紧接着(3 s 内) 立即按下"RUN/STOP" 键使屏幕显示运行. 此后,仪器周围应避免大的振动(尤其在液膜拉断前后 3 s 内).

(5) 待液膜拉断后,信号大致稳定,及时按下一次或连续按下两次"RUN/STOP"键,待屏幕显示暂停. 然后及时关闭阀门,并将接液杯中的水沿着杯壁缓慢倒入测试杯中,避免倒在吊环上部的凹槽内.

注 *只按一次"RUN/STOP" 键,示波器会待屏幕显示完后自动暂停,连续按两次*

"RUN/STOP"键,示波器屏幕显示会立即暂停.

(6) 调节水平位置,使得信号的拉脱位置(即信号陡降点)在屏幕中间附近.将水平挡位的灵敏度设为"200 ms/div".微调水平位置,使得液膜拉断前后的稳定端处于屏幕中.

(7) 按下示波器的"Cursor"键,将光标模式设为"手动",光标类型设为"Y",信源选择"CH1",然后将光标A移动到液膜拉断前的高度U_2,将光标B移动到液膜拉断后稳定时的高度U_1,在表2.9.5中记录两电压值并计算两者之差$\Delta U=U_2-U_1$.按下"RUN/STOP"键使屏幕显示运行.

(8) 重复步骤(3)~(6),进行下一组测量,共测量六组有效数据,待后续分析.

注 所谓"有效",是指不存在明显的先后拉脱情况、实验过程中待测液体未引入能引起张力大小明显改变的物质(若出现这种情况,需要重新清洗测试杯、接液杯及吊环,并重新进行测量)等.

(9) 实验完成,待吊环晾干后放入收纳盒,砝码盒及镊子也放入收纳盒.断开各电源,收纳连接线.若测试杯中盛装液体长期不用可倒掉.

数据处理

根据下式计算本次测量的纯水的表面张力系数:

$$\sigma=\frac{g\,\overline{\Delta U}}{\pi S(D_1+D_2)},$$

式中,$\overline{\Delta U}=\frac{1}{6}\sum_{i=1}^{6}\Delta U_i$,重力加速度$g=9.80\ \mathrm{m/s^2}$,吊环内径$D_1=0.0335\ \mathrm{m}$,吊环外径$D_2=0.0355\ \mathrm{m}$.

注意事项

(1) 力敏传感器所受拉力严禁超过其最大值.

(2) 力敏传感器支架上设计有限力过载保护功能,在仪器安装时已调好,非工作人员请勿调节.

(3) 实验装置中的玻璃器件为易碎品,使用时应小心,勿以硬物击之.

(4) 实验中涉及一定量的水,使用过程中应避免水电接触,否则可能造成危险.

(5) 实验区域应远离出风口或震动较大的地方.

(6) 仪器应存储于干燥、清洁、通风良好的地方.

原始数据记录(实验 2.9)

表 2.9.4　研究输入电压恒定时,力敏传感器输出电压与拉力的关系

砝码个数	0	1	2	3	4	5	6
砝码质量 m/g							
加砝码过程输出电压 U_+ /V							
减砝码过程输出电压 U_- /V							
平均输出电压 $U=\dfrac{U_++U_-}{2}\Big/\mathrm{V}$							

表 2.9.5　测量室温下纯水的表面张力系数

吊环内径 $D_1=0.0335\ \mathrm{m}$,吊环外径 $D_2=0.0355\ \mathrm{m}$,重力加速度 $g=9.80\ \mathrm{m/s^2}$

序号	1	2	3	4	5	6
液膜拉断前电压 U_2/V						
液膜拉断后电压 U_1/V						
液膜拉断前后电压差 $\Delta U=(U_2-U_1)$/V						

大学物理实验预习报告

实验项目 液体表面张力系数的测量(通过示波器)

班别________ 学号________ 姓名________

实验进行时间____年____月____日,第____周,星期____,____时至____时

实验地点________

实验目的

实验原理简述

实验中应注意事项

实验 2.10 气体比热容比的测定

比热容是物质的重要参量，在研究物质结构、确定相变、鉴定物质纯度等方面都起着重要的作用. 气体比热容比是指气体的定压比热容与定容比热容的比值. 本实验将介绍一种较新颖的测定气体比热容比的方法.

实验目的

测定空气的比热容比.

实验仪器

气体比热容比测定仪、螺旋测微器、物理天平或电子天平等.

气体比热容比测定仪由 DHTC－3A 多功能计时器和测试架组成，如图 2.10.1 所示.

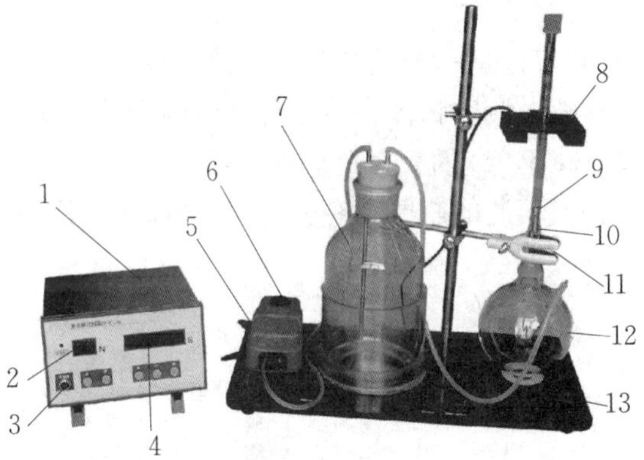

1 — DHTC－3A 多功能计时器；2 —周期数显示窗；3 —传感器接口；4 —计时显示窗；5 —气泵；6 —气量调节旋钮；7 —储气瓶(缓冲瓶)；8 —激光光电门；9 —钢球；10 —弹簧；11 —多功能夹；12 —实验玻璃瓶容器；13 —底座.

图 2.10.1　气体比热容比测定仪

DHTC－3A 多功能计时器采用单片机控制系统，用于测量外部周期信号，如图 2.10.2 所示为 DHTC－3A 多功能计时器面板. 传感器接口兼容 TTL 和 CMOS 信号，可以连接 3 芯光电门信号、霍尔开关信号及其他特定信号. 该计时器的主要参数和使用步骤如下：

(1) 将计时器与传感器连接起来，并开启电源，使用 ▲▼ 键设置周期数 N，设置范围为 1 ～ 99 次(见周期数显示窗).

(2) 按▶ 键开始计时，此时仪器显示为“00000”，处于待机状态，仪器左上角信号指示灯一直为亮，当接收到触发信号后，灯就暗一次，当接收到第 3 个触发信号后计时正式开始，计时显示窗将显示对应时间. 计时显示最小分辨率为 0.1 ms，显示时间范围为 0.000 1 ～ 999.99 s. 计时超过量程后显示“-----”，此时可以按↽键返回，再按 ▶ 键重新开始测试.

(3) 当计时、计数完成后，可以按 ▲▼ 键查看数据，计时显示窗显示 N 次总共计时时间. 数据查看完毕后，可以按↽键返回，再按 ▶ 键重新开始测试.

(4) 当系统死机,软件工作不正常时,可以按 **R** 键对系统进行复位.

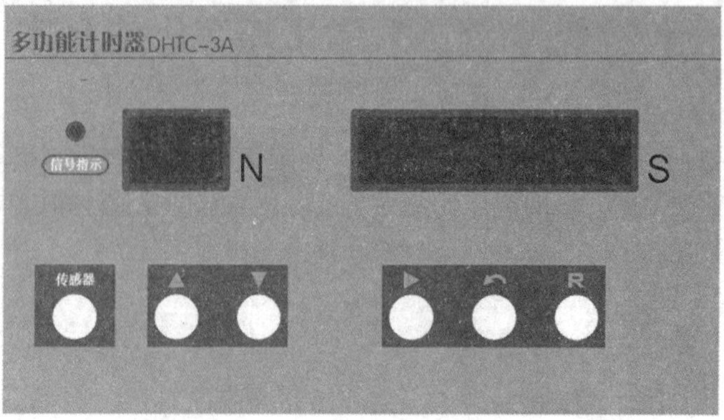

图 2.10.2 DHTC-3A **多功能计时器面板图**

实验原理

气体比热容比 γ 是气体的定压比热容 C_p 与定容比热容 C_V 之比,即 $\gamma=\frac{C_p}{C_V}$. 在热力学过程中,特别是绝热过程中,比热容比是一个很重要的参数. 测定气体比热容比的方法有多种,这里介绍一种较新颖的方法,即通过测定物体在特定容器中的振动周期来计算 γ 值. 实验基本装置如图 2.10.3 所示,振动物体(钢球)的直径比玻璃管的直径仅小 0.01～0.02 mm,它能在这个精密玻璃管中上下移动. 在玻璃瓶的瓶壁上有一小口,并插入一根细管,通过它,各种气体可以注入玻璃瓶中.

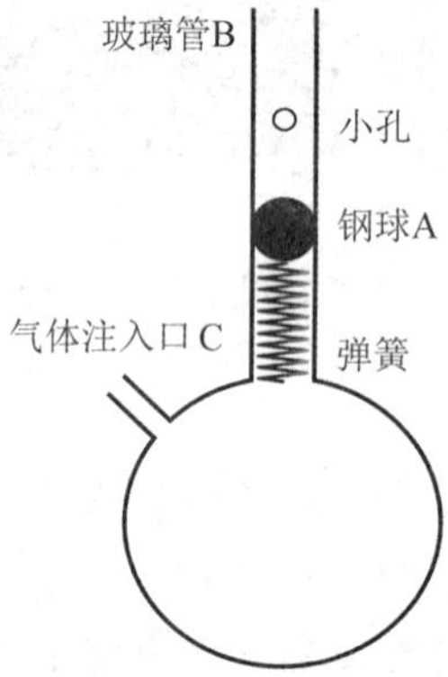

图 2.10.3 实验基本装置示意图

钢球 A 的质量为 m、半径为 r(直径为 d),当瓶子内压强 p 满足 $p=p_0+\frac{mg}{\pi r^2}$(p_0 为大气压强)时,钢球 A 处于受力平衡状态. 为了补偿由于空气阻尼引起钢球 A 振幅的衰减,通过气体注入口 C 一直注入一个小气压的气流,在玻璃管 B 的中央开设有一个小孔. 当钢球 A 处于小孔下方的半个振动周期时,注入气体使容器内的压强增大,引起钢球 A 向上移动,而当钢球 A 处于小孔上方的半个振动周期时,容器内的气体将通过小孔流出,使钢球 A 下沉. 以后重复上述过程,只要适当控制注入气体的流量,钢球 A 就能在玻璃管 B 的小孔上下做简谐振动,振动周期可利用光电计时装置来测得.

若钢球 A 偏离平衡位置一个较小距离 x，则容器内的压强变化 $\mathrm{d}p$，钢球 A 的动力学方程为

$$m\frac{\mathrm{d}^2x}{\mathrm{d}t^2}=\pi r^2\mathrm{d}p. \tag{2.10.1}$$

因为钢球 A 的振动过程相当快，所以可以看作绝热过程，绝热方程为

$$pV^{\gamma}=\text{常数}. \tag{2.10.2}$$

对式(2.10.2)取微分得

$$\mathrm{d}p=-\frac{p\gamma\mathrm{d}V}{V}, \tag{2.10.3}$$

又因为 $\mathrm{d}V=\pi r^2x$，所以结合式(2.10.1)与式(2.10.3)可得

$$\frac{\mathrm{d}^2x}{\mathrm{d}t^2}+\frac{\pi^2r^4p\gamma}{mV}x=0.$$

此式即为简谐振动方程，其对应的角频率为

$$\omega=\sqrt{\frac{\pi^2r^4p\gamma}{mV}}=\frac{2\pi}{T},$$

从而有

$$\gamma=\frac{4mV}{T^2pr^4}=\frac{64mV}{T^2pd^4}. \tag{2.10.4}$$

式(2.10.4)中，各量均可方便测得，因此可算出 γ 值. 由气体分子动理论可知，γ 值与气体分子的自由度有关，单原子气体(如氩)只有3个平动自由度，双原子气体(如氢)除上述3个平动自由度外还有2个转动自由度，多原子气体则具有3个平动自由度和3个转动自由度. 比热容比 γ 与自由度 f 的关系为 $\gamma=\frac{f+2}{f}$，理论上有

单原子气体：　$f=3$，　$\gamma=1.67$，
双原子气体：　$f=5$，　$\gamma=1.40$，
多原子气体：　$f=6$，　$\gamma=1.33$.

本实验装置主要由玻璃制成，且对玻璃管的要求特别高，振动物体(钢球)的直径仅比玻璃管内径小 0.01～0.02 mm，因此振动物体表面不允许擦伤. 平时它停留在玻璃管的下方(用弹簧托住). 若要将其取出，只需在它振动时，用手指将玻璃管壁上的小孔堵住，稍稍加大气流量，物体便会上浮到玻璃管上方开口处，方便取出，或者将玻璃管由瓶上取下，将物体倒出.

振动周期采用可预置测量次数的 DHTC－3A 多功能计时器，重复多次进行测量. 振动物体直径采用螺旋测微器测出，质量用物理天平称量，玻璃瓶容积由实验室给出，大气压强由气压表自行读出，并换算为标准单位($760\ \mathrm{mmHg}=1.013\times10^5\ \mathrm{N/m^2}$).

实验内容

(1) 按图 2.10.1 所示安装并连接好实验设备. 接通电源，调节气泵上的气量调节旋钮，使钢球在玻璃管中以小孔为中心做上下振动. 注意，气流过大或过小会造成钢球不以小孔为中心做上下振动，调节时需要用手挡住玻璃管上方，以免气流过大将钢球冲出管外造成钢球或玻璃瓶损坏.

(2) 打开计时器,周期数设置为50次,按下▶键后即可自动记录振动50个周期所需的时间,将数据记录在表2.10.2中.

(3) 若计时器不能正常计时,可能是激光光电门位置放置不正确,造成钢球上下振动时未挡光,或者激光束没能垂直通过玻璃管造成激光束散射.

(4) 重复以上步骤五次.

(5) 用螺旋测微器和物理天平分别测出钢球的直径 d 和质量 m,并重复测量五次,将数据记录在表2.10.1中.

(6) 本实验提供的玻璃瓶的有效体积为$(1\,450\pm5)\,\mathrm{cm}^3$. 因玻璃瓶为人工吹制,存在一定误差,个体实际容积以测定为准,储气瓶的体积约为$2\,500\ \mathrm{cm}^3$.

注　钢球质量约为4 g,半径约为5 mm.

数据处理

1. 求钢球的质量、直径及其不确定度

(1) 根据表2.10.1中的数据,计算钢球的平均质量及其不确定度.

(2) 根据表2.10.1中的数据,计算钢球的平均直径及其不确定度.

2. 求钢球的振动周期及其不确定度

根据表2.10.2中的数据,计算钢球的平均振动周期及其不确定度.

3. 求空气的比热容比及其不确定度

忽略储气瓶的体积、大气压强的测量误差,根据钢球的质量、直径、振动周期及式(2.10.4),估算空气的比热容比及其不确定度.

注意事项

(1) 仪器在使用前应可靠固定,玻璃管应竖直放置,以免钢球振动时碰到管壁,造成测量误差. 可以通过调节玻璃瓶本身和底座上的三个螺钉来实现.

(2) 气泵的输出通过输气软管接入玻璃瓶,连接时注意不要漏气,否则钢球不能上下振动.

(3) 计时器周期数设置成 N,钢球来回经过激光光电门的次数为 $n=2N+1$ 次.

(4) 注意激光光电门的激光束与玻璃管垂直,否则会造成激光光电门无法正常工作.

思考题

1. 注入气体量的多少对钢球的运动情况有没有影响?

2. 在实际中,钢球振动过程并不是理想的绝热过程,这时测得的比热容比值比实际值大还是小?为什么?

原始数据记录(实验 2.10)

表 2.10.1　钢球质量和直径数据记录表

项目	次数					平均值
	1	2	3	4	5	
质量 m/g						
直径 d/mm						

表 2.10.2　周期测量数据记录表

项目	次数					平均值
	1	2	3	4	5	
N 个周期时间 t/s						
振动周期 T/s						

大学物理实验预习报告

实验项目 气体比热容比的测定
班别__________ 学号__________ 姓名__________
实验进行时间____年____月____日,第____周,星期____,____时至____时
实验地点__________

实验目的

实验原理简述

实验中应注意事项

实验 2.11 金属线膨胀系数的测量

温度是描述物质分子热运动剧烈程度的一个物理量. 当物质受热,温度升高时,分子的热运动变得更加剧烈,这通常会导致分子的间距增大,宏观上表现为物质体积的膨胀. 热膨胀系数是定量描述物质的这种受热膨胀性质的一个物理量. 若保持压强 p 恒定,物质的体积 V 随着温度 T 变化,则其体膨胀系数定义为

$$\alpha_V = \frac{1}{V}\left(\frac{\partial V}{\partial T}\right)_p, \tag{2.11.1}$$

即单位温度变化引起的相对体积变化量. 体膨胀系数越大,物质受热膨胀的程度越高.

某些情况下,人们只关心物质在一维上的受热膨胀情况,这时通常可以引入线膨胀系数. 例如,对于某一细棒,若我们只关心其长度 L 随着温度 T 的变化,则可以定义其线膨胀系数为

$$\alpha_L = \frac{1}{L}\frac{\mathrm{d}L}{\mathrm{d}T}. \tag{2.11.2}$$

热膨胀是材料的一种重要性质. 热膨胀系数的测量具有重要的意义,它不仅是材料科学中研制新材料时的一个重要指标,也是工程设计中选用合适材料的重要依据. 本实验中我们测量金属棒的线膨胀系数,以加深对材料热膨胀这一热力学性质的认识.

实验目的

(1) 了解物质的热膨胀现象,认识线膨胀系数这一物理量.

(2) 掌握测量金属棒线膨胀系数的原理和测量方法.

(3) 学会千分表与 PID 温控仪的使用方法.

实验仪器

金属线膨胀系数测量仪、PID 温控仪和千分表等.

实验原理

线膨胀系数一般来说是温度的函数,但是实验表明在一定的温度范围内,很多材料的线膨胀系数变化并不大,可以近似看作一个常量. 同时,很多材料的热膨胀也并不明显,温度变化不大时其长度变化通常很小. 为了说明这两点内容,表 2.11.1 列出了铜的线膨胀系数与温度的关系,表 2.11.2 则列出了几种常见金属在 293.15 K(即 20 ℃) 时的线膨胀系数.

因此,根据线膨胀系数的定义式(2.11.2),可以利用

$$\alpha_L = \frac{1}{L_0}\frac{\Delta L}{T_2 - T_1} \tag{2.11.3}$$

来对其进行测量. 式(2.11.3) 中,ΔL 是温度由 T_1 升高到 T_2 时物体的长度变化量,L_0 为物体在室温 T_0 下的长度(原长). 只需要测量出这几个量,就可以通过式(2.11.3) 计算得出相应的线膨胀系数.

表 2.11.1　铜的线膨胀系数与温度的关系

温度 T/K	100	150	200	250	300	350
线膨胀系数 $\alpha_L/(10^{-6}/\mathrm{K})$	10.42	13.59	15.19	16.13	16.76	17.14
温度 T/K	400	450	500	550	600	650
线膨胀系数 $\alpha_L/(10^{-6}/\mathrm{K})$	17.56	17.93	18.27	18.59	18.91	19.22
温度 T/K	700	750	800	850	900	950
线膨胀系数 $\alpha_L/(10^{-6}/\mathrm{K})$	19.53	19.85	20.17	20.50	20.84	21.18
温度 T/K	1 000	1 050	1 100	1 150	1 200	1 250
线膨胀系数 $\alpha_L/(10^{-6}/\mathrm{K})$	21.54	21.90	22.28	22.67	23.08	23.50

表 2.11.2　几种常见金属在 293.15 K 时的线膨胀系数

材料	线膨胀系数 $\alpha_L/(10^{-6}/\mathrm{K})$	材料	线膨胀系数 $\alpha_L/(10^{-6}/\mathrm{K})$
铅	28.7	金	14.2
铝	23.0	铁	11.8
铜	16.7	钨	4.5

在具体的实验中,我们的测量对象是一根长度约 50 cm 的金属棒,原长 L_0 可以通过米尺测量得出.金属棒的温度通过 PID 温控仪控制的热水流来进行调节,温控仪内有温度计,温度可以由其读出.实验主要的难点在于 ΔL 的测量.由于线膨胀系数很小(通常金属的线膨胀系数的数量级为 10^{-5}/K),假设我们将金属棒加热 40 K,那么金属棒的伸长量 ΔL 仅约为 0.2 mm.通常的长度测量工具(如米尺、游标卡尺等)很难精准地测量这样微小的长度变化,本实验中我们使用千分表这一精密的长度测量工具来对它进行测量.

实验内容

1. 熟悉仪器

(1) 图 2.11.1 为金属线膨胀系数测量仪的示意图.待测的空心金属棒一端(固定端)固定在基座的固定端支架上,另一端(滑动端)可以在滑动端支架上自由伸长.千分表固定在千分表支架上,测量头与空心金属棒的滑动端接触,用来测量空心金属棒的伸长量.热水从进水孔流入空心金属棒,从内部对空心金属棒进行加热,然后从出水孔流出.

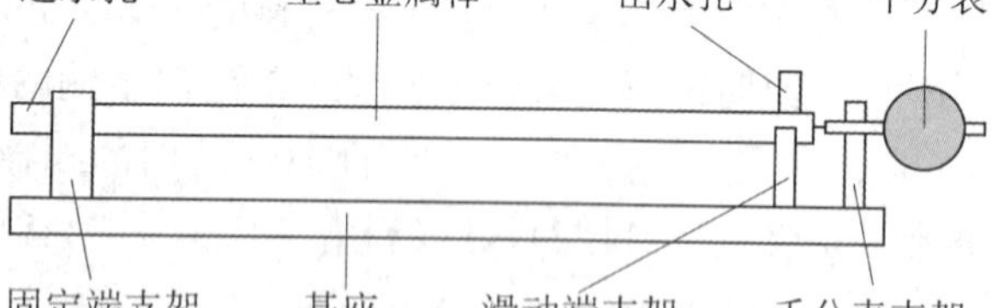

图 2.11.1　金属线膨胀系数测量仪示意图

(2) PID温控仪主要包括水箱、水泵、加热器、控制电路及显示等部分.实验时,将温控仪输出的热水通过软管输入金属线膨胀系数测量仪的进水孔,从测量仪出水孔流出的水通过软管流回温控仪,形成环路.设定好温度后,控制电路会控制加热器的加热功率,使水温上升到设定温度后保持恒定.

(3) 千分表是一种精密的位移测量仪器,它利用齿条-齿轮传动机构将测量头的微小线位移放大为可观的角位移,即表针的偏转角度.不同的千分表有不同的量程与精度,但是其读数一般来说大同小异,表盘上一般会标出该表的分度值,大表针转动一格表示测量头移动了一个分度值.大表针转一圈,小表针一般会转动一格,用来对大表针的转动圈数进行计数.本实验中使用的千分表测量范围为 0 ~ 1.000 mm,分度值为 0.001 mm,大表针转动一圈(小表针转动一格),代表发生的线位移为 0.200 mm.

2. 实验准备

(1) 检查金属棒的固定端是否良好地固定在固定端支架上.

(2) 连接水管,检查水位,将水箱中的水加到大约水位上限处.

(3) 调整千分表.将千分表固定到金属线膨胀系数测量仪的千分表支架上,使其测量头与金属棒的滑动端端面接触.为了保证两者接触良好,一般可使此时千分表有一定的读数(如 0.150 mm).

3. 进行测量并记录数据

(1) 打开 PID 温控仪,输入室温 T_0,设定第一个实验温度 T_1(比室温略高一点,例如若室温为 22 ℃,则 T_1 可设定为 25 ℃),按"启控/停控"键开始升温,可以观察到随着温度升高,千分表表针开始旋转.当温度稳定到 T_1 后,将千分表读数 L_1 记录在表 2.11.3 中.

(2) 依次将实验温度升高到 $T_2, T_3, \cdots, T_8$(建议在 T_1 的基础上逐次递增 5 ℃),将相应的千分表读数 $L_2, L_3, \cdots, L_8$ 记录在表 2.11.3 中.

(3) 关闭 PID 温控仪,待金属棒冷却后,在室温 T_0 下测量金属棒的原长 L_0 并记录数据.

数据处理

处理实验数据(建议采用逐差法、最小二乘法或者作图法),得出空心金属棒的线膨胀系数.

注意事项

(1) 通电前注意检查水箱水位,若水位指示低于水位下限,必须先加水.

(2) 空心金属棒在加热过程中的伸长量很小.一旦开始升温与读数,应避免再触动金属线膨胀系数测量仪,避免实验台振动,以免因外力引起空心金属棒额外的长度变化.

(3) 千分表测量头应保持与空心金属棒在同一直线上.

思考题

1. 测量得到的线膨胀系数与公认值相比误差如何?简单分析一下引起误差的原因可能有哪些.

2. 除了使用千分表外,还有哪些测量微小位移的方法?如果用这些方法,有何优缺点?

3. 对于各向同性的材料,其体膨胀系数与线膨胀系数是否有关?如果有关,关系如何?

4. 所有材料都会热胀冷缩吗?如果不是,举些反例.

原始数据记录(实验 2.11)

表 2.11.3　金属线膨胀系数测量数据记录表

室温 $T_0=$ ____ ℃,空心金属棒原长 $L_0=$ ____ mm

空心金属棒温度 T_i/℃	25	30	35	40
千分表读数 L_i/mm				
空心金属棒温度 T_i/℃	45	50	55	60
千分表读数 L_i/mm				

大学物理实验预习报告

实验项目<u>金属线膨胀系数的测量</u>

班别＿＿＿＿＿＿＿＿＿学号＿＿＿＿＿＿＿＿＿姓名＿＿＿＿＿＿＿＿＿

实验进行时间＿＿＿年＿＿＿月＿＿＿日，第＿＿＿周，星期＿＿＿，＿＿＿时至＿＿＿时

实验地点＿＿＿＿＿＿＿＿＿＿

实验目的

实验原理简述

实验中应注意事项

实验 2.12 弦振动研究

振动和波动是自然界中常见的两个物理现象,两者都是物质运动的基本形式.振动与波动的关系十分密切,振动是产生波动的波源,波动是振动的传播.波动具有反射、折射、衍射、干涉等现象.驻波是干涉现象的特例,是两列振幅、频率和传播速度都相同的相干波,在同一直线上沿相反方向传播时叠加而成的特殊干涉现象.

本实验研究弦线上形成的驻波,可以对驻波的形成有进一步的了解,并通过对固定均匀弦振动的研究,了解弦振动的特点和规律.

本实验验证了弦线上横波的传播规律,即横波的波速与弦线中的张力的平方根成正比,与其线密度的平方根成反比.本实验还研究了弦线的共振频率与波腹数、弦长、张力、线密度之间的关系.

实验目的

(1) 了解驻波形成的基本条件与弦振动的基本规律.
(2) 测量弦线的共振频率与波腹数的关系.
(3) 测量弦线的共振频率与弦长的关系.
(4) 测量弦线的共振频率、传播速度与张力的关系.
(5) 测量弦线的共振频率、传播速度与线密度的关系.

实验仪器

信号源、数字拉力计、示波器、实验装置(导轨组件、劈尖、电磁线圈感应器、弦线、拉力传感器、施力螺母等).

实验原理

在同一介质中,两列频率、振幅、振动方向都相同的简谐波,在同一直线上沿相反方向传播时可叠加形成驻波.设有两列简谐波分别沿 x 轴的正方向和负方向传播,它们的表达式分别为

$$y_1 = A\cos\left[2\pi\left(ft-\frac{x}{\lambda}\right)\right], \tag{2.12.1}$$

$$y_2 = A\cos\left[2\pi\left(ft+\frac{x}{\lambda}\right)\right], \tag{2.12.2}$$

式中,A 为简谐波的振幅,f 为频率,λ 为波长.两列波合成得

$$y = y_1 + y_2 = 2A\cos\left(\frac{2\pi}{\lambda}x\right)\cdot\cos(2\pi ft), \tag{2.12.3}$$

此即驻波的表达式,称为驻波方程.式(2.12.3)表明,各点做振幅为 $\left|2A\cos\left(\frac{2\pi}{\lambda}x\right)\right|$,频率为 f 的简谐振动.各点的振幅 $\left|2A\cos\left(\frac{2\pi}{\lambda}x\right)\right|$ 随位置 x 的不同而不同,与时间 t 无关.

振幅最大的各点称为波腹,波腹的位置满足 $\left|\cos\left(\frac{2\pi}{\lambda}x\right)\right|=1$ 或 $\frac{2\pi}{\lambda}x=n\pi(n=0,\pm1,\pm2,\cdots)$,即

$$x=n\frac{\lambda}{2}. \tag{2.12.4}$$

振幅为零的各点称为波节,波节的位置满足 $\left|\cos\left(\frac{2\pi}{\lambda}x\right)\right|=0$ 或 $\frac{2\pi}{\lambda}x=(2n+1)\frac{\pi}{2}(n=0,\pm1,\pm2,\cdots)$,即

$$x=(2n+1)\frac{\lambda}{4}. \tag{2.12.5}$$

由式(2.12.4)和式(2.12.5)可算出相邻两个波腹或相邻两个波节之间的距离都是 $\frac{\lambda}{2}$. 把相邻两个波节之间的各点叫作一段,则 $2A\cos\left(\frac{2\pi}{\lambda}x\right)$ 的值对于同一段内的各点有相同的符号,相邻两段的符号相反. 结合式(2.12.3)可知,在驻波中,同一段上的各点的振动同相,而相邻两段上的各点的振动反相. 在驻波中,没有振动状态或相位的传播,也没有能量的传播.

用一定的张力,将一根均匀弦线的两端固定在相距 L 的两点间,当扰动弦线时,弦线上就产生来回的波,若满足适当条件,它们就合成而形成驻波. 由于弦线两个端点固定不动,因此这两个端点必须是波节. 当均匀弦线的两个端点之间的长度等于弦线上横波的半波长的整数倍时,弦线上将形成驻波,即

$$L=n\frac{\lambda_n}{2}\quad(n=1,2,\cdots), \tag{2.12.6}$$

式中,L 为弦线长度,n 为波腹的个数(称为波腹数),λ_n 为与 n 对应的波长. 由式(2.12.6)可得,当弦线上形成驻波时,可能的波长为

$$\lambda_n=\frac{2L}{n}\quad(n=1,2,\cdots). \tag{2.12.7}$$

相应地,可能的频率为

$$f_n=n\frac{v}{2L}\quad(n=1,2,\cdots), \tag{2.12.8}$$

式中,v 为弦线上波的波速. 满足上述条件的驻波态为谐振态. 当弦线的振动为一个波腹时,该驻波为基波,对应的驻波频率为基频,也称共振频率,如图 2.12.1(a) 所示. 当弦线的振动为两个波腹时,该驻波为一次谐波,对应的驻波频率为基频的两倍,如图 2.12.1(b) 所示. 图 2.12.1(c) 所示为二次谐波. 一般情况下,基波的振幅大于谐波的振幅.

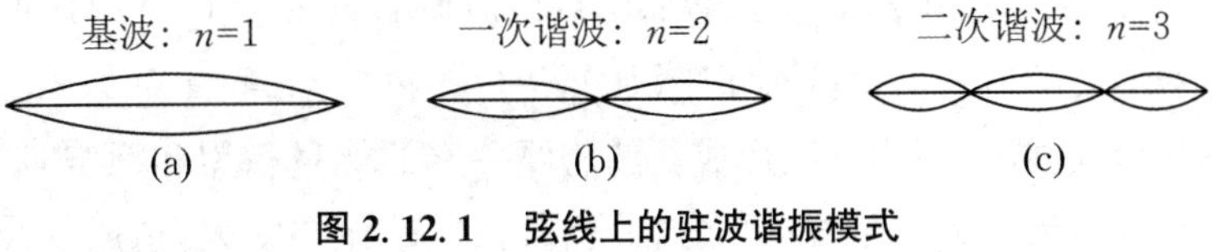

图 2.12.1　弦线上的驻波谐振模式

此外,根据波动理论,波在柔性很好的弦线上的波速

$$v=\sqrt{\frac{T}{\mu}},\qquad(2.12.9)$$

式中,T 为弦线上的张力,μ 为弦线的线密度(单位长度的弦线的质量).结合式(2.12.8)可得,驻波频率与弦长、张力、线密度之间的关系为

$$f_n=\frac{n}{2L}\sqrt{\frac{T}{\mu}}\quad(n=1,2,\cdots),\qquad(2.12.10)$$

弦线的线密度为

$$\mu=\frac{n^2}{4L^2}\cdot\frac{T}{f_n^2}\quad(n=1,2,\cdots).\qquad(2.12.11)$$

实验内容

1. 实验准备

将劈尖、电磁线圈感应器(驱动传感器、接收传感器)等按图2.12.2所示相对位置置于导轨上,滑块含刻度线一侧应与标尺同侧.驱动传感器连接信号源,接收传感器连接示波器,拉力传感器连接数字拉力计.信号源、示波器均需开机通电预热至少10 min.先旋松施力螺母,再按下数字拉力计上的"清零"按钮,将示数清零.

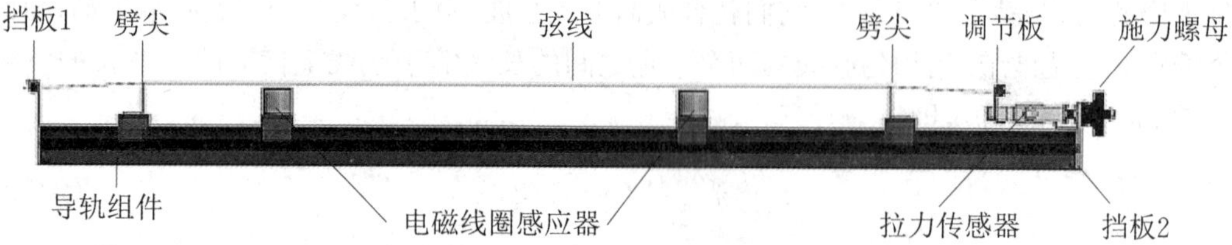

图2.12.2 实验装置示意图

2. 测量弦线的共振频率与波腹数的关系,并观察驻波现象和驻波波形

(1) 调节两个劈尖之间的距离,使弦长 L 取60～70 cm范围内某一值,通过锁紧螺钉将两个劈尖位置固定.驱动传感器距离一劈尖约10 cm,接收传感器置于两劈尖的中心位置附近.

(2) 选择一根弦(弦线上用标签标注了其能承受的最大张力值及参考线密度),弦线两端分别用调节板和挡板1卡住.旋紧施力螺母,调节弦线张力,观察数字拉力计上张力数值,使张力大小在弦线最大张力值的0.5～0.9范围内,既使弦线充分张紧,又不超出最大张力值.

(3) 将信号源的输出波形设置为正弦波形,将信号源的频率调至零,适当调节信号幅度(推荐0.5～5 $V_{p\text{-}p}$,细弦用大的信号幅度,粗弦用小的信号幅度).同时调节示波器垂直挡位为2 mV/div,水平挡位为2 ms/div,并打开带宽限制功能.

(4) 缓慢增大信号源的频率,观察示波器中显示波形振幅的变化.建议从步距1 Hz开始粗调,出现振幅突然增大的波形后再减小步距(如0.1 Hz)进行细调.注意频率调节过程不能太快,太快则来不及形成驻波.因为弦线形成驻波需要一定的能量积累和稳定时间.如果示波器上波形不明显,则可适当增大信号源的信号幅度.若弦线的振幅太大,造成弦线碰撞驱动传感器或接收传感器,则可适当减小信号源的信号幅度.适当调节示波器的垂直挡位和水平挡位,使示波器显示出合适的波形大小.仔细调节信号源的频率,直到示波器接收到的波形稳定,同

时振幅接近或达到最大值.

(5) 观察两劈尖之间的弦线，此时弦线达到了共振，应当有形如图 2.12.1(a) 的驻波波形，波腹数 $n=1$. 示波器上显示的信号的频率就是共振频率，该频率与信号源输出的信号频率(驱动频率) 相同或相近，把频率记入表 2.12.1 中，并记录相关的弦长、张力、线密度等参数.

(6) 继续增大频率，重复步骤(4)，然后用步骤(5) 的方法观察两劈尖之间的弦线，可以依次观察到一次、二次、三次、四次谐波的波形，对应的波腹数 n 分别为 2，3，4，5. 依次记录共振频率到表 2.12.1 中(若示波器上始终观察不到波形，则接收传感器可能处于波节处，应将接收传感器沿导轨适当移动一定距离).

3. 张力、线密度一定时，测量不同弦长对应的共振频率

按表 2.12.2 的参考值设置两劈尖之间的距离(弦长 L)，给弦线施加弦线最大张力值的 0.5～0.9 范围内的某一值. 测量不同弦长，在相同张力下形成基波的共振频率(基频)，将波腹数 $n=1$ 时各弦长对应的共振频率记入表 2.12.2 中，并记录相关的线密度、张力等参数.

4. 弦长、线密度一定时，测量不同张力对应的共振频率

弦长取 60～70 cm 范围内的某一值，按表 2.12.3 的参考值设置弦线所受张力. 测量不同张力下弦线形成基波的共振频率(基频)，将波腹数 $n=1$ 时各张力对应的共振频率记入表 2.12.3 中，并记录相关的线密度、弦长、最大张力等参数.

5. 张力、弦长一定时，测量不同线密度对应的共振频率

弦长取 60～70 cm 范围内的某一值，张力取弦线最大张力值的 0.5～0.9 范围内的某一值. 测量不同线密度弦线形成基波的共振频率(基频)，将波腹数 $n=1$ 时各弦线对应的共振频率记入表 2.12.4 中，并记录相关的弦长、张力、线密度等参数.

数据处理

(1) 根据表 2.12.1 中的数据，由 $f_0=\frac{n}{2L}\sqrt{\frac{T}{\mu}}$ 计算本征频率，并计算共振频率与本征频率的相对误差. 以 n 为横坐标，f 为纵坐标绘制曲线.

(2) 根据表 2.12.2 中的数据，由 $f_0=\frac{n}{2L}\sqrt{\frac{T}{\mu}}$ 计算本征频率，并计算共振频率与本征频率的相对误差. 以 L^{-1} 为横坐标，f 为纵坐标绘制曲线.

(3) 根据表 2.12.3 中的数据，由 $v=\frac{2L}{n}f$ 计算波速实验值，由 $v_0=\sqrt{\frac{T}{\mu}}$ 计算波速理论值，并计算波速实验值与理论值的相对误差. 以 $T^{\frac{1}{2}}$ 为横坐标，v 为纵坐标绘制曲线，分析波速与张力的关系.

(4) 根据表 2.12.4 中的数据，由 $v=\frac{2L}{n}f$ 计算波速实验值，由 $v_0=\sqrt{\frac{T}{\mu}}$ 计算波速理论值，并计算波速实验值与理论值的相对误差. 以 $\mu^{-\frac{1}{2}}$ 为横坐标，v 为纵坐标绘制曲线，分析波速与线密度的关系.

注意事项

(1) 给弦线施加张力时,严禁超过其最大张力值.

(2) 劈尖有一定的尖锐度,使用时请小心,以免划伤.

(3) 实验时,接收传感器与驱动传感器的距离应保持 10 cm 以上,以避免受到干扰.

(4) 弦线振幅不宜过大,否则观察到的波形不是严格的正弦波.

(5) 更换弦线时,应先旋松施力螺母,禁止在弦线张紧状态下强行更换.

(6) 实验结束后,应旋松施力螺母,并关闭数字拉力计.

原始数据记录(实验 2.12)

表 2.12.1　测量弦线的共振频率与波腹数的关系

线密度 $\mu =$ ______ kg/m,弦长 $L =$ ______ m,张力 $T =$ ______ N

波腹数 n	共振频率 f/Hz	本征频率 f_0/Hz	共振频率与本征频率的相对误差
1			
2			
3			
4			
5			

表 2.12.2　测量弦线的共振频率与弦长的关系

线密度 $\mu =$ ______ kg/m,波腹数 $n = 1$,张力 $T =$ ______ N

弦长 L/m	L^{-1}/m^{-1}	共振频率 f/Hz	本征频率 f_0/Hz	共振频率与本征频率的相对误差
0.65				
0.60				
0.55				
0.50				
0.45				

表 2.12.3　测量弦线的共振频率、传播速度与张力的关系

线密度 $\mu =$ ______ kg/m,最大张力 $T_m =$ ______ N,波腹数 $n = 1$,弦长 $L =$ ______ m

张力 T/N		$T^{\frac{1}{2}}/\mathrm{N}^{\frac{1}{2}}$	共振频率 f/Hz	波速实验值 v/(m/s)	波速理论值 v_0/(m/s)	波速实验值与理论值的相对误差
$0.5T_m$						
$0.6T_m$						
$0.7T_m$						
$0.8T_m$						
$0.9T_m$						

表 2.12.4　测量弦线的共振频率、传播速度与线密度的关系

张力 $T=$ ______ N,波腹数 $n=1$,弦长 $L=$ ______ m

线密度 $\mu/(\mathrm{kg/m})$	$\mu^{-\frac{1}{2}}$ $/(\mathrm{kg/m})^{-\frac{1}{2}}$	共振频率 f/Hz	波速实验值 $v/(\mathrm{m/s})$	波速理论值 $v_0/(\mathrm{m/s})$	波速实验值与理论值的相对误差

大学物理实验预习报告

实验项目<u>弦振动研究</u>

班别__________________学号__________________姓名__________________

实验进行时间______年______月______日，第______周，星期______，______时至______时

实验地点____________________

实验目的

实验原理简述

实验中应注意事项

实验 2.13 导热系数与比热容的测定

比热容(也称比热)是单位质量物质的热容量.单位质量的某种物质,在温度升高(或降低)1 K 时所吸收(或放出)的热量,叫作这种物质的比热容,国际单位为 J/(kg・K).

本实验主要采用准稳态法测量固态的热的不良导体的导热系数与比热容.

实验目的

(1) 理解准稳态法测量固体的导热系数与比热容的原理.

(2) 进一步熟悉热电偶的使用方法.

(3) 采用准稳态法测量固态的热的不良导体的导热系数与比热容.

实验仪器

准稳态法比热容与导热系数测定仪、保温杯、实验样品架、测试样品(一套四个,尺寸均为 90 mm×90 mm×10 mm)、加热板、热电偶、导线等.

实验原理

稳态法利用的是一个测试样品的温度分布不随着时间而变化的稳定温度场.当一个物体达到稳态时,它吸收的热量与散发的热量相等,达到动态平衡.在稳态时,可以通过测量热流密度(热传导速率与传热面积的比值)和温度梯度计算出导热系数.稳态法适用于较宽的温区,但是耗时长、对环境依赖程度高、适用于中等温度下的中低导热系数材料的测定.本实验采用近似于稳态法的方法来测定导热系数与比热容,称为准稳态法.

1. 准稳态法原理

图 2.13.1 所示为竖直放置于某平台的无限大的热的不良导体平板,两侧与加热面紧密接触,热量由加热面均匀地向平板中心传导.垂直于平板平面作一 x 轴,原点 O 在平板中心处,过 O 点作垂直于 x 轴的虚线表示平板的中心平面(简称中心面).令平板厚度为 $2x_0$,初始温度为 t_0,当平板两侧的热量同时传导给它时,若热流密度为 q_c,则平板各处的温度 t 是位置 x 与加热时间 τ 的函数 $t(x,\tau)$.

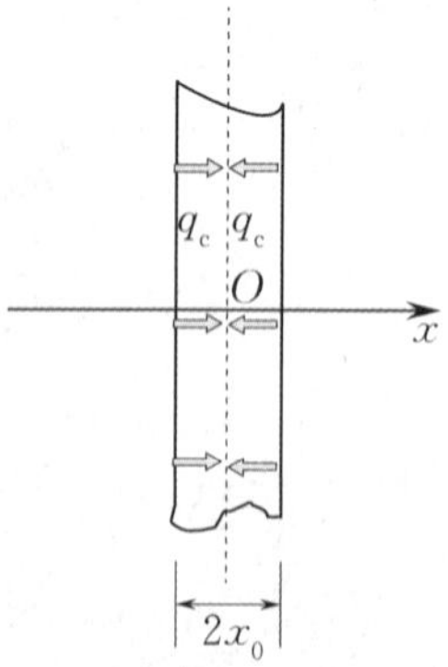

图 2.13.1　准稳态法原理示意图

根据数学物理方法可知,此模型可用如下偏微分方程描述:

$$\frac{\partial t(x,\tau)}{\partial \tau}-a\frac{\partial^2 t(x,\tau)}{\partial x^2}=0, \tag{2.13.1}$$

式中,a 为平板材料的热扩散系数.方程(2.13.1)在初始条件为 $t(x,0)=t_0$,边界条件为 $-\left.\frac{\partial t(x,\tau)}{\partial \tau}\right|_{x=x_0}+\frac{q_c}{\lambda}=0$,$\left.\frac{\partial t(x,\tau)}{\partial x}\right|_{x=0}=0$ 下的解为

$$t(x,\tau)-t_0=\frac{q_c}{\lambda}\left[\frac{a\tau}{x_0}-\frac{x_0^2-3x^2}{6x_0}+x_0\sum_{k=1}^{\infty}(-1)^{k+1}\frac{2}{\mu_k^2}\cos\left(\mu_k\frac{x}{x_0}\right)e^{-\mu_k^2F_0}\right],\tag{2.13.2}$$

式中，λ 为平板材料的导热系数；$\mu_k=k\pi(k=1,2,\cdots)$；$F_0=\frac{a\tau}{x_0^2}$ 为傅里叶系数，它与加热时间成正比.

由式(2.13.2)分析可得，样品各处的温度随加热时间发生变化，但这种变化为指数衰减变化，且 $F_0>0.5$ 后，该级数项可忽略，式(2.13.2)可简化为

$$t(x,\tau)-t_0=\frac{q_c}{\lambda}\left(\frac{a\tau}{x_0}+\frac{x^2}{2x_0}-\frac{x_0}{6}\right).\tag{2.13.3}$$

由此可知，当 $x=x_0$ 时，即在平板与加热面交界处，有 $t(x_0,\tau)-t_0=\frac{q_c}{\lambda}\left(\frac{a\tau}{x_0}+\frac{x_0}{3}\right)$；而在平板中心面 $x=0$ 处，有 $t(0,\tau)-t_0=\frac{q_c}{\lambda}\left(\frac{a\tau}{x_0}-\frac{x_0}{6}\right)$. 由此可见，中心面和加热面处的温度与加热时间呈线性关系，升温速率均为$\frac{aq_c}{\lambda x_0}$，它与材料的导热性能及初始条件有关.

平板加热面与中心面之间的温差为

$$\Delta t=t(x_0,\tau)-t(0,\tau)=\frac{q_cx_0}{2\lambda}.\tag{2.13.4}$$

因此，两平面之间的温差 Δt 在系统加热升温过程中保持恒定.

综上所述，在加热过程中，系统各处的温度随时间线性升高，升温速率均为$\frac{aq_c}{\lambda x_0}$，且加热面与中心面之间的温差始终保持$\frac{q_cx_0}{2\lambda}$不变，这种状态就叫作准稳态.

2. 热流密度 q_c 的测定

图 2.13.2 为测试样品放置图. 实验中的研究对象是测试样品 2 与 3，它们之间的交界面为中心面，中心面处放置有热电偶. 测试样品 1 与 2、测试样品 3 与 4 之间放置的加热薄膜为加热面，在其中一个加热面处放置有热电偶，但要与中心面处的热电偶反向串接，用来测量中心面与加热面之间的温差 Δt.

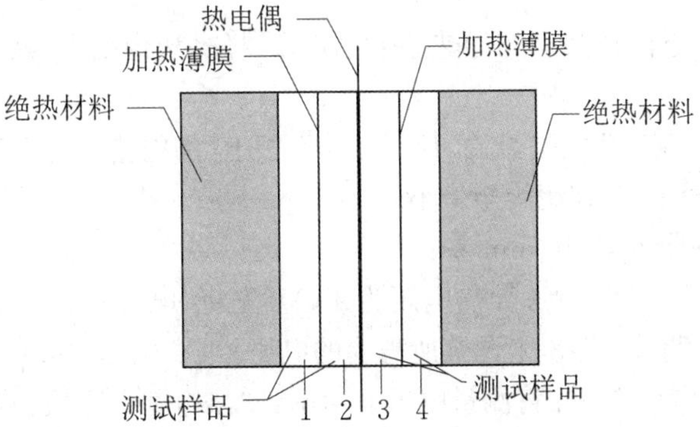

图 2.13.2　测试样品放置图

测试样品1与4以及外围绝热材料使加热薄膜两侧具有相同的、对称的物理环境，即热传导条件相同，因此加热薄膜所产生的两个方向的热流密度均为

$$q_c=\frac{P}{2S}=\frac{U^2}{2Sr}, \tag{2.13.5}$$

式中，P 为加热薄膜单位时间产生的热量(热功率)，由 $P=UI=\frac{U^2}{r}$ 可得；S 为加热薄膜的面积(与样品的导热面积近似相等)；U 为施加到两个并联加热薄膜上的电压；r 为加热薄膜的电阻.

3. 导热系数 λ 和比热容 c 的测量

系统达到准稳态时，由式(2.13.4)可得材料的导热系数

$$\lambda=\frac{q_c x_0}{2\Delta t}. \tag{2.13.6}$$

注 上面推导时假设平板为无限大，这个条件无法满足，但一般条件下的材料厚度小于平面几何尺寸的 $\frac{1}{6}$ 时就可以认为热量传递只沿厚度方向进行.

同样，在系统达到准稳态时，$\mathrm{d}\tau$ 时间内通过材料导热面 S 的热量 $q_c S\mathrm{d}\tau$ 与材料升高温度 $\mathrm{d}t$ 吸收的热量相等，即

$$q_c S\mathrm{d}\tau=c\rho V\mathrm{d}t,$$

式中，ρ 为材料的密度，V 为材料的体积. 于是有 $q_c=\frac{c\rho V\mathrm{d}t}{S\mathrm{d}\tau}=c\rho x_0\frac{\mathrm{d}t}{\mathrm{d}\tau}$，由此可解得物质比热容

$$c=\frac{q_c}{\rho x_0\frac{\mathrm{d}t}{\mathrm{d}\tau}}. \tag{2.13.7}$$

由式(2.13.6)与式(2.13.7)可知，只要测量出上述模型中测试样品进入准稳态后加热面和中心面间的温差 Δt、中心面的升温速率 $\frac{\mathrm{d}t}{\mathrm{d}\tau}$、热流密度 q_c 和测试样品板的厚度 $2x_0$(密度 ρ 已知)，就可以得到测试样品的导热系数 λ 和比热容 c.

实验内容

1. 熟悉仪器

参照实验室准稳态法比热容与导热系数测定仪、样品架说明书，熟悉并搭建测试系统.

2. 实验准备

(1) 检查“加热控制”开关是否关闭(可由前面板上“加热指示灯”确定)，没有关闭则应立即关闭，将“加热电压调节”旋钮旋至最小.

(2) 接通电源，仪器预热10 min左右.

(3) 设定加热电压，建议参考加热电压为18 V(先将“电压切换”按键按下到“加热电压”挡位，再由“加热电压调节”旋钮来调节所需要的电压).

(4) 系统状态(温差)检验. 将测量电压显示调到“热电势”的“温差”挡位，如果显示数值小于0.004 mV，这时相应的温差小于0.1 ℃，就可以开始加热了，否则应等待显示值降至0.004 mV(要求测量精度不高的时候，显示在0.010 mV左右也可以，但不能太大，否则不易确

认进入准稳态的时间和准稳态时的温差 Δt).

3. 测量测试样品的导热系数与比热容

保证上述条件后,打开"加热控制"开关并开始记录数据.每隔 1 min 分别记录一次温差热电势 $\Delta\varepsilon$ 与中心面热电势 ε_c,直至 $\Delta\varepsilon$ 的数值保持不变,系统进入准稳态,一般需要 15~20 min.将数据记录在表 2.13.1 中.

注 (1) 当更换测试样品进行下一次实验时,其操作顺序是:关闭"加热控制"开关 → 关闭电源开关 → 松开螺杆以松动测试样品 → 取出中心面热电偶 → 取出测试样品 → 取下加热面热电偶 → 取出加热薄膜冷却.

(2) 结束实验后,先将"加热电压调节"旋钮旋至最小,然后关闭"加热控制"开关,再关闭电源开关.

数据处理

(1) 根据表 2.13.1 中的数据,计算测试样品各时刻的中心面热电势上升速率 $\frac{d\varepsilon_c}{d\tau}$(用前后两次的中心面热电势计算).

(2) 分析表格的温差热电势及中心面热电势上升速率,当两个值都保持不变时,可以确认样品进入准稳态.此时计算温差 $\Delta t=\frac{\Delta\varepsilon}{k}$ 和升温速率 $\frac{dt}{d\tau}=\frac{1}{k}\frac{d\varepsilon_c}{d\tau}$,式中,$k=0.040$ mV/℃ 为铜-康铜热电偶的温差系数.

(3) 根据式(2.13.5)计算热流密度 q_c.实验中,测试样品的厚度一般为 0.010 m,加热薄膜电阻大小为 110.14 Ω.

(4) 根据式(2.13.6)与式(2.13.7)计算样品的导热系数和比热容,并与标准值进行比较,计算相对误差(有机玻璃的密度为 1.196×10^3 kg/m^3,橡胶材料的密度为 1.374×10^3 kg/m^3).

注意事项

(1) 实验时操作者要戴线手套装配样品,其目的是保证加热前四块样品具有相同的初始温度(温差不应大于 0.1 ℃,为此,样品还要置于避热、避光的室温环境中保存).

(2) 热电偶测温端应置于样品的中心位置,防止由于边缘效应影响测量精度.

(3) 每次实验完成后,要等待加热薄膜冷却到室温后再进行下一次实验,同时,相同的样品也不能连续进行实验,必须放置 4 h 达到室温后才能做下一次实验.

(4) 在取样品时,必须先将中心面横梁热电偶取出,再取出样品,最后取出加热面横梁热电偶.禁止以热电偶弯折的方法取出样品,这样将会大大减小热电偶的使用寿命.

思考题

1. 什么是准稳态?如何判断测试样品已处于准稳态?
2. 如何提高材料的导热系数?
3. 实验中应该如何提高导热系数的测定精度?

原始数据记录(实验 2.13)

表 2.13.1　温差热电势与中心面热电势数据记录表

时间 τ/min	温差热电势 $\Delta\varepsilon$/mV	中心面热电势 ε_c/mV	中心面热电势上升速率$\frac{d\varepsilon_c}{d\tau}\Big/$(mV/min)
1			—
2			
3			
4			
5			
6			
7			
8			
9			
10			
11			
12			
13			
14			
15			
16			
17			
18			
19			
20			

大学物理实验预习报告

实验项目 导热系数与比热容的测定

班别________________学号________________姓名________________

实验进行时间_____年_____月_____日，第_____周，星期_____，_____时至_____时

实验地点________________

实验目的

实验原理简述

实验中应注意事项

第3章 电磁学实验

实验 3.1 电子荷质比的测定

原子这一概念最初是由英国化学家道尔顿(Dalton)提出的.对原子的认识,则经历了相当长的时期.对原子的认识还会向前一直推进,甚至是没有止境的.1803年,道尔顿提出,原子是组成物质的基本粒子,而且是坚实的、不可再分的实心球.1897年,英国物理学家汤姆孙(Thomson)做了著名的阴极射线偏转实验,发现了电子,而整个原子又是中性的,所以他提出了一种原子模型:原子是一个平均分布着正电荷的粒子,其中镶嵌着许多电子,中和了正电荷,从而形成了中性原子.1911年,物理学家卢瑟福(Rutherford)在α粒子散射实验的基础上提出的原子模型是:在原子的中心有一个带正电荷的核,它的质量几乎等于原子的全部质量,电子在它的周围沿着不同的轨道运转,就像行星环绕太阳运转一样.1913年,丹麦物理学家玻尔(Bohr)提出的原子模型是:电子在原子核外空间的一定轨道上绕核做高速的圆周运动.在现代科技仪器的帮助下,人们已经可以模拟出最相近的原子结构模型.现在普遍认为电子云模型是最真实的原子模型.电子云模型指出:原子核占据了原子的主要质量,并且在它的周围,电子时刻在做着无规则的运动.

汤姆孙做阴极射线偏转实验时将阴极射线置于强磁场中,当射线中的粒子——电子在磁场中运动时,所受到的洛伦兹(Lorentz)力会充当向心力,导致粒子的运动轨迹发生偏转,从而在磁场中会显示射线运行的曲率半径.采用静电偏转力与磁场偏转力平衡的方法求得粒子的速度,结果发现了电子,并求出它的荷质比$\frac{e}{m}$(电子所带电荷量与其质量的比值),且证明该比值是唯一的.电子荷质比是物理学中重要而且最常用的参数之一,它的测量深刻地影响了人们对世界的认识.在此基础上,1910年前后,美国物理学家密立根(Millikan)采用油滴实验测量出电子所带的电量.

测量电子荷质比的方法在物理实验中有许多种,本实验以当年英国物理学家汤姆孙的思路,利用电子束在磁场中运动轨迹发生偏转的方法来测量.通过该实验的操作不仅可以测量出电子荷质比,还能加深对洛伦兹力的认识.

实验目的

(1) 学会利用电子束在磁场中运动轨迹发生偏转的方法来测量电子荷质比.

(2) 进一步加深对洛伦兹力的认识.

(3) 熟练掌握电子荷质比的计算方法.

实验仪器

FB710 型电子荷质比测定仪整机外形如图 3.1.1 所示，其主要构件有亥姆霍兹(Helmholtz) 线圈 A、电子束发射威尔尼氏管 B、反射镜 C 和滑动标尺 D.

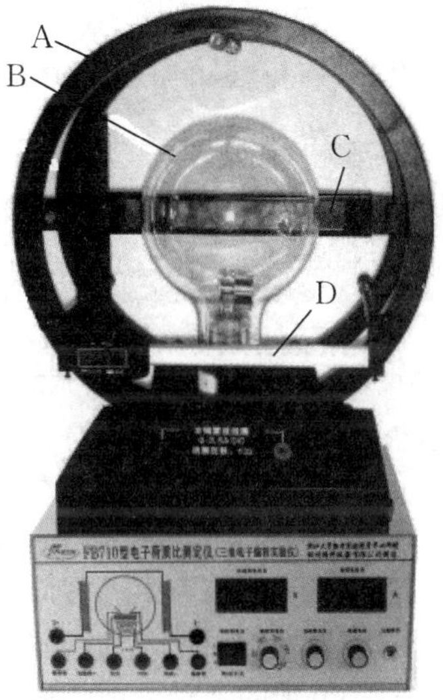

图 3.1.1　FB710 型电子荷质比测定仪

1. 亥姆霍兹线圈

亥姆霍兹线圈的作用是产生磁场. 亥姆霍兹线圈通有电流 I 时，轴线中心处的磁感应强度为

$$B = kI,$$

式中，k 为磁电变换系数，其表达式为

$$k = \mu_0 \left(\frac{4}{5}\right)^{\frac{3}{2}} \frac{N}{R},$$

这里，真空磁导率 $\mu_0 = 4\pi \times 10^{-7}$ H/m，R 为亥姆霍兹线圈的平均半径，N 为单个线圈的匝数.

2. 电子束发射威尔尼氏管

电子荷质比测定仪的中心器件是三维立体的威尔尼氏管，通过它可以生动形象地显示出电子束的运动轨迹. 将威尔尼氏管放于由亥姆霍兹线圈产生的磁场中，用电压激发它的电子枪发射出电子束，进行实验操作.

3. 主要器件的技术参数

(1) 威尔尼氏管. 真空气压：10^{-1} Pa；灯丝电压：6.3 V；调制电压：$-15 \sim 0$ V；最大加速电压：250 V.

(2) 亥姆霍兹线圈. 内径：$\Phi_{内} = 300$ mm；外径：$\Phi_{外} = 332$ mm；有效半径：$R = 158$ mm；单线圈匝数：$N = 130$ 匝；最大励磁电流：$I_{max} = 3.5$ A.

(3) 电源. 加速电压：$0 \sim 250$ V；调制电压(内置)：$-15 \sim 0$ V；照明电压：2.5 V.

实验原理

当电子以速度 $\boldsymbol{v}$ 垂直进入均匀磁场时，受到洛伦兹力的作用，洛伦兹力由

$$\boldsymbol{f} = -e\boldsymbol{v} \times \boldsymbol{B} \tag{3.1.1}$$

决定. 由于力的方向垂直于速度的方向，如图 3.1.2 所示，电子的运动轨迹是一个圆，力的方向指向圆心，洛伦兹力提供电子做圆周运动的向心力，即

$$f = evB = \frac{mv^2}{r}, \tag{3.1.2}$$

式中，r 是圆周的半径. 由式(3.1.2) 可得

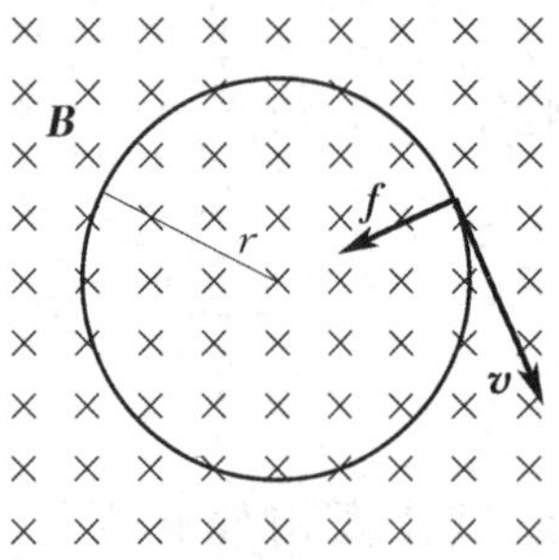

图 3.1.2　电子在磁场中的运动

$$\frac{e}{m}=\frac{v}{rB}. \tag{3.1.3}$$

实验中，在加速电压 U 的作用下电子枪射出电子流，eU 全部转变成电子的输出动能，故有

$$eU=\frac{1}{2}mv^2. \tag{3.1.4}$$

由式(3.1.3)和式(3.1.4)可得

$$\frac{e}{m}=\frac{2U}{(rB)^2}. \tag{3.1.5}$$

实验中固定加速电压 U，通过改变偏转电流，产生不同的磁场，进而测量电子束圆周运动半径 r，就可以获得电子的荷质比$\frac{e}{m}$.

实验中仔细调整威尔尼氏管的电子枪，使电子束运动方向与磁场严格垂直，产生完全封闭的圆形轨迹. 按照亥姆霍兹线圈产生磁场的原理计算实验数据. 根据厂家提供的参数 $R=158\ \text{mm}$，$N=130$ 匝，由式(3.1.5)可得

$$\frac{e}{m}=\frac{125}{32}\frac{R^2U}{\mu_0^2N^2I^2r^2}=2.474\times10^{12}\frac{R^2U}{N^2I^2r^2}(\text{C/kg}). \tag{3.1.6}$$

实验内容

1. 电子束在均匀磁场中运动轨迹的演示

(1) 电子的运动方向与磁场平行或无磁场时，电子束的运动轨迹如图 3.1.3(a) 所示.

(2) 电子的运动方向与磁场完全垂直时，电子束形成圆形运动轨迹，如图 3.1.3(b) 所示.

(3) 电子的运动方向与磁场不完全垂直时，电子束的运动轨迹为螺旋线，如图 3.1.3(c) 所示.

(a) 电子的运动方向与磁场平行或无磁场时

(b) 电子的运动方向与磁场完全垂直时

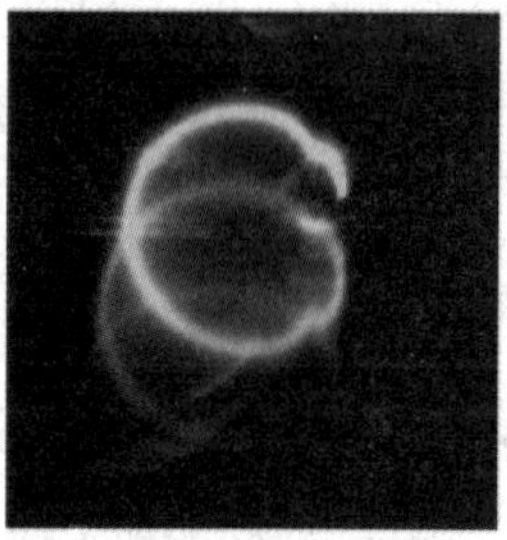

(c) 电子的运动方向与磁场不完全垂直时

图 3.1.3　电子束的运动轨迹

2. 电子荷质比$\frac{e}{m}$的测量

(1) 设电子枪发射孔到标尺右端的距离为 $2r_0$，并固定加速电压 U 值不变.

(2) 调节电子束的位置和电流大小，使其形成圆形运动轨迹.

调整电子枪发射孔到标尺右端的距离，使之分别为 $2r_0$，$2r_0+10\ \text{mm}$，$2r_0+20\ \text{mm}$，…，并记录相应的电流 I_0，I_1，I_2，…. 由式(3.1.6)可得

$$\frac{e}{m}=\frac{2U}{r_0^2k^2I_0^2},\quad \frac{e}{m}=\frac{2U}{(r_0+5)^2k^2I_1^2},\quad \frac{e}{m}=\frac{2U}{(r_0+10)^2k^2I_2^2},\quad \cdots,$$

整理可得

$$r_{00}=\frac{5I_1}{I_0-I_1},\quad r_{01}=\frac{5I_1-10I_2}{I_2-I_1},\quad r_{02}=\frac{10I_2-15I_3}{I_3-I_2},\quad \cdots,$$

则

$$\bar{r}_0=\frac{1}{n}\sum_i r_{0i}.$$

再利用式(3.1.6)可求出电子荷质比.

3. 用公式计算电子荷质比

固定加速电压U值,调节励磁电流,将数据记录于表3.1.1中,结合式(3.1.5)计算.

4. 用作图法计算电子荷质比

式(3.1.5)可以表示为$U=\frac{1}{2}\frac{e}{m}r^2k^2I^2$.如果测量时固定$r$不变,则由$U$-$I^2$线性关系可作直线,如图3.1.4所示,从斜率求出电子荷质比.

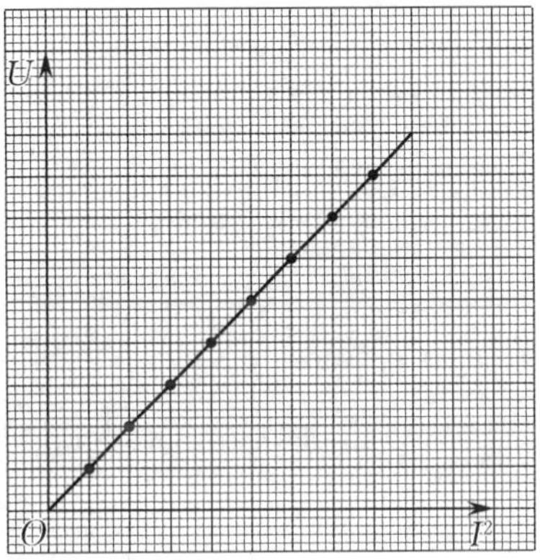

图3.1.4　用坐标纸作U-I^2关系曲线

5. 采用反射镜对光的方法计算电子荷质比

调节仪器后方线圈上反射镜的位置,以方便观察.移动测量机构上的滑动标尺,用黑白分界的中心刻度线对准电子枪口与反射镜中的像,采用三点一直线的方法测出电子圆形运动轨迹的右端点,从游标上读出刻度读数S_0.再次移动滑动标尺到电子圆形运动轨迹的左端点,采用同样的方法读出刻度读数S_1(见图3.1.5),将数据记入表3.1.2.用$r=\frac{1}{2}(S_1-S_0)$求出电子圆形运动轨迹的半径,再利用式(3.1.6)求出电子荷质比.

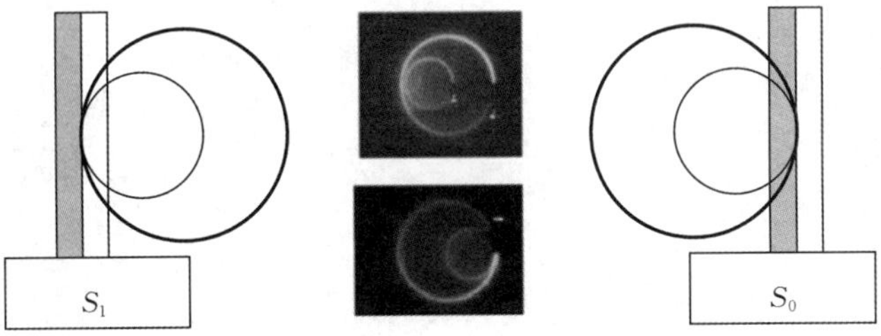

图3.1.5　用相切方法测量圆形运动轨迹的半径

注意事项

(1) 实验开始时应细心调节电子束与磁场方向垂直,形成一个不带重影的圆环.

(2) 测量电子束半径时,三点一直线的校对应仔细,避免读数偏离(因人而异)引入系统误差.

(3) 威尔尼氏管电子束刚激发时的加速电压应略偏高一些,约为130 V,一旦激发后加速电压会自动降到正常电压范围内.假如不小心把加速电压调得太高,为了保护威尔尼氏管,电路将启动自动保护,使加速电压限制在一定数值,不能再升高.

(4) 亥姆霍兹线圈的励磁电流短时间最大可以调节到 3.5 A,但不允许长时间大电流工作,因为线圈会发热.本仪器也设计了自动保护电路,线圈温度过高,励磁电流会自动切断.这时关掉电源,重新开机,待温度降低即可自动恢复功能.

思考题

1. 除用本实验介绍的方法来确定圆形运动轨迹的大小外,还有其他更便捷的方法吗?
2. 测量电子荷质比还有哪些不同的实验方法?
3. 分析洛伦兹力在不同情况下对电子束的影响.

原始数据记录(实验 3.1)

表 3.1.1　电流对圆形运动轨迹的影响　　$U=$ ______ V

n	电子圆形运动轨迹直径/mm	I/A	$\frac{e}{m}$/(C/kg)	$\frac{1}{n}\sum\frac{e}{m}$/(C/kg)
1	$2r_0$			
2	$2r_0+10$			
3	$2r_0+20$			
4	$2r_0+30$			

表 3.1.2　电子束位置对圆形运动轨迹的影响

n	S_0/mm	S_n/mm	r/mm	I/A	$\frac{e}{m}$/(C/kg)	$\frac{1}{n}\sum\frac{e}{m}$/(C/kg)
1						
2						
3						
4						
5						
6						
7						
8						

大学物理实验预习报告

实验项目<u>电子荷质比的测定</u>

班别________________学号________________姓名________________

实验进行时间_____年_____月_____日,第_____周,星期_____,_____时至_____时

实验地点________________

实验目的

实验原理简述

实验中应注意事项

实验 3.2 示波器的使用

示波器是一种常见的电学测量仪器，它能把看不见的电信号变换成看得见的图像显示在屏幕上，便于人们研究各种电现象的变化，所以示波器被称为“电子工程师的眼睛”．通过示波器，可以观察电压的变化情况，并能测量电压的幅值、周期、频率、相位等属性．示波器在科研、教学中有着广泛的用途．

实验目的

（1）了解示波器的结构和工作原理．

（2）学会使用示波器观察各种信号的波形，并测量电压的幅值、周期、频率等属性．

（3）观察李萨如图形，测量未知信号的频率．

实验仪器

示波器、信号发生器和毫伏表．

实验原理

将随时间变化的电压加在电极板上，极板间将形成相应的变化电场，变化的电场使进入其中的电子的运动情况随时间做相应的变化，从而通过示波器荧光屏上电子的运动轨迹反映出电压的变化．

1. 示波器的基本结构

示波器由示波管、放大与衰减系统、扫描和显示系统、同步触发系统、电源系统等部分组成，示波器的结构如图 3.2.1 所示．

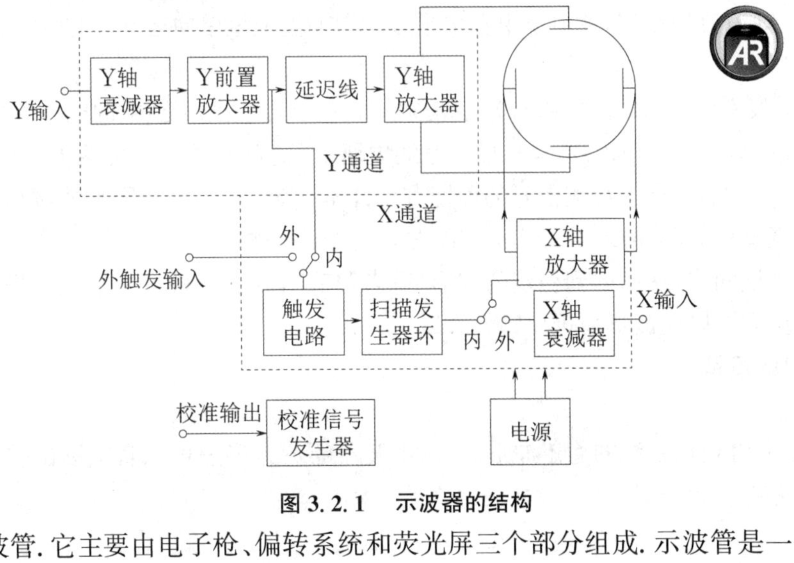

图 3.2.1 示波器的结构

① 示波管．它主要由电子枪、偏转系统和荧光屏三个部分组成．示波管是一个全密封、高真空的玻璃壳管，其结构如图 3.2.2 所示．

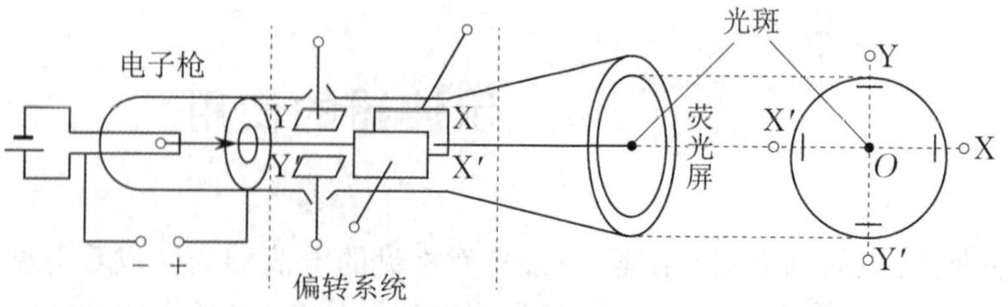

图 3.2.2　示波管结构图

偏转系统由两对相互垂直的金属板组成,分别控制水平方向和竖直方向的偏转. 从电子枪射出的电子若未受到电场的作用,将沿着轴线前进,并在荧光屏的中心呈现静止的光斑. 若受到横向电场的作用,则电子的运动方向将会偏离轴线,屏上光斑的位置将会移动. X 偏转板控制光斑在水平方向上的位移;Y 偏转板控制光斑在垂直方向上的位移. 如果两对偏转板都加上电场,光斑在两者的共同作用下,将在荧光屏的二维平面上移动.

荧光屏上涂有荧光粉,它的作用是将电子束轰击的轨迹呈现出来以供观测.

② 放大与衰减系统. 它包括 X 轴、Y 轴放大器和 X 轴、Y 轴衰减器.

一般示波管的偏转板偏转灵敏度不高,为了观察较弱的信号,就需要将输入的信号通过放大器放大,再加在偏转板上;当输入信号的电压过大时,放大器会失真,需要在输入放大器前通过衰减器对信号加以衰减.

③ 扫描和显示系统. 把一个随时间变化的电压信号加在示波器的 Y 偏转板上,只能从荧光屏上观察到光斑在垂直方向的运动. 如果信号变化较快,荧光屏上的光斑有一定的余辉,便能看到一条竖直的亮线. 要想看到波形,则必须在X偏转板上加上一个与时间成正比的电压信号,即 $V_x = kt$(k 为常数),使光斑在垂直方向运动的同时沿着水平方向匀速移动,从而在荧光屏上显示出电压随着时间变化的波形.

实际上,加在 X 偏转板上的信号是锯齿波,如图 3.2.3 所示,其特点是一个周期内的电压与时间成正比,到达最大值后又突然变成零,然后进入下一个周期,从而形成锯齿状的波形. 由于X偏转板上锯齿波的作用,使电子束在水平方向周期性地做单向运动,因此该信号称为扫描信号.

④ 同步触发系统. 待测信号 $V_y(t)$ 与扫描信号 $V_x = kt$ 是两个独立的电压信号. 若要形成稳定的波形,待测信号的周期 T_y 与扫描信号的周期 T_x 之间必须满足关系 $T_x = nT_y$.

如果扫描信号的周期与待测信号的周期有少许不一致,导致荧光屏上的波形会向左或向右移动,这种现象称为不同步. 要使其同步,常用的办法是将 Y 输入信号接到锯齿波发生器中,迫使两个周期同步,从而得到稳定的波形. 适当调节示波器面板上的触发电平旋钮可使两个周期同步,从而可以使波形稳定.

2. 物理量的测量

1) 电压的测量

在示波器上得到正弦波的稳定波形后,从示波器的荧光屏上可以直接读出被测信号波形的高度 H,则信号的峰-峰电压(波峰-波谷之差) 为

$$U_{\text{p-p}} = D_y \times H.$$

这里的 D_y 为示波器的垂直挡位灵敏度(VOLTS/div),H 的单位为 div.

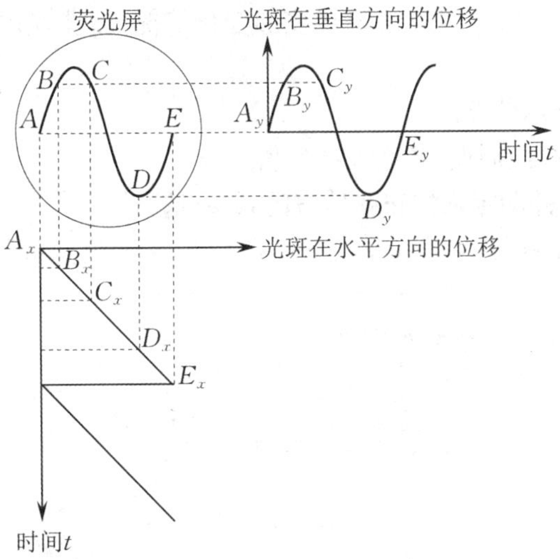

图 3.2.3　锯齿波与正弦信号显示原理

2) 频率与周期的测量

在示波器的荧光屏上得到稳定的波形后，在荧光屏上读出一个完整周期所占的格数 L（水平方向上的），则周期为

$$T = D_x \times L.$$

这里的 D_x 为示波器的水平挡位灵敏度(TIME/div). 频率为

$$f = \frac{1}{T}.$$

示波器的波形显示如图 3.2.4 所示.

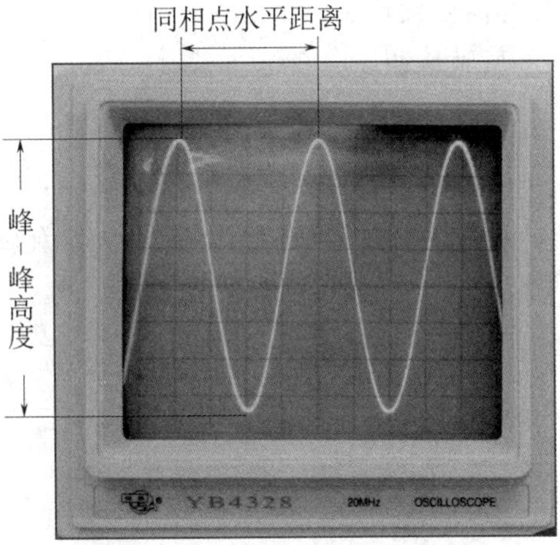

图 3.2.4　示波器的波形显示图

实验内容

1. 熟悉示波器的使用，并观察波形

(1) 接通电源，熟悉面板上旋钮的功能.

(2) Y通道输入信号源信号，X通道输入锯齿波扫描信号，并调节到合适的扫描频率范围.

观察输入信号波形,调节扫描微调旋钮观察波形变化情况,使荧光屏上出现 1 ~ 3 个稳定的波形.

(3) 用标准信号校准示波器.

(4) 测量正弦波的幅度、周期、频率和有效值.

2. 观察李萨如图形,并测定未知正弦信号的频率(选做)

(1) 选择信号源输出信号为正弦波,接入 Y 通道,X 通道选择标准正弦波,观察李萨如图形.

(2) 调节信号源,可得各种李萨如图形.

数据处理

(1) 计算周期:

$$T = D_x \times L.$$

频率

$$f = \frac{1}{T}.$$

(2) 计算峰-峰电压:

$$U_{\text{p-p}} = D_y \times H.$$

(3) 计算电压有效值:

$$U_{\text{有效}} = \frac{U_{\text{p-p}}}{2\sqrt{2}}.$$

注意事项

(1) 信号发生器、示波器均需要预热 1 ~ 2 min.

(2) 不要强行拨动开关和旋转旋钮.

思考题

1. 当扫描信号与待测信号不同步时,会出现什么现象? 如何使它们同步?
2. 荧光屏上的波形不稳定时,该如何调节?

原始数据记录(实验 3. 2)

表 3. 2. 1　示波器测正弦波的幅度、周期、频率和有效值

输出幅度(AMPL)/V				
信号频率读数 /Hz	约 200	约 500	约 1 000	约 2 000
水平挡位 /(s/div)				
同相点水平距离 /div				
周期 T/s				
频率 f/Hz				
垂直挡位 /(V/div)				
峰-峰高度 /div				
峰-峰电压 $U_{p\text{-}p}$/V				
电压有效值 $U_{有效}$ /V				
毫伏表测量值 $U_{测量}$ /V				

大学物理实验预习报告

实验项目 示波器的使用

班别__________ 学号__________ 姓名__________

实验进行时间_____年_____月_____日,第_____周,星期_____,_____时至_____时

实验地点__________

实验目的

实验原理简述

实验中应注意事项

实验 3.3 惠斯通电桥测电阻

在电学中，电阻是一个基本物理量. 常用的电阻测量方法有伏安法、欧姆表法，如采用多用表的欧姆挡来测量电阻. 当电阻的阻值较小或特别大时，采用电表类测量工具直接进行测量会变得较为困难. 同时，随着电阻类传感器的广泛使用，为了提高测量的精度，扩大测量范围，对电阻的阻值研究就显得尤为重要. 除前面提及的采用仪表对电阻进行测量的直接方法外，电阻的测量还可以采用电桥等间接方法. 电桥测量方法是一种比较测量法. 由于测量电阻的量值不同，可以采用惠斯通（Wheatstone）直流单臂电桥（简称惠斯通电桥）测量高值电阻（阻值在 $10^6 \sim 10^{12}\ \Omega$）和中值电阻（阻值在 $10 \sim 10^6\ \Omega$）. 而对低值电阻（阻值小于 $10\ \Omega$）的测量，由于桥臂的连接电阻、接触电阻（两者合起来约为 $0.001\ \Omega$）的存在，会使测量 $1\ \Omega$ 左右的电阻时产生约为 0.1% 的误差，而且这种测量误差会随着待测电阻值的减小而增大，甚至导致结果不可信. 此时只能采用双电桥来进行测量. 此外，在材料学的研究中，还会使用交流电桥来进行电阻、电容与电感的测量工作.

本实验采用惠斯通电桥来测量电阻的阻值. 该仪器是一种用来测量电阻或与电阻有一定关系的量的比较式仪器. 它通过将被测电阻与标准电阻进行比较而得到测量结果，因而具有较高的灵敏度和准确度.

实验目的

（1）理解并掌握用惠斯通电桥测量电阻值的原理和测量方法.

（2）能够用惠斯通电桥测量实验室所提供的电阻的阻值.

（3）进一步熟悉多用表的使用方法及读数方法.

（4）掌握电桥灵敏度的确定方法.

实验仪器

箱式电桥、三个电源（一个 9 V，两个 1.5 V）、一只多用表以及若干待测电阻和导线.

实验原理

1. 惠斯通电桥测量原理

图 3.3.1 所示为惠斯通电桥的基本电路图，该电路主要由两部分串联电路（R_1 与 R_x 串联、R_2 与 R_s 串联）并联而组成. 图中 AD，AB，BC，DC 之间的四个电阻 R_1，R_2，R_s 和 R_x 是桥臂，DB 之间接有检流计的"桥". 此外电路中还有工作电源、可变电阻、开关等. 若是线式电桥，则在 DC 之间还会装有电桥灵敏度调节器（滑动变阻器）. 当通过 DB 部分的电流为零时，检流计指针不偏转，意味着 B，D 两点的电势相同. 此时有

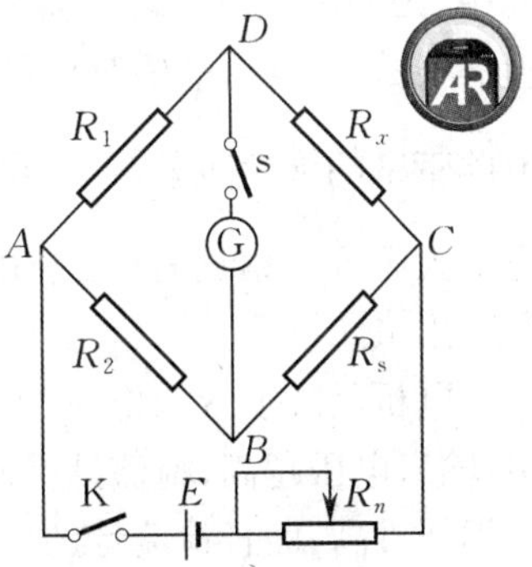

图 3.3.1 惠斯通电桥的基本电路图

$$\frac{U_{AD}}{U_{AB}}=\frac{U_{DC}}{U_{BC}}=1.$$

再由欧姆定律有 $U_{AD}=I_1R_1, U_{AB}=I_2R_2, U_{DC}=I_1R_x, U_{BC}=I_2R_s$. 代入上式,可得

$$\frac{R_1}{R_2}=\frac{R_x}{R_s}.$$

上式为电桥平衡条件. 可见,不论流经桥臂的电流大小如何变化,都不会影响电桥的平衡状态. 于是

$$R_x=\frac{R_1}{R_2}R_s=KR_s, \tag{3.3.1}$$

式中,K 为电桥的倍率,一般可取 $\times10^{-3}$, $\times10^{-2}$, $\times10^{-1}$, $\times1$, $\times10$, $\times10^2$, $\times10^3$ 七挡,取决于待测电阻的大小. R_s 为变阻箱电阻(标准电阻),可以通过调节变阻箱得到,其最高位的数量级为 10^3 Ω. 倍率挡选择是由待测电阻的数量级与变阻箱电阻的最高数量级来决定的. 待测电阻的数量级可用多用表来确定,例如,一个电阻测量值为 15.6 Ω,则其数量级为 10^1 Ω,倍率挡则可确定为 $\frac{10^1}{10^3}=10^{-2}$. 读取 K 和 R_s 后,则可以通过式(3.3.1)得到待测电阻的阻值.

2. 电桥灵敏度

电桥的平衡,除受变阻箱的最小电阻值(1 Ω)影响外,还受到实验测试者的影响.

如果个数指示调节到 6 Ω 示数,检流计指针偏向"0"右侧,而调节到 5 Ω 示数时,检流计指针偏向"0"左侧,此时若要使电桥平衡,则要调节的电阻值会小于 1 Ω. 这时就需使用电桥灵敏度调节器(滑动变阻器),这样电路中就引入了一个未知的误差. 另一方面,检流计的灵敏度总是有限的,当指针的偏转小于 0.2 分格时,人眼是难以察觉的. 从原理上来讲,在测量过程中,当变阻箱的读数为 R 时,电桥平衡,然后使 R 改变一个小量 ΔR,电桥就会失去平衡,检流计中就有电流通过. 如果此电流很小以致人眼未能察觉出检流计指针的偏转,就会认为电桥仍是平衡的,而得出错误的结论.

综上所述,为了估计由于滑动变阻器的引入与视觉上造成的偏差,我们引入电桥灵敏度的概念,它定义为

$$S=\left|\frac{\Delta n}{\Delta R/R}\right|,$$

式中,ΔR 是电桥平衡后电阻 R 的微小改变量,Δn 是由于 R 变为 $R+\Delta R$ 后检流计偏离平衡位置的格数. S 表示电桥对桥臂电阻相对不平衡值 $\Delta R/R$ 的反应能力. 显然 S 越大,电桥越灵敏,由此带来的误差也就越小. 例如,$S=100$ 格 $=\frac{1\text{ 格}}{1\%}$,即当 R 改变 1% 时,检流计有 1 格的偏转. 通常人眼可以察觉出 0.2 格的偏转. 也就是说,在电桥平衡后 R 值只要变化 0.2%,人们就可以察觉出来.

电桥灵敏度 S 与电桥的倍率 K、电源电压 E、桥臂电阻 R_s 及检流计的灵敏度有关. 可以证明,输入电压越高,检流计灵敏度越高,电桥灵敏度也越高. 由于桥臂电阻功耗的限制,输入电压不能过高;而且检流计的灵敏度也是有限的,故电桥灵敏度不能无限提高. 电桥灵敏度可由对电桥的分析计算得出,也可由实验测得. 由于标准电阻 R_s 一般不能连续调节,其最小步进值也会影响测量的精度,因此电桥的灵敏度应与 R_s 相适应. 灵敏度太低固然会带来误差,但灵敏度太高了也无必要,否则 R_s 的不连续性凸显出来,反而会造成调节困难.

实验内容

1. 实验准备

用多用表检测电源电压是否满足实验需要，然后将合适的电源接入箱式电桥(其面板见图 3.3.2).必须按规定选择电桥的工作电压，电源电压若低于规定值，则会使电桥的灵敏度降低，若高于规定值，则可能烧坏桥臂.

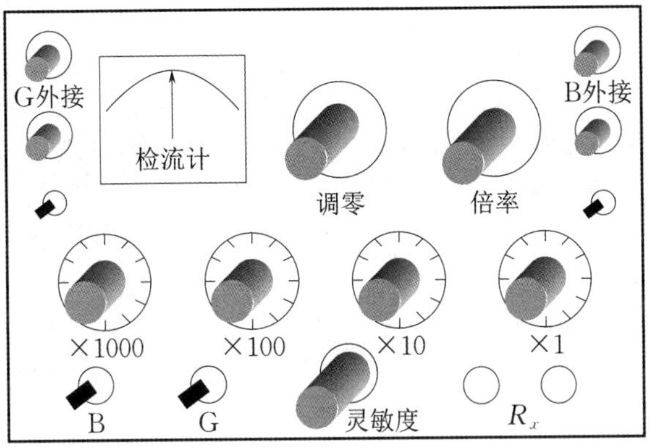

图 3.3.2 箱式电桥面板

2. 粗略测量

用多用表测试待测电阻的阻值，并记录多用表测量值，填入表 3.3.1，然后将待测电阻接入箱式电桥.

3. 调整电桥平衡，读数并记录数据

根据粗略测量的电阻值，选取合适的倍率挡位. 操作面板上 B,G 两个按钮，分别是电源和检流计的开关按钮，必须断续接通，测电阻时应先按 B 后按 G，断开时则必须先断开 G 后断开 B,这样操作可防止在测量电感性元件的阻值时损坏检流计. 调节 R_s 的四个旋钮，直到指针指零，此时通过检流计的电流为零，电桥平衡，读取 R_s 的值并计算 R_x 的值 $R_x=KR_s$.

4. 电桥灵敏度的测量

电桥平衡后，调整 R_s 来改变 ΔR_s，通过使检流计指针偏离零点 0.2 格(人眼能觉察到的界限) 来确定电桥灵敏度. 读取数据并记入表 3.3.2.

数据处理

(1) 根据式(3.3.1) 求得待测电阻值为 $R_x=KR_s$.

(2) 求出电桥的灵敏度 $S=\left|\dfrac{\Delta n}{\Delta R_s/R_s}\right|$.

(3) 求出电阻的不确定度 $U_{R_x}=\dfrac{0.2}{S}R_x$ (u_B 取 0).

(4) 正确表示实验结果为 $R=R_x\pm 2U_{R_x}$.

注意事项

(1) 使用箱式电桥时，电源接通时间均应很短，即不能让 B,G 两按钮同时长时间处于接通状态;测量时,应先按 B 后按 G,断开时,必须先断开 G 后断开 B.

(2) 箱式电桥所用电源的电压大小应根据实验室提供的说明书或资料,按规定取值.

(3) 调节 R_s 的四个电阻旋钮时,应由大到小.当大阻值的旋钮转过一格,检流计的指针从一边越过零点偏到另一边时,说明阻值改变范围太大,应改成较小阻值旋钮.转动旋钮时,要用电桥的平衡条件作指导,不得随意乱转.

(4) 测量完毕后必须断开 B 和 G,并仍使短路片处于"内接"状态,以保护检流计.

思考题

1. 在电桥测量电阻的过程中,可能会遇到检流计指针不动的情况,试分析原因并提出解决方法.

2. 电桥连接好后,接通 B,G 时会发现检流计指针总是偏向一边,试分析产生这种现象的原因并提出解决方法.

3. 如果在做实验时检流计指针摇摆不定,应该如何解决?

原始数据记录(实验 3.3)

电源电压值:________ V.

表 3.3.1　电阻值记录

电阻序号	多用表测量值 /Ω	倍率 K	变阻箱读数 /Ω	实验测量值 /Ω
1				
2				
3				

表 3.3.2　灵敏度记录

电阻序号	变阻箱电阻变化值 /Ω	检流计变化格数 Δn	灵敏度 S	电阻不确定度 U_{R_x}
1				
2				
3				

大学物理实验预习报告

实验项目 惠斯通电桥测电阻

班别__________ 学号__________ 姓名__________

实验进行时间_____年_____月_____日,第_____周,星期_____,_____时至_____时

实验地点__________

实验目的

实验原理简述

实验中应注意事项

实验 3.4 电位差计的使用

电位差计是电磁测量中的重要仪器之一，利用补偿原理和比较法精确测量直流电压或电源电动势，它使用方便，测量结果准确度高，稳定可靠. 电位差计的用途很广泛，不但可以精确测量电动势、电压，还可以与标准电阻配合，精确测量电流、电阻和功率等. 如果配以其他附件，如标准分压器、传感器等，它还可以测量非电磁学物理量，如温度、位移等. 在现代工程技术中，电位差计广泛用于各种自动检测和自动控制系统.

板式电位差计是一种教学型电位差计，通过分析它的结构，可以更好地学习和掌握电位差计的基本工作原理和操作方法. 实际应用中常见的箱式电位差计都是基于同样的工作原理.

实验目的

(1) 学习和掌握电位差计的补偿工作原理、结构和特点.

(2) 学习用板式电位差计测量未知电动势的方法和技巧.

(3) 培养学生正确连接电学实验线路、分析线路和实验过程中排除故障的能力.

实验仪器

板式电位差计、标准电池等.

实验原理

电源的电动势在数值上等于电源内部没有电流通过时两极间的电压. 如果直接用电压表测量电源电动势，其测量结果是端电压，而不是电动势. 因为将电压表并联到电源两端，就有电流 I 通过电源的内部，由于电源有内阻 r_0，在电源内部不可避免地存在电压 Ir_0，所以电压表的指示值只是电源的端电压 $U(U=E-Ir_0)$. 显然，为了能够准确地测量电源的电动势，必须使通过电源的电流 I 为零，此时，电源的端电压 U 才等于其电动势 E.

要精确测量电源的电动势，原则上可按照图 3.4.1 所示的补偿法原理进行. 图中 E_s 为可调的标准电池的电动势，E_x 为待测电动势. 调整 E_s，使检流计指零，此时称这两个电动势处于补偿状态，$E_x=E_s$. 这种测量电动势的方法称为补偿法.

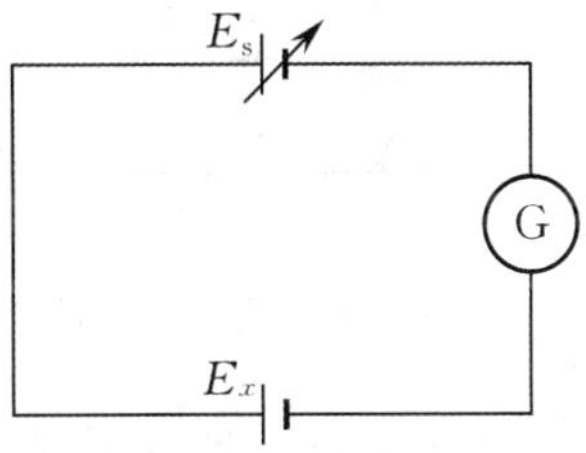

图 3.4.1 补偿法原理图

按上述补偿法原理所构成的仪器称为电位差计. 用电位差计可精确测量电源的电动势. 电位差计的原理如图 3.4.2 所示. 稳压电源 E、滑动变阻器 R_n、电阻 R_{AB}、开关 K_1 等组成辅助回路；电阻 R_{CD}、检流计 G、标准电池 E_s、待测电动势 E_x、双掷开关 K、保护电阻 R_p 组成补偿回路.

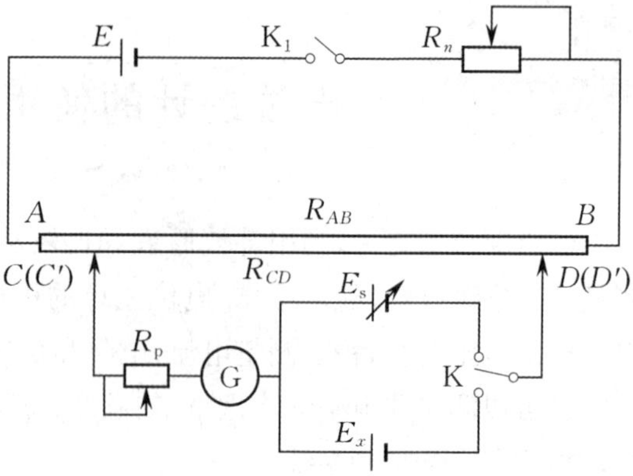

图 3.4.2　电位差计的原理图

使用电位差计时，首先要使辅助回路有一个恒定的工作电流 I_0，这个过程称为工作电流标准化，它可借助标准电池 E_s 实现. 恰当选取电阻 R_{CD}，闭合 K_1，把 K 拨向 E_s 端，调节 R_n，以改变辅助回路的电流. 当检流计指零时，R_{CD} 两端的电压恰与补偿回路中标准电池的电动势相等，即 $E_s=I_0R_{CD}$，此时称电路达到补偿，电流 I_0 称为已标准化的电流. 工作电流标准化后，紧接着把 K 拨向 E_x 端，改变滑动触头 C,D 位置到 C',D' 位置，使检流计又一次指零，这时 C',D' 间电压恰和待测电动势 E_x 相等. 设 C',D' 间电阻为 R_x，则待测电动势

$$E_x=I_0R_x=\frac{E_s}{R_{CD}}R_x. \tag{3.4.1}$$

由上述原理可知，电位差计是通过先后两次补偿来获得测量结果的. 因此，在反复测量中，每次都要先使工作电流标准化，再进行测量. 这一调整过程也常称为电位差计的定标.

实验内容

1. 熟悉板式电位差计和标准电池

1) 板式电位差计

板式电位差计是一种根据电压补偿原理制作的教学型仪器，通过对原理图(见图 3.4.2)的分析，可以更好地学习和掌握电位差计的基本工作原理和操作方法. 图中 AB 为长 11 m、粗细均匀的电阻丝，将它来回折绕在 11 个插座上，如图 3.4.3 所示. 各插座标用 0,1,2,…,10 标记，编号相邻的插座间距为 1 m，最后 1 m 电阻丝下面固定一根标尺(分度为 mm). 利用触头 C 插在 0～10 号插孔中的任意一个位置，触头 D 在最后 1 m 电阻丝上滑动，触头 C,D 间电阻丝长度在 0～11 m 范围内连续可调. C,D 间的电阻为 R_{CD}. 例如，若取触头 C,D 间电阻线长度为 5.093 0 m，则将触头 C 插在插孔"5"中，触头 D 接在标尺 0.093 0 m 处. 这时触头 C,D 之间的电阻线长即为 5.093 0 m.

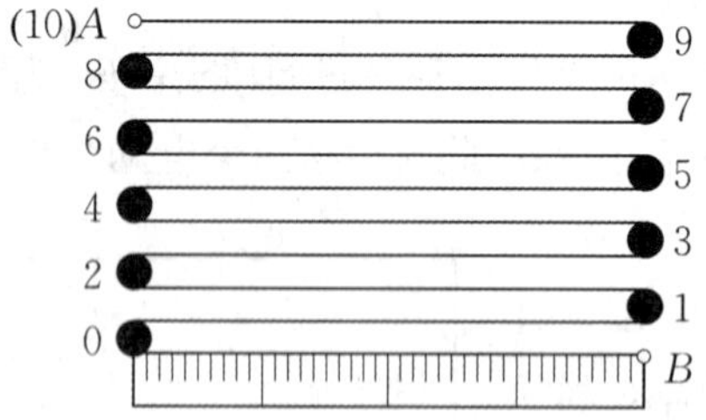

图 3.4.3　电阻丝 AB 的绕法示意图

2) 标准电池

图 3.4.2 中的 E_s 为标准电池. 标准电池是一种化学电池，有饱和式和非饱和式两种. 饱和式标准电池的电动势稳定，但其电动势随温度略有变化，使用时需依据说明书修正. 在20 ℃

时，饱和式标准电池的电动势应在1.018 55～1.018 68 V范围内. 非饱和式标准电池不必做温度修正，但稳定性不如饱和式的高.

2. 接线

按图 3.4.2 所示的原理图接好线路.

3. 调工作电流 I_0 标准化

先确认标准电池电动势E_s值. 实验室常用的饱和式标准电池的电动势$E_s=1.0186\ \mathrm{V}$，单位长度电阻丝上电压为U_0，可先选定并记录. 例如，若选定每单位长度电阻丝上的电压为 0.200 0 V/m，则应使C，D两点之间的电阻丝长度$L_{CD}=\dfrac{1.0186}{0.2000}\ \mathrm{m}=5.0930\ \mathrm{m}$. 确定好$C$，$D$两点的位置，合上$K_1$，把K拨向$E_s$，跃接$D$. 稳压电源$E$取3～5 V，调节$R_n$，使检流计G指零，电路接近补偿. 再调节保护电阻$R_p$至最小，以提高检流计线路的灵敏度. 最后调节$R_n$，跃接$D$，使检流计G再指零，电位差计精确补偿. 至此，辅助回路I_0标准化，在之后的测量环节中，不可再调节R_n.

4. 测量未知电动势

实验中待测电池采用 1.5 V 左右的旧干电池. 先按上面所述方法估算出$L_{C'D'}$的长度. 令$L_{C'D'}=\dfrac{E_x}{0.2000}$，可估算出$L_{C'D'}$约为7.500 0 m. 打开K，把触头$C'$置于插孔“7”中，触头$D'$置于0.500 0 m处. 把K拨向$E_x$，跃接并移动$D'$，使检流计G再次指零，则未知电动势

$$E_x=I_0R_{C'D'}=\frac{E_s}{R_{CD}}R_{C'D'}=\frac{E_s}{L_{CD}}L_{C'D'}. \tag{3.4.2}$$

改变U_0值即改变L_{CD}，重复测量五次，注意每次都要调工作电流标准化，并紧接着测量. 将数据记录在表 3.4.1 中.

5. 测量电位差计灵敏度

由于检流计灵敏度的限制，当检流计不偏转时，并不能说明补偿回路电流绝对等于零. 因此，电位差计有一个灵敏度问题. 确定电位差计灵敏度的方法是：电位差计测量达到补偿平衡后，CD间(或$C'D'$间)电压每增大(或减小)ΔU时，所引起检流计的指针偏转格数为Δd，则电位差计的灵敏度S定义为

$$S=\frac{\Delta d}{\Delta U}.$$

灵敏度测量方法为：按前述步骤 4 调节C'，D'，当电位差计达到平衡，即检流计指零时，将触头D'稍微向前(或向后)移动Δx，观察检流计指针偏转格数Δd，则灵敏度为

$$S=\frac{L_{C'D'}\Delta d}{E_s\Delta x}.$$

重复测量五次，并将数据记录在表 3.4.1 中.

数据处理

根据表 3.4.1 中记录的数据，由式(3.4.2) 计算E_x，求出算术平均值$\overline{E_x}$，并计算不确定度. E_x的合成不确定度U_{E_x}由A类不确定度u_A和B类不确定度u_B合成，即

$$U_{E_x}=\sqrt{u_A^2+u_B^2},$$

式中，$u_A=\sqrt{\dfrac{\sum\limits_{i=1}^{n}(E_{xi}-\overline{E_x})^2}{n(n-1)}}$（$n$为测量次数）；$u_B$主要由标准电池引起的$u_{B1}$和电位差计灵敏度引起的$u_{B2}$决定，有

$$u_B=\sqrt{u_{B1}^2+u_{B2}^2},$$

这里，$u_{B1}=E_s\times f\times 100\%$（$f$为精度等级，本实验采用的标准电池精度等级为0.01），u_{B2}与电位差计的灵敏度有关.

在测量时，由于人眼刚能察觉到的偏转为0.2格，因此由电位差计灵敏度所引起的测量误差限值为

$$\Delta U'=\frac{0.2}{S}.$$

在板式电位差计中，这个误差限值主要是由电阻丝的长度测量决定的，可视为均匀分布，则

$$u_{B2}=\frac{\Delta U'}{\sqrt{3}}.$$

E_x的测量结果表示为

$$E_x=\overline{E_x}\pm 2U_{E_x}.$$

E_x的相对不确定度为

$$E_U=\frac{U_{E_x}}{\overline{E_x}}\times 100\%.$$

注意事项

(1) 电位差计实验板上的电阻丝不要随意去拨动，以免弄断电阻丝或影响电阻丝的长度和粗细均匀.

(2) 检流计不能通过较大电流，因此，在C，D接入时，触头D跃接按下的时间应尽量短.

(3) 接线时，所有电池的正、负极不能接错，否则补偿回路不可能调到补偿状态.

(4) 严禁用电压表直接测量标准电池的端电压，实验时接通时间不宜过长，更不能短路.

(5) 在使用电位差计时，必须先接通辅助回路，再接通补偿回路；断电时，必须先断开补偿回路，再断开辅助回路.

思考题

1. 什么是补偿法？其优点是什么？
2. 在实验中发现检流计总是偏向一边，无法调平衡，试分析其原因.
3. 电流标准化后，紧接着的测量过程中R_p能否再改变？

原始数据记录(实验 3.4)

表 3.4.1　用板式电位差计测量未知电动势　　$E_s=$ ________ V

测量次序	L_{CD}/m	$L_{C'D'}$/m	待测电动势 E_x/V	灵敏度 S/(格/V)	$\overline{E_x}$/V
1					
2					
3					
4					
5					

大学物理实验预习报告

实验项目<u>电位差计的使用</u>

班别__________学号__________姓名__________

实验进行时间______年______月______日,第______周,星期______,______时至______时

实验地点__________

实验目的

实验原理简述

实验中应注意事项

实验 3.5 霍尔效应测量磁场

霍尔(Hall)效应是24岁的霍尔在美国霍普金斯大学读研究生期间,研究关于载流导体在磁场中的受力情况时发现的一种现象.霍尔效应已在科学实验和工程技术中得到广泛应用.霍尔传感器主要用在以下几个方面:测量磁场;测量交、直流电路的电流和电功率;转换信号,如将直流电流转换成交流电流;对各种非电学物理量进行测量并输出电信号,供自动检测、控制和信息处理,实现生产过程的自动化.了解这一实用性的实验,对学生的工作和学习都有帮助.

实验目的

(1) 了解霍尔效应的机理,掌握其测量磁场的原理.

(2) 掌握利用霍尔元件测量磁场的方法.

(3) 测量蹄形电磁铁气隙中一点的磁感应强度以及气隙中磁场的空间分布.

(4) 学习用对称测量法消除不等位效应的影响.

实验仪器

霍尔效应实验仪、霍尔效应测试仪、特斯拉(Tesla)计.

实验原理

1. 霍尔效应

霍尔效应本质上是运动的带电粒子在磁场中受洛伦兹力作用而引起的偏转.当带电粒子(电子或空穴)被约束在材料中时,这种偏转会导致在垂直于电流和磁场的第三个方向(见图3.5.1中的 z 轴方向)上产生正、负电荷的聚积,从而形成附加的(横向)电压,即霍尔电压.

图3.5.1所示为一个长方体(尺寸为 $L\times d\times b$)半导体材料制成的霍尔元件.当沿 x 轴方向通有工作电流 I_H 后,将霍尔元件放置在沿 y 轴方向磁感应强度为 $\boldsymbol{B}$ 的磁场中.霍尔元件中运动的电荷(对n型半导体是电子)将受到洛伦兹力作用,其大小为

$$f_B=evB. \tag{3.5.1}$$

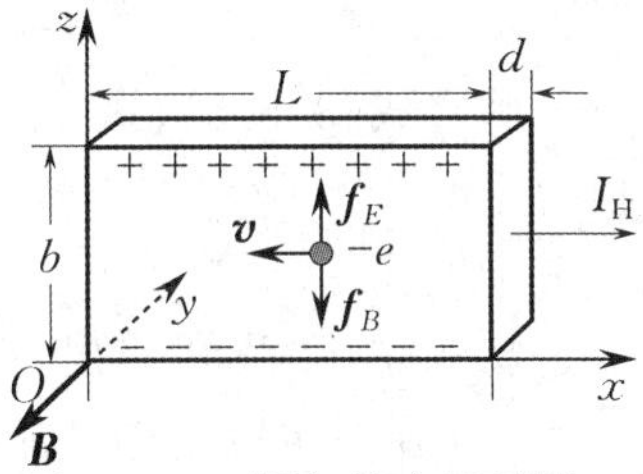

图 3.5.1 霍尔效应原理图

$\boldsymbol{f}_B$ 的方向可以由向量运算法则中的右手定则 $\boldsymbol{v}\times\boldsymbol{B}$ 和电荷的正、负决定.在洛伦兹力 $\boldsymbol{f}_B$ 的作用下,电荷将在元件几何尺寸的第三个方向(z 轴方向)的两端面聚积而形成电场 $\boldsymbol{E}_H$,形成的电场会对载流子产生一静电力 $\boldsymbol{f}_E$,其大小为

$$f_E=eE_H. \tag{3.5.2}$$

$\boldsymbol{f}_E$ 的方向与洛伦兹力相反,如图3.5.1所示,它阻止电荷继续聚积.当洛伦兹力 $\boldsymbol{f}_B$ 和静电力 $\boldsymbol{f}_E$ 达到静态平衡时,有

$$f_B=f_E,$$

即

$$evB = eE_H = \frac{eU_H}{b}. \tag{3.5.3}$$

于是电荷聚积的两端面(z 轴方向)有电势差 U_H(霍尔电压)为

$$U_H = vbB. \tag{3.5.4}$$

通过霍尔元件的工作电流 I_H 可表示为

$$I_H = nevbd,$$

式中,n 是载流子(电子)浓度.因此可得

$$v = \frac{I_H}{nebd}. \tag{3.5.5}$$

将式(3.5.5)代入式(3.5.4),得

$$U_H = \frac{I_H B}{ned}. \tag{3.5.6}$$

令 $R_H = \frac{1}{ne}$,$K_H = \frac{R_H}{d}$,其中 R_H 是由霍尔元件的半导体材料性质所决定的常数,称为霍尔系数.K_H 称为霍尔元件的灵敏度,与霍尔元件的半导体材料性质和霍尔元件的几何尺寸 d 有关(实验中 K_H 标注在仪器面板上).式(3.5.6)可改写为

$$U_H = K_H I_H B. \tag{3.5.7}$$

可见,霍尔电压 U_H 与 I_H,B 成正比,与霍尔元件的厚度 d 成反比.K_H 表示霍尔元件在单位磁感应强度和单位工作电流下的霍尔电压大小,其单位是 V/(A·T).一般 K_H 越大越好.

当霍尔元件的材料和厚度确定时,根据霍尔系数或灵敏度可以得到载流子浓度为

$$n = \frac{1}{eR_H} = \frac{1}{edK_H}. \tag{3.5.8}$$

霍尔元件中载流子迁移率(单位电场强度下载流子获得的平均漂移速率,一般电子迁移率大于空穴迁移率,因此制作霍尔元件时大多采用 n 型半导体材料)为

$$\mu = \frac{v}{E_H} = \frac{vb}{U_H}. \tag{3.5.9}$$

联立式(3.5.5)、式(3.5.8)和式(3.5.9),可得

$$\mu = K_H \frac{I_H}{U_H}. \tag{3.5.10}$$

从式(3.5.7)可看出,霍尔电压有如下特性:

(1) 在一定的工作电流 I_H 下,霍尔电压 U_H 与外磁场的磁感应强度 B 成正比.这就是利用霍尔效应检测磁场的原理,即

$$B = \frac{U_H}{K_H I_H}. \tag{3.5.11}$$

(2) 在一定的外磁场中,霍尔电压 U_H 与通过霍尔元件的电流 I_H(工作电流)成正比.这就是利用霍尔效应检测电流的原理,即

$$I_H = \frac{U_H}{K_H B}. \tag{3.5.12}$$

本实验是验证性实验,通过实验验证 $U_H = K_H I_H B$ 的正确性,进而验证磁学(洛伦兹力)理论和静电场(静电力)理论的正确性.

2. 各种负效应所带来的误差的消除

伴随霍尔效应还存在以下几个负效应，给霍尔电压的测量带来附加误差，影响测量的精确度.

1）埃廷斯豪森(Ettingshausen)效应

1887年，埃廷斯豪森发现，由于载流子的速度不相等，它们在磁场的作用下，速度大的受到的洛伦兹力大，绕大圆轨道运动，速度小的则绕小圆轨道运动. 这样导致霍尔元件的一端较另一端具有较多的能量，从而形成一个横向的温度梯度. 因而产生温差效应，形成温差电动势 U_E，其方向取决于工作电流 I_H 和磁感应强度 $\boldsymbol{B}$ 的方向. 可判断 U_E 和 U_H 始终同向.

2）能斯特(Nernst)效应

如图3.5.2所示，由于工作电流 I_H 通过不同的引线电阻(两端点a，b处的电阻不相等)时发热程度不同，使a和b两端之间出现热扩散电流. 在磁场的作用下，在c，e两端出现横向电场，由此产生附加电势差 U_N. 其方向与工作电流 I_H 无关，只随磁场方向而变.

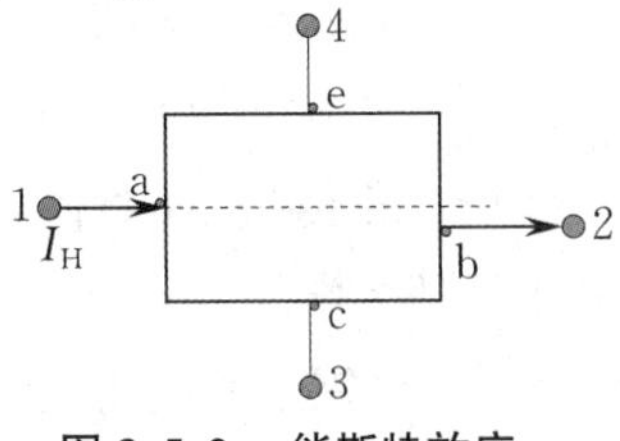

图 3.5.2　能斯特效应

3）里吉-勒迪克(Righi-Leduc)效应

由于热扩散电流的载流子的迁移率不同，与埃廷斯豪森效应中载流子速度不同一样，也将形成一个横向的温度梯度，产生附加电势差 U_R，其方向只与磁场方向有关.

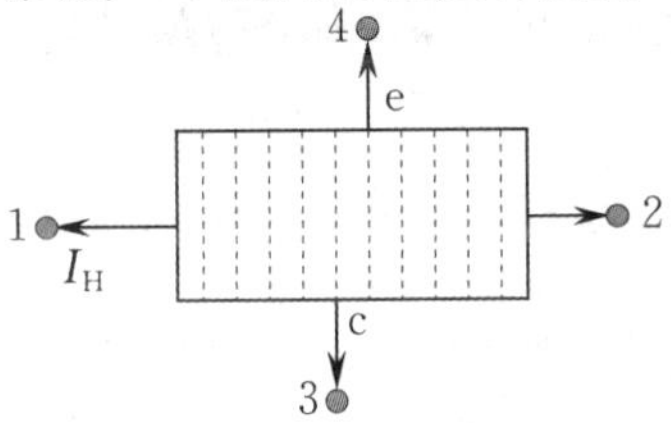

图 3.5.3　不等位效应

4）不等位效应

不等位效应是由于霍尔元件的材料本身不均匀，以及电压输入端引线在制作时不可能绝对对称地焊接在霍尔片的两侧而产生的. 如图3.5.3所示，当工作电流 I_H 流过霍尔元件时，在电极3，4间也具有电势差 U_0，其方向只随工作电流 I_H 方向而改变，与磁场方向无关.

根据以上负效应产生的机理和特点，除埃廷斯豪森效应 U_E 外，其余的都可利用异号测量法消除影响，即需要分别改变工作电流 I_H 和 $\boldsymbol{B}$ 的方向，测量四组不同的电势差，然后做适当数据处理，从而得到霍尔电压 U_H. 这种方法也称为对称测量法. 其四组不同方向的测量分别为：

当 $(+B, +I_H)$ 时测量，

$$U_1 = U_H + U_0 + U_E + U_N + U_R. \tag{3.5.13}$$

当 $(-B, +I_H)$ 时测量，

$$U_2 = -U_H + U_0 - U_E - U_N - U_R. \tag{3.5.14}$$

当 $(-B, -I_H)$ 时测量，

$$U_3 = U_H - U_0 + U_E - U_N - U_R. \tag{3.5.15}$$

当 $(+B, -I_H)$ 时测量，

$$U_4 = -U_H - U_0 - U_E + U_N + U_R. \tag{3.5.16}$$

联立以上四式，得

$$U_H + U_E = \frac{1}{4}(U_1 - U_2 + U_3 - U_4). \tag{3.5.17}$$

可见，这样处理后，除埃廷斯豪森效应引起的附加电压外，其他几个主要的附加电压全部被消除了. 因埃廷斯豪森效应极其微弱，即 $U_E \ll U_H$，故式(3.5.17)可近似写为

$$U_H = \frac{1}{4}(|U_1| + |U_2| + |U_3| + |U_4|). \tag{3.5.18}$$

实验内容

1. 熟悉并正确操作霍尔效应实验仪和霍尔效应测试仪

按仪器面板上的文字和符号将霍尔效应实验仪和霍尔效应测试仪正确连接,方法如下:

(1) 霍尔效应测试仪面板右下方为提供励磁电流 I_M 的恒流源输出端(0 ~ 1 000 mA),接霍尔效应实验仪上电磁铁线圈电流的输入端(将带叉接线口与接线柱连接).

(2) 霍尔效应测试仪面板左下方为提供霍尔元件控制(工作) 电流 I_H 的恒流源输出端(1.50 ~10.00 mA),接霍尔效应实验仪上霍尔元件工作电流输入端(将插头插入插座).

(3) 霍尔效应实验仪上霍尔元件的霍尔电压 U_H 输出端,接霍尔效应测试仪中部下方的霍尔电压输入端.

(4) 将霍尔效应测试仪与 220 V 交流电源接通.

注意:决不允许将"I_M 输出" 接到"I_H 输入" 处,否则一旦通电,霍尔样品即遭破坏.

2. 测量一定 I_M 条件下(I_M =300 mA) 电磁铁气隙中心的磁感应强度 B 的大小

(1) 调节二维标尺,使霍尔元件处于电磁铁气隙中心位置. 取励磁电流 I_M =300 mA. 调节工作电流 I_H 从 2.00 ~ 10.00 mA(间隔为 1.00 mA),记录相应的电压值 $U_1 \sim U_4$,填入表 3.5.1.

(2) 在坐标纸上描绘 U_H - I_H 关系图形,验证霍尔电压 U_H 与通过霍尔元件的电流 I_H 成正比,即 $U_H=K_H I_H B$ 成立,并对图形做简洁的描述. 求出斜率 $K_1\left(K_1=\dfrac{U_H}{I_H}\right)$,计算磁感应强度. 用特斯拉计直接测量磁感应强度,与计算值相比较.

(3) 保持霍尔元件处于电磁铁气隙中心位置,取工作电流 I_H=3.00 mA. 调节励磁电流 I_M 从 100 ~ 1 000 mA(间隔为 100 mA),记录相应的电压值 $U_1 \sim U_4$,填入表 3.5.2. 在坐标纸上描绘 U_H - I_M 关系图形,验证霍尔电压 U_H 与励磁电流 I_M 成正比. 也就是说,工作电流一定时,霍尔电压 U_H 与磁感应强度 B 成正比,即 $U_H=K_H I_H B$ 成立.

3. 测量电磁铁气隙中磁感应强度在水平方向上的分布情况

(1) 将霍尔元件置于电磁铁气隙中心位置,即设 $x=0.00$. 调节 I_M = 600 mA, I_H =5.00 mA,测得相应的电压值 $U_1 \sim U_4$,填入表 3.5.3.

(2) 记住霍尔元件在中心时标尺上的数字,将霍尔元件从中心向右边缘移动,每向右移动 5 mm 测出相应的 $U_1 \sim U_4$,填入表 3.5.3. 从中心向右边缘移动的距离依次为 0.50,1.00,1.50,…,4.00(单位:cm).

(3) 使霍尔元件回复到中心位置,将霍尔元件从中心向左边缘移动,每向左移动 5 mm 测出相应的 $U_1 \sim U_4$,填入表 3.5.3. 从中心向左边缘移动的距离依次为 −0.50,−1.00,−1.50,…,−3.50(单位:cm).

(4) 根据以上所测得的 $U_1 \sim U_4$ 计算 U_H 值,由公式计算出各点的 B 值,并在坐标纸上绘出 B - x 关系图形,即可显示出电磁铁气隙内 B 在水平方向上的分布情况.

数据处理

1. 记录使用仪器的型号、规格、霍尔元件的灵敏度 K_H

2. 处理表 3.5.1 中的数据

(1) 利用式(3.5.18)计算霍尔电压 U_H.

(2) 由仪器给定的霍尔元件的灵敏度 K_H 和式(3.5.11),计算磁感应强度 B_1.

(3) 将由式(3.5.11)计算得到的电磁铁气隙中心的磁感应强度 B_1 与用特斯拉计测出的结果 B_0 相比较.

3. 处理表 3.5.2 中的数据

(1) 利用式(3.5.18)计算霍尔电压 U_H.

(2) 在坐标纸上绘出 $U_H - I_M$ 关系图形,验证其线性关系.

4. 处理表 3.5.3 中的数据

(1) 利用式(3.5.18)计算霍尔电压 U_H.

(2) 由仪器给定的霍尔元件的灵敏度 K_H 和式(3.5.11),计算出电磁铁气隙中各点的磁感应强度.

(3) 在坐标纸上绘出 $B - x$ 关系图形.

注意事项

(1) 霍尔元件易损坏,切勿用手触摸.

(2) 霍尔元件允许通过的电流很小,切勿与励磁电流接错.

(3) 电磁铁通电时间不要过长,以防电磁铁线圈过热影响测量结果.

思考题

1. 如果磁场不垂直于霍尔元件,对测量结果有何影响? 如何由实验判断磁场是否与霍尔元件垂直?

2. 利用霍尔元件可测定转数,试说明其原理.

原始数据记录(实验 3.5)

表 3.5.1　测量 $I_M = 300$ mA 时电磁铁气隙中心的 U_H 和 B

I_H/mA	2.00	3.00	4.00	5.00	6.00	7.00	8.00	9.00	10.00
U_1/mV($+I_M$, $+I_H$)									
U_2/mV($-I_M$, $+I_H$)									
U_3/mV($-I_M$, $-I_H$)									
U_4/mV($+I_M$, $-I_H$)									
$U_H = \frac{1}{4}(\|U_1\| + \|U_2\| + \|U_3\| + \|U_4\|)$/mV									
B_1(由仪器给出 K_H)									
B_0(由特斯拉计测量)									
E_1/%									

表 3.5.2　测量 $I_H = 3.00$ mA 时电磁铁气隙中心的 U_H

I_M/mA	100	200	300	400	500	600	700	800	900	1 000
U_1/mV($+I_M$, $+I_H$)										
U_2/mV($-I_M$, $+I_H$)										
U_3/mV($-I_M$, $-I_H$)										
U_4/mV($+I_M$, $-I_H$)										
$U_H = \frac{1}{4}(\|U_1\| + \|U_2\| + \|U_3\| + \|U_4\|)$/mV										

表 3.5.3　测量 $I_M = 600$ mA，$I_H = 5.00$ mA 时电磁铁气隙中 B 的分布

x/cm	−3.50	−3.00	−2.50	−2.00	−1.50	−1.00	−0.50	0.00
U_1/mV($+I_M$，$+I_H$)								
U_2/mV($-I_M$，$+I_H$)								
U_3/mV($-I_M$，$-I_H$)								
U_4/mV($+I_M$，$-I_H$)								
$U_H = \frac{1}{4}(\lvert U_1\rvert + \lvert U_2\rvert + \lvert U_3\rvert + \lvert U_4\rvert)$/mV								
B(由仪器给出 K_H)								
x/cm	0.50	1.00	1.50	2.00	2.50	3.00	3.50	4.00
U_1/mV($+I_M$，$+I_H$)								
U_2/mV($-I_M$，$+I_H$)								
U_3/mV($-I_M$，$-I_H$)								
U_4/mV($+I_M$，$-I_H$)								
$U_H = \frac{1}{4}(\lvert U_1\rvert + \lvert U_2\rvert + \lvert U_3\rvert + \lvert U_4\rvert)$/mV								
B(由仪器给出 K_H)								

大学物理实验预习报告

实验项目 霍尔效应测量磁场

班别＿＿＿＿＿＿＿＿＿＿学号＿＿＿＿＿＿＿＿＿＿姓名＿＿＿＿＿＿＿＿＿＿

实验进行时间＿＿＿＿年＿＿＿＿月＿＿＿＿日，第＿＿＿＿周，星期＿＿＿＿，＿＿＿＿时至＿＿＿＿时

实验地点＿＿＿＿＿＿＿＿＿＿

实验目的

实验原理简述

实验中应注意事项

实验 3.6　模拟法测绘静电场

静止的电荷周围存在静电场，但是静电场通常难以直接测绘．由于静电场与稳恒电流场有相似的物理规律，因此可以用稳恒电流场来模拟静电场，通过测绘稳恒电流场来了解对应的静电场的性质．

实验目的

(1) 了解模拟法测绘静电场的理论依据．

(2) 加深对电场、电场强度、电场线、电势、等势线等概念的理解．

(3) 测绘几种常见的静电场，掌握其基本性质．

实验仪器

模拟法静电场描绘仪、电源、电压表、坐标纸、圆规、直尺、铅笔等．

实验原理

1. 静电场与稳恒电流场

描述静电场的物理量与描述稳恒电流场的物理量满足相似的数学规律(见表 3.6.1)，可以相互模拟．

表 3.6.1　静电场与稳恒电流场的比拟关系

静电场(不考虑场源电荷处)	稳恒电流场(不考虑电流源处)
$\boldsymbol{\nabla}\times\boldsymbol{E}=\boldsymbol{0}\rightarrow\boldsymbol{E}=-\boldsymbol{\nabla}U$ $\boldsymbol{\nabla}\cdot\boldsymbol{D}=0$ $\boldsymbol{D}=\varepsilon\boldsymbol{E}$ $\boldsymbol{\nabla}^2U=0$	$\boldsymbol{\nabla}\times\boldsymbol{E}=\boldsymbol{0}\rightarrow\boldsymbol{E}=-\boldsymbol{\nabla}U$ $\boldsymbol{\nabla}\cdot\boldsymbol{J}=0$ $\boldsymbol{J}=\sigma\boldsymbol{E}$ $\boldsymbol{\nabla}^2U=0$
$D_{1n}=D_{2n}$ $E_{1t}=E_{2t}$ $U_1=U_2$ $\varepsilon_1\dfrac{\partial U_1}{\partial\hat{n}}=\varepsilon_2\dfrac{\partial U_2}{\partial\hat{n}}$	$J_{1n}=J_{2n}$ $E_{1t}=E_{2t}$ $U_1=U_2$ $\sigma_1\dfrac{\partial U_1}{\partial\hat{n}}=\sigma_2\dfrac{\partial U_2}{\partial\hat{n}}$
$q=\iint_S\boldsymbol{D}\cdot\mathrm{d}\boldsymbol{S}$	$I=\iint_S\boldsymbol{J}\cdot\mathrm{d}\boldsymbol{S}$
$\boldsymbol{E},\boldsymbol{D},U,\varepsilon,q$	$\boldsymbol{E},\boldsymbol{J},U,\sigma,I$

无外源区的稳恒电流场的电流密度矢量与无电荷区的静电场的电位移矢量满足的物理规律非常相似(见表 3.6.1)．两种场在无源均匀介质区域的电势都满足拉普拉斯(Laplace)方程，在两种不同介质的边界上也满足相似的边界条件．若两种场的边界形状相同，且在边界处介质的特性参数满足$\dfrac{\varepsilon_1}{\varepsilon_2}=\dfrac{\sigma_1}{\sigma_2}$，则两者可以相互模拟．一般来说，静电场的测绘对实验仪器与操作的要求都比较高，本实验用稳恒电流场来模拟静电场，对之进行测绘．

2. 无限大充电平行板电容器的静电场

无限大充电平行板电容器两极板间的静电场的电场强度为

$$\boldsymbol{E}=-\frac{\rho_S}{\varepsilon}\boldsymbol{e}_z,$$

式中,ε 为平行板电容器中所填充的电介质的电容率,$\boldsymbol{e}_z$ 为从负极板指向正极板的单位矢量,ρ_S 为面电荷密度. 若以负极板的电势为零,则平行板电容器中的电场的电势为

$$U=z\frac{\rho_S}{\varepsilon},$$

式中,z 为场点到负极板的距离. 利用两极板的电势差 $U_0=d\frac{\rho_S}{\varepsilon}$($d$ 为两极板间的距离),上式可以写为

$$U=U_0\frac{z}{d}.$$

根据静电场与稳恒电流场各物理量的比拟关系,可以用图 3.6.1(a) 所示的装置来模拟平行板电容器中的静电场. 由于沿着平行极板方向的均匀性,该装置可以进一步简化为图 3.6.1(b) 所示的简图.

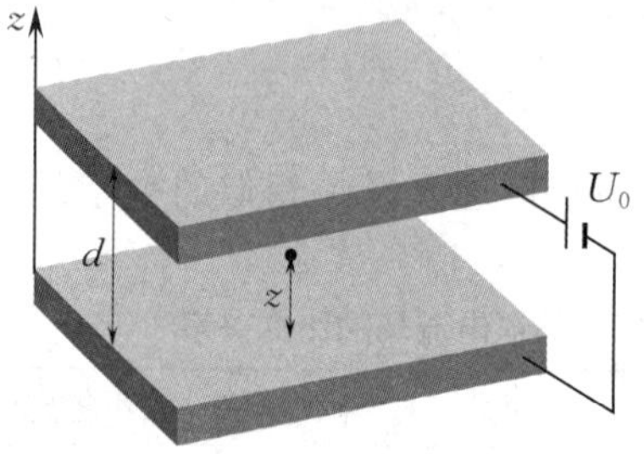

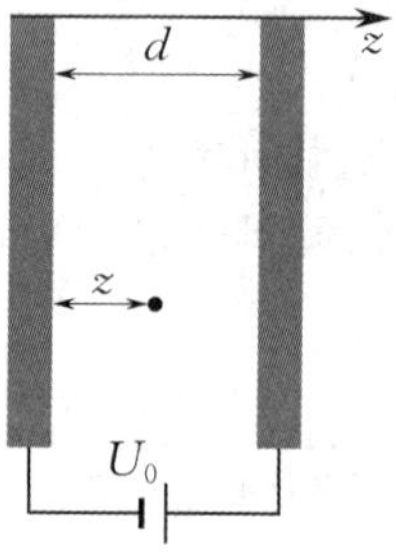

图 3.6.1　模拟法测绘平行板电容器中的静电场

通过在充满电介质(电导率为 σ) 的两平行极板间加恒定电压 U_0 形成稳恒电流场来模拟平行板电容器中的静电场.

3. 无限长均匀带电同轴电缆的静电场

无限长均匀带电同轴电缆在内芯与外层之间产生的静电场的电场强度为

$$E=\frac{\rho_l}{2\pi\varepsilon r},$$

式中,ε 为内芯与外层间电介质的电容率,r 为场点到中心轴的距离,ρ_l 为内芯的线电荷密度. 如图 3.6.2 所示,若取同轴电缆外层的电势为零,则内芯与外层间任意一点的电势差为

$$U=\frac{\rho_l\ln\frac{r_2}{r}}{2\pi\varepsilon}.$$

由此可知内芯与外层的电势差 $U_0=\frac{\rho_l\ln\frac{r_2}{r_1}}{2\pi\varepsilon}$,故可以将电势差写为

$$U = U_0 \frac{\ln \frac{r_2}{r}}{\ln \frac{r_2}{r_1}}.$$

根据静电场与稳恒电流场各物理量的比拟关系，可以用图 3.6.2(a) 所示的装置来模拟带电同轴电缆的静电场. 由于系统沿竖直方向均匀，图 3.6.2(a) 中的三维装置可以进一步抽象为图 3.6.2(b) 所示的二维图形.

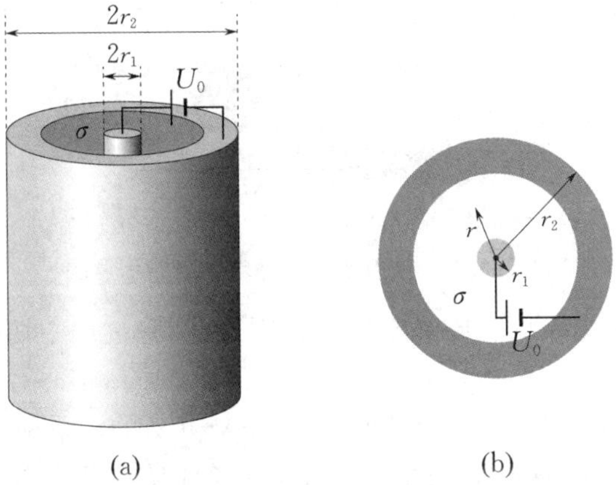

图 3.6.2　模拟法测绘带电同轴电缆中的静电场

4. 电场线与等势线

电场线是为了直观形象地描述电场分布而在电场中引入的一些假想的曲线. 曲线上每一点的切线方向与该点的电场强度方向一致；曲线密集的地方电场强度大，稀疏的地方电场强度小. 等势线是电场中电势相等的各点连成的曲线(三维情况下电势相等的点连接形成曲面，称为等势面). 根据电势与电场强度的数学关系可知，电场线与等势线处处垂直，只要描绘出电场的等势线就可据此绘制出电场线.

实验内容

1. 了解模拟法静电场描绘仪

如图 3.6.3 所示，模拟法静电场描绘仪下方为待测电极板，与电源输出端连接，上方放置坐标纸. 探针分为上、下两部分，可同步移动. 探针与电压表连接，下探针通过与电极板接触而接入电路，用于寻找等电势点. 找到等电势点时按压探针，用上探针在坐标纸上记录该点位置.

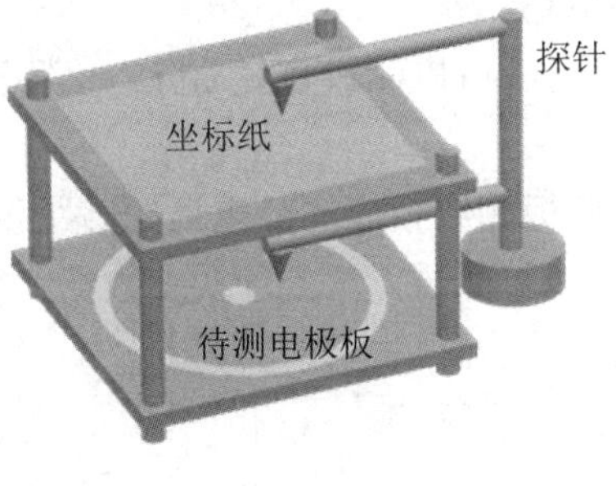

图 3.6.3　模拟法静电场描绘仪

待测电极板的正、负极分别与电源正、负输出端连接，探针与电压表连接. 电压表与电源负输出端同时接地(一般来说实验仪内部已连接好).

2. 测绘平行板电容器的静电场

(1) 选取平行板电容器对应的电极板作为待测电极板,将其正、负极板分别与电源的正、负输出端连接.将探针与测量用的电压表连接,如图 3.6.4 所示.打开电源,将电源的输出电压调至 U_0(U_0 尽可能大一些,且最好取整数,如 $U_0=10$ V).

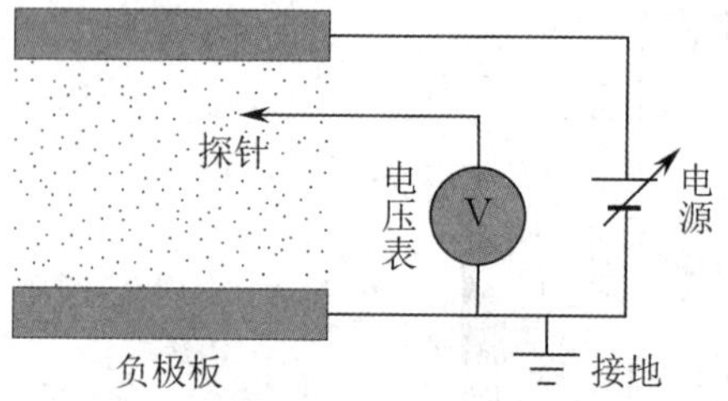

图 3.6.4　模拟法测绘静电场电路示意图

(2) 在模拟法静电场描绘仪上放置坐标纸并固定(实验过程中切勿移动坐标纸),标定电极所在的位置.

(3) 移动探针,分别测出电压为 1 V,3 V,5 V,7 V,9 V 的一系列等势点.这些等势点应比较均匀地覆盖尽可能大的待测电极板区域.对于同一个电势应至少取八个等势点,在电势变化剧烈的地方可以适当增加取点密度.

(4) 用光滑的曲线将上一步得到的等势点连接起来,形成等势线,并标注电势值.

(5) 根据等势线绘制电场线.

3. 测绘带电同轴电缆的静电场

方法同平行板电容器的静电场的测绘.

4. 用实验室提供的其他电极板测绘相应的静电场(选做)

方法同上.

数据处理

1. 测绘平行板电容器的静电场

在平行板的中间区域测量各等势线到负极板的距离,填入数据表 3.6.2,计算相应的理论值并进行比较.

2. 测绘带电同轴电缆的静电场

测量同轴电缆各等势线的半径(可以测量直径后除以 2 得到),填入数据表 3.6.3,计算相应的理论值并进行比较.

3. 用实验室提供的其他电极板测绘相应的静电场(选做)

参照前面的两项实验内容,用相似的方法处理实验数据.

注意事项

(1) 注意正确连接电路.

(2) 实验过程中切勿移动坐标纸.

(3) 熟悉实验理论,有目的地(而非盲目地)寻找等势点.

思考题

1. 为什么在实验过程中要选取较大的电源输出电压?

2. 根据测绘所得等势线和电场线的分布,分析哪些地方电场强度较强,哪些地方电场强度较弱.

3. 所测平行板电容器电极板边缘处的电场是否是匀强电场?为什么?

原始数据记录(实验 3.6)

表 3.6.2　平行板电容器静电场等势点位置分布

等势点电势U/V		1	3	5	7	9
到负极板的距离 z/cm	理论值					
	实验值					

表 3.6.3　同轴电缆静电场等势线位置分布

等势点电势U/V		1	3	5	7	9
到轴心的距离 r/cm	理论值					
	实验值					

大学物理实验预习报告

实验项目 模拟法测绘静电场

班别__________________学号__________________姓名__________________

实验进行时间______年______月______日，第______周，星期______，______时至______时

实验地点____________________

实验目的

实验原理简述

实验中应注意事项

实验 3.7 电表的改装与校准

电流表与电压表是常用的电学仪表，一般由电流计改装而成. 电流计只能用于测量微弱的电流与电压. 如果要测量较大的电流与电压，就需要对其进行改装，以扩大量程. 为了确保改装后的电流表或电压表的准确性，实际使用时还需要先对其进行校准，标定等级.

实验目的

(1) 理解电表改装的基本原理.

(2) 了解电流计的内阻及其对改装电表的影响.

(3) 掌握电流表、电压表的改装、校准、等级标定.

实验仪器

电流计、标准表、分流电阻、电压表等.

实验原理

1. 改装电流表

图 3.7.1 所示为改装电流表原理图.

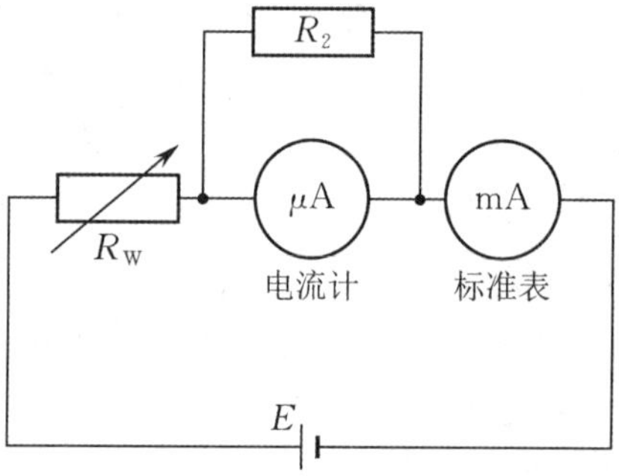

图 3.7.1 改装电流表原理图

电流计只允许通过微弱的电流，要将其改装为量程更大的电流表，则需要在电流计两端并联电阻来进行分流. 用电阻 R_2 并联分流，设电流计的内阻为 R_g，满偏电流为 I_g. 若要将其改装为量程为 I_{max} 的电流表，根据图 3.7.1 所示的电路图，有

$$(I_{max}-I_g)R_2=I_gR_g.$$

因此，并联的分流电阻 R_2 的阻值应为

$$R_2=\frac{R_g}{\dfrac{I_{max}}{I_g}-1}.$$

改装所得电流表可用标准表进行校准.

2. 改装电压表

图 3.7.2 所示为改装电压表原理图.

电流计只能测量微弱的电压，要将其改装为量程更大的电压表，则需要在电流计所在支路串联电阻来进行分压. 设电流计的内阻为 R_g，满偏电流为 I_g. 若要将其改装为量程为 U_{max} 的电压表，根据图 3.7.2 所示的电路图，有

$$I_g(R_g+R_2)=U_{max}.$$

因此，串联的分压电阻 R_2 的阻值应为

$$R_2=\frac{U_{max}}{I_g}-R_g.$$

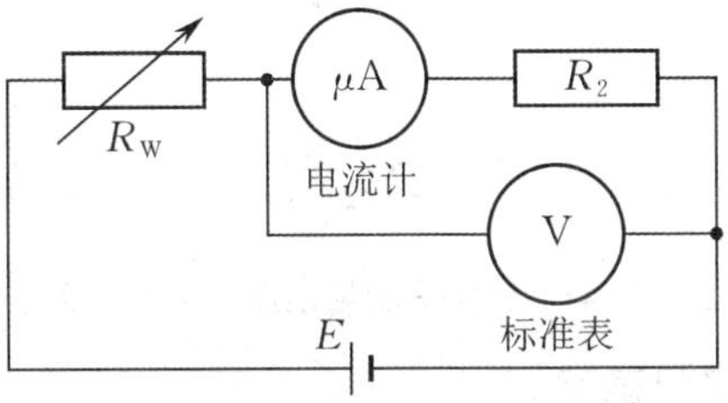

图 3.7.2　改装电压表原理图

改装所得电压表可用标准表进行校准.

3. 电流计内阻的测定

不论是改装电流表还是改装电压表，都要先确定电流计的内阻. 常用的电流计内阻测量方法有以下两种.

1) 半电流法

半电流法测量电流计内阻电路图如图3.7.3所示. 首先，断开开关S，调节电源电压 E 与可变电阻 R_W 的大小，使得电流计满偏，记录标准表读数 I. 然后，接通开关S，调节可变电阻箱 R_2 的阻值(同时调节 R_W 与 E 使标准表读数保持为 I) 使电流计半偏，即通过电流计的电流为 $\frac{I}{2}$. 此时通过电阻 R_2 的电流也为 $\frac{I}{2}$，同时电阻 R_2 与电流计两端电压相等，因此两者的电阻值相等. 读出可变电阻箱 R_2 的阻值，即为待测电流计的内阻.

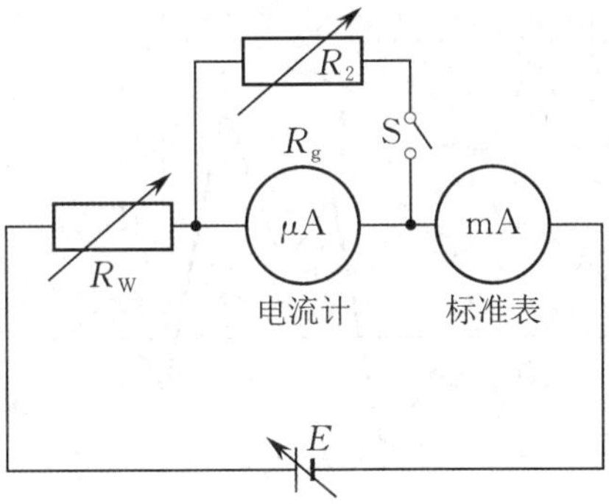

图 3.7.3　半电流法测量电流计内阻电路图

2) 替代法

替代法测量电流计内阻电路图如图 3.7.4 所示. 首先，将开关 S 拨至接通电流计所在支路，调节 R_W 与 E 的大小，使电流计满偏，记录标准表读数 I. 然后，将开关S拨至接通可变电阻

箱 R_2 所在支路,调节 R_2 的阻值,使标准表读数再次变为 I(此过程中不可再调节 R_W 与 E 的大小),此时 R_2 刚好替代电流计在电路中的作用,R_2 的阻值可被视为电流计的内阻.

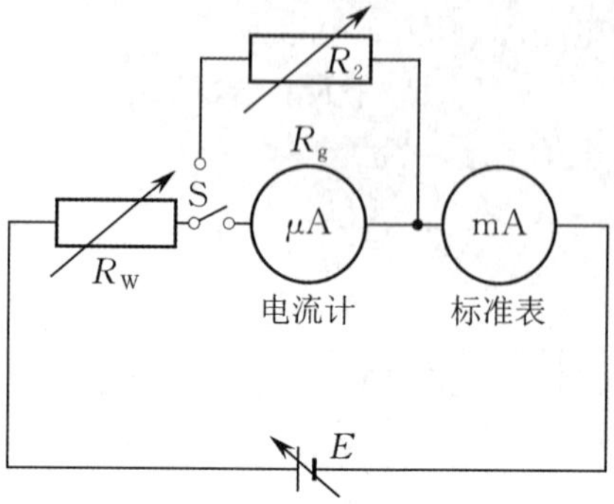

图 3.7.4　替代法测量电流计内阻电路图

4. 电表的校准和准确度等级确定

改装后的电表并不能马上投入使用,需要先对其进行校准. 所谓校准,就是使用改装后的电表与准确度更高的(同量程的) 标准表同时测量某一电流(或电压),对测量结果进行比较的过程. 校准一般按照如下的步骤进行:

(1) 校准零点. 在电路没接通之前,检查改装后的电表和标准表是否都指零,若不指零,则调零.

(2) 校准量程. 接通电路,调节 R_W 与 E 的大小,使电表读数逐渐增大,观察改装后的电表与标准表是否同时达到满偏. 若不同时达到满偏,则微调电阻 R_2 的阻值,使其同时达到满偏.

(3) 校准其他刻度值. 调节 R_W 与 E 的大小,使两电表读数都逐渐增大,在改装后的电表达到整刻度 I_{xi}(或 U_{xi}) 时,记录标准表的读数 $I_{ri,u}$(或 $U_{ri,u}$),直至最大刻度. 然后调节 R_W 与 E 的大小,使电表读数逐渐减小,在改装后的电表达到整刻度时,记录标准表的读数 $I_{ri,d}$(或 $U_{ri,d}$),直至零刻度. 这样各个刻度处电表的绝对误差 $\Delta I_{xi} = I_{xi} - \dfrac{I_{ri,u} + I_{ri,d}}{2}$ $\left(\text{或 } \Delta U_{xi} = U_{xi} - \dfrac{U_{ri,u} + U_{ri,d}}{2}\right)$. 绘制 ΔI_x -I_x(或 ΔU_x -U_x) 关系图形,即为电表的校准曲线图(电流表校准曲线见图 3.7.5).

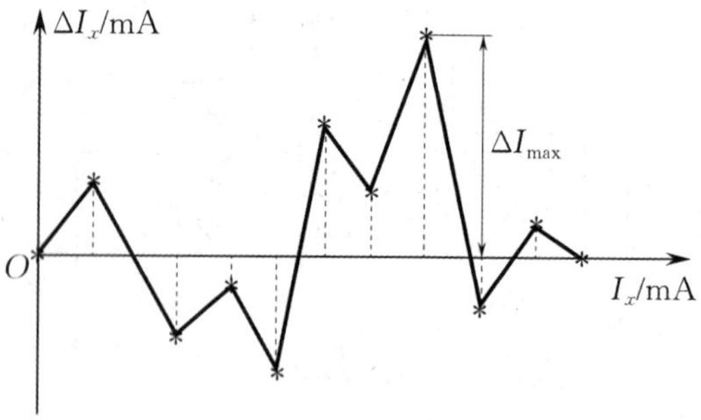

图 3.7.5　电流表校准曲线

电表校准后就可以标定等级了. 选取校准过程中的最大绝对误差,除以电表的量程,再乘以 100,即可得到电表的准确度等级. 按照国家标准,指针式电表一般分为 7 个准确度等级,即 0.1,0.2,0.5,1.0,1.5,2.5,5.0. 如果计算得到的等级数不是这些数值,则在这些等级值中取一个更大的接近值.例如,若计算得到的等级数为 1.1,则改装表应被标定为1.5 级.

实验内容

(1) 用半电流法或替代法测量待改装电流计的内阻.具体操作步骤参考实验原理.

(2) 并联分流电阻(阻值根据实验理论计算)改装量程为 5 mA(或其他自选量程)的电流表.

(3) 组装校准电路,校准改装所得的电流表,记录校准数据填入表 3.7.1.具体校准步骤参考实验原理.

(4) 串联分压电阻(阻值根据实验理论计算)改装量程为 5 V(或其他自选量程)的电压表.

(5) 组装校准电路,校准改装所得的电压表,记录校准数据填入表 3.7.2.具体校准步骤参考实验原理.

数据处理

(1) 根据校准数据(表 3.7.1 和表 3.7.2 中的数据)绘制校准曲线.

(2) 标定改装所得的电表的等级.

注意事项

(1) 实验过程中尽可能避免出现短路,以免损坏仪器.

(2) 实验过程中尽可能避免仪表(无论是电流计还是标准表)出现超量程的状况,以免损坏仪表.

思考题

1. 替代法测量内阻时一定要调整电流计满偏吗？不满偏有什么影响？
2. 还有哪些测量电流计内阻的方法？
3. 电阻 R_2 的阻值偏大或者偏小对改装后的电表量程有什么影响？

原始数据记录(实验 3.7)

表 3.7.1　电流表校准数据记录表

改装表读数 I/mA	标准表读数 I_r/mA			误差 $\Delta I=(I-I_r)$/mA
	增大	减小	平均	
0.0				
0.5				
1.0				
1.5				
2.0				
2.5				
3.0				
3.5				
4.0				
4.5				
5.0				

表 3.7.2　电压表校准数据记录表

改装表读数 U/V	标准表读数 U_r/V			误差 $\Delta U=(U-U_r)$/V
	增大	减小	平均	
0.0				
0.5				
1.0				
1.5				
2.0				
2.5				
3.0				
3.5				
4.0				
4.5				
5.0				

大学物理实验预习报告

实验项目**电表的改装与校准**

班别________________学号________________姓名________________

实验进行时间______年______月______日，第______周，星期______，______时至______时

实验地点________________

实验目的

实验原理简述

实验中应注意事项

实验 3.8 电热法测定热功当量

电热法测定热功当量实验是证明能量守恒定律的基础实验.焦耳(Joule)从1840年起,花费了几十年的时间做了大量实验,论证了传热和做功一样,是能量传递的一种形式.热功当量是一个普适常量,与做功方式无关,从而为能量守恒定律的确立奠定了坚实的实验基础.

实验目的

(1) 熟悉热学实验中的基本问题——量热和测温.
(2) 研究电热法中做功与传热的关系.
(3) 学习使用最小二乘法进行散热修正.
(4) 认识热学实验中合理安排实验和选择参量的重要性.
(5) 熟悉热学实验中基本仪器的使用.

实验仪器

热功当量实验仪(测试电源)、量热筒、PT1000铂电阻温度计、电子天平、量杯等.

1. 热功当量实验仪(测试电源)

图3.8.1为仪器测试电源面板图,其中加热输出接口2与量热筒相连,给加热棒提供工作电压.

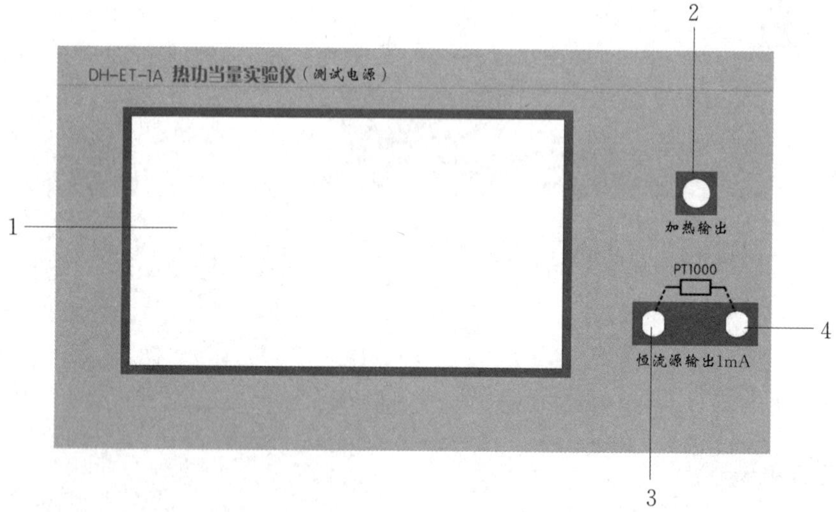

1—7英寸彩色触摸液晶屏;2—加热输出接口;3—恒流源输出正极;4—恒流源输出负极.

图3.8.1 仪器测试电源面板图

2. 液晶屏首页界面说明

液晶屏首页界面如图3.8.2所示.

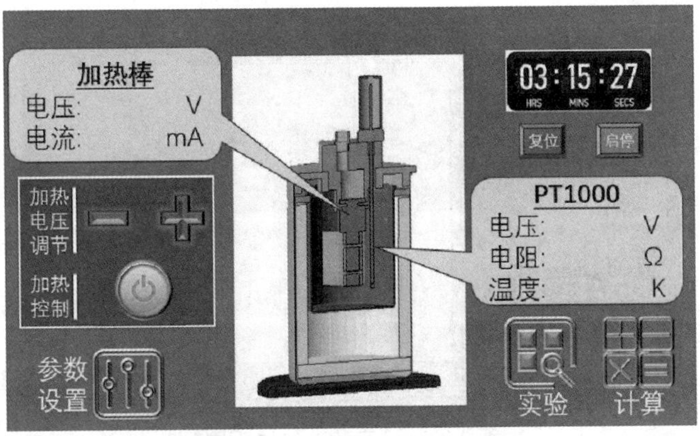

图 3.8.2　液晶屏首页界面图

图中,加热棒电压显示范围为 0～19.99 V,电流显示范围为 0～0.500 A;加热电压调节按钮用于调节加热电压大小,短按细调,长按粗调;加热控制按钮按下后按钮图标变红色,开启加热输出,此时有加热棒电流显示;PT1000 电压显示范围为 0～1.999 9 V,电阻显示根据测量的电压值和恒流源电流 1 mA 计算得到,温度显示根据 PT1000 电阻值得到;复位按钮用于系统复位,清除测量数据;启停按钮用于开始/停止计时,开始计时的同时开始记录数据和曲线;参数设置按钮用于进入参数设置界面;实验按钮用于进入实验测量界面,包括曲线显示和数据表格显示;计算按钮用于根据实验结果,通过最小二乘法处理数据,计算热功当量.

3. 参数设置界面说明

参数设置界面如图 3.8.3 所示,点击各个变量相对应的显示框,输入相应的数据,用于热功当量的计算.

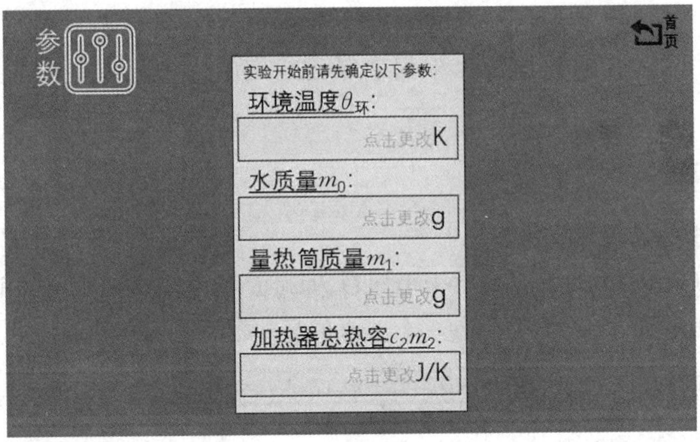

图 3.8.3　参数设置界面图

4. 实验测量界面说明

实验测量界面如图 3.8.4 和图 3.8.5 所示.

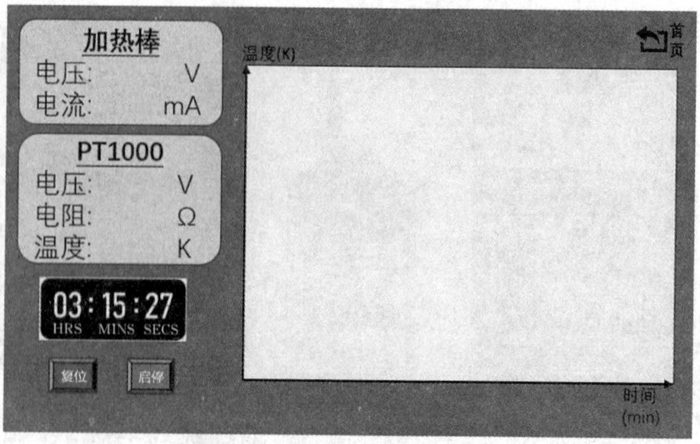

图 3.8.4　实验曲线界面图

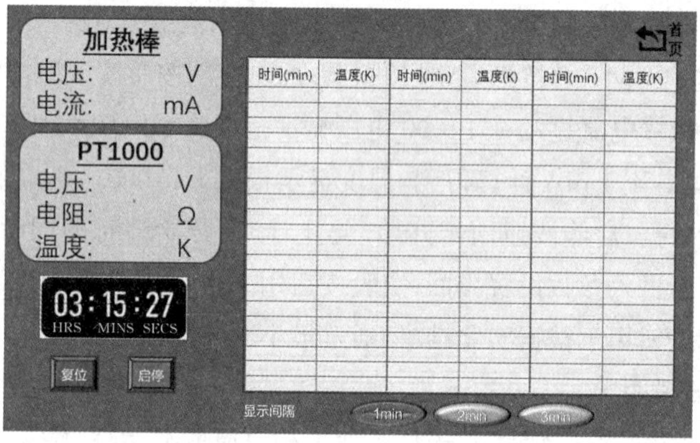

图 3.8.5　实验数据表格界面图

(1) 在曲线显示区或数据表格显示区的任意位置点击可以切换两种显示.

(2) 曲线显示区的曲线根据实际数据实时动态调整,每分钟更新一次.

(3) 数据表格显示区的数据可以根据实际需求将数据显示间隔设置为 1 min,2 min,3 min.

实验原理

1. 电热法测定热功当量原理

如图 3.8.6 所示,给电阻 R 两端加上电压 U,通过 R 的电流为 I,那么通电时间 t 内电功为 $W=UIt$. 若这些功全部转化为热量,使一个盛水的量热器系统由初始温度 θ_0 升高至 θ(单位:K),系统吸收的热量为 Q,则热功当量 $J=\dfrac{W}{Q}$. 按照能量守恒定律,若采用国际单位制,则 W 和 Q 的单位都是焦[耳](J),比值 $J=1$;若 Q 用卡(cal)作单位,则 $J=4.186$ J/cal,表示产生 1 cal 热量所需做的功.

实验在装有水的量热筒中进行,系统吸收的热量为

$$Q=(c_0m_0+c_1m_1+c_2m_2)(\theta-\theta_0)=cm(\theta-\theta_0), \tag{3.8.1}$$

式中,c_0,c_1,c_2 分别是水、量热筒及加热器的比热容;m_0,m_1,m_2 分别是其相对应的质量;$cm=c_0m_0+c_1m_1+c_2m_2$ 是系统的总热容;θ_0 是系统的初始温度. 本实验的主要内容就是测

定热功当量

$$J=\frac{UIt}{cm(\theta-\theta_0)}.$$

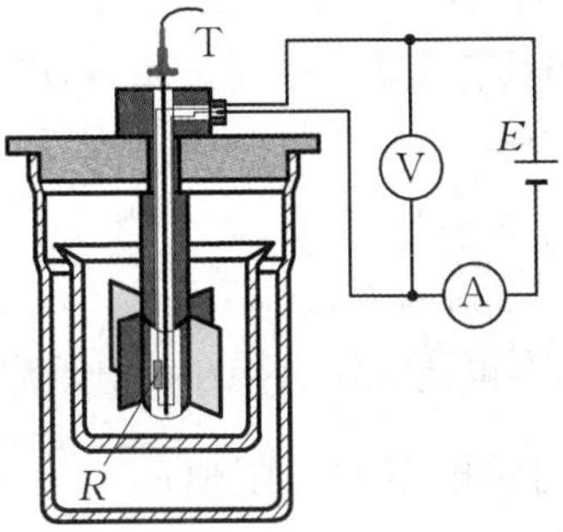

图 3.8.6　电热法测定热功当量原理图

在本实验中，水的比热容为 $c_0=4.18\times10^3\ \mathrm{J/(kg\cdot K)}$；量热筒材料为铜，其比热容为$c_1=389\ \mathrm{J/(kg\cdot K)}$；加热器由功率电阻和铝搅拌器组成，两者的总热容可按$c_2m_2=64.35\ \mathrm{J/K}$ 计算；温度计的热容可忽略不计.

2. 散热修正

本实验的难点是考虑系统散热的修正. 我们从系统应满足的微分方程出发，若把系统看成是理想绝热的，即只考虑系统由于通电而升温，则由系统吸热方程$\frac{UIt}{J}=Q=cm(\theta-\theta_0)$对时间求导数，可以得到温度变化率所满足的关系式为

$$\left.\frac{\mathrm{d}\theta}{\mathrm{d}t}\right|_{吸}=\frac{UI}{Jcm}. \tag{3.8.2}$$

因为通电时系统吸热的同时也向环境中放热，所以根据牛顿冷却定律，由于放热引起的温度变化率为

$$\left.\frac{\mathrm{d}\theta}{\mathrm{d}t}\right|_{放}=-K(\theta-\theta_{环}), \tag{3.8.3}$$

式中，K 为系统的散热系数. 综合式(3.8.2) 和式(3.8.3) 描述的吸热、放热效应，系统温度的实际变化率应为

$$\frac{\mathrm{d}\theta}{\mathrm{d}t}=\frac{UI}{Jcm}-K(\theta-\theta_{环}). \tag{3.8.4}$$

式(3.8.4) 是一个一阶线性常系数微分方程. 我们利用最小二乘法处理数据，令 $y=\frac{\mathrm{d}\theta}{\mathrm{d}t}$，$x=\theta-\theta_{环}$，式(3.8.4) 变成 $y=a+bx$，其中，$a=\frac{UI}{Jcm}$，$b=-K$. 给系统通电，并同时记录系统温度-时间的变化关系，每隔 1 min 记录一次温度，共测 31 个连续时间对应的温度值，即$(t_0,\theta_0),(t_1,\theta_1),(t_2,\theta_2),\cdots,(t_{30},\theta_{30})$，这样由一系列$(t_i,\theta_i)(i=0,1,2,\cdots,30)$，就可得到一系列$(x_k,y_k)\left(x_k=\frac{\theta_{k-1}+\theta_k}{2}-\theta_{环},y_k=\frac{\theta_k-\theta_{k-1}}{t_k-t_{k-1}},k=1,2,\cdots,30\right)$数据，代入回归系数计算式求得 a，从而由下式计算出热功当量 J，即

$$J=\frac{UI}{acm}. \tag{3.8.5}$$

3. 铂电阻温度计

本实验采用PT1000铂电阻温度计测量温度(见图3.8.6中T),铂电阻温度计是利用铂电阻随温度的变化来测量温度的.铂具有正的电阻温度系数,PT1000铂电阻在0 ℃时的电阻值为$R_0=1\,000\ \Omega$,铂电阻在温度t(0～650 ℃)时的电阻值R_t与温度t的关系如下:

$$R_t=R_0(1+At+Bt^2), \tag{3.8.6}$$

式中,A,B为分度常数,$A=0.003\,908\,3/℃$,$B=0.000\,000\,577\,5/℃^2$.

实验测温时,可采用1 mA标准恒流源输出接在铂电阻温度计两端,通过测量铂电阻温度计上的电压U(见图3.8.7),得到铂电阻的电阻值$R_t=\frac{U}{1\ \mathrm{mA}}$,从而通过查附表1或根据式(3.8.6)得到对应的温度值t.

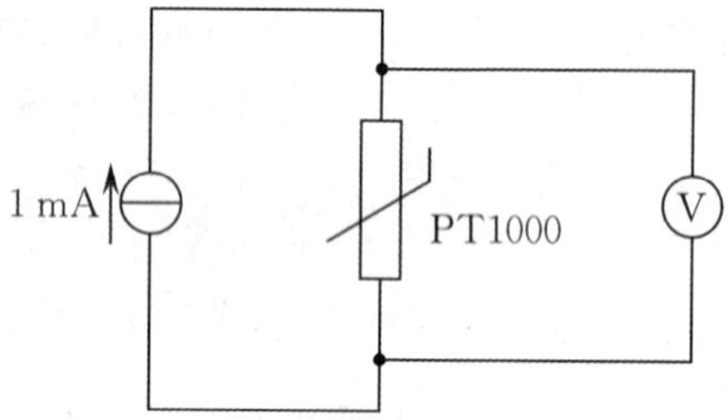

图3.8.7 恒流源法测量PT1000铂电阻的电阻值

实验内容

1. 称量水与量热筒的质量

用电子天平称量水与量热筒的质量(水的质量不宜过大或过小,一般控制在200～230 g为好),将数据记录在表3.8.1中.

2. 测量时间-温度关系

在连续升温的30 min内,等间隔地读取31个温度值(每分钟1次)并将数据记录在表3.8.2中,建议先预热1～2 min后再记录数据(加热过程中请连续搅拌).

3. 测量加热器的电功率

将测试电源上加热输出接口与量热筒加热输入插座对应相连;先调节加热电压值,然后按下加热控制按钮,开启加热.

分别在加热开启和加热结束时,记录测试电源面板上显示的加热电压U_1,U_2和加热电流I_1,I_2.

数据处理

计算表3.8.2中相邻两个时刻的中间时刻t($t=0.5,1.5,\cdots,29.5$ min)、中间时刻的温度$\theta=\frac{\theta_i+\theta_{i+1}}{2}$($i=0,1,2,\cdots,29$),按实验原理中的相关内容处理数据,得到一系列$y$与$x$值,记入表3.8.3中.通过最小二乘法处理数据,从而计算热功当量J并与理论值对比,计算它们的相对误差.

注意事项

(1) 升温过程中必须不断搅拌(转动搅拌器叶片) 以保证温度均匀. 搅拌过程中要随时监视电源电压是否改变,防止因搅拌动作过大引起电源接触不良.

(2) 用铂电阻温度计记录温度时,将 PT1000 的香蕉插头与恒流源输出端连接起来,即可测量 PT1000 上通过 1 mA 电流时的电压值 U.

原始数据记录(实验 3.8)

表 3.8.1 水、量热筒及加热器相关参数

水的质量m_0/g	量热筒质量m_1/g	加热器总热容c_2m_2/(J/K)

表 3.8.2 电热法测定热功当量实验数据

t/min	U/V	$R_t=1\,000U$/Ω	θ/K	t/min	U/V	$R_t=1\,000U$/Ω	θ/K
0				16			
1				17			
2				18			
3				19			
4				20			
5				21			
6				22			
7				23			
8				24			
9				25			
10				26			
11				27			
12				28			
13				29			
14				30			
15							

注:查 PT1000 分度表得到摄氏温度值,$\frac{\theta}{K}=\frac{t}{℃}+273.15$.

表 3.8.3　用最小二乘法计算热功当量数据表

$\theta_{环}=$ ______ K, $U_1=$ ______ V, $U_2=$ ______ V, $I_1=$ ______ A, $I_2=$ ______ A

$t=\dfrac{t_i+t_{i+1}}{2}\Big/\mathrm{min}$	$t=\dfrac{t_i+t_{i+1}}{2}\Big/\mathrm{s}$	$\theta=\dfrac{\theta_i+\theta_{i+1}}{2}\Big/\mathrm{K}$	$y=\dfrac{d\theta}{dt}=\dfrac{\theta_{i+1}-\theta_i}{t_{i+1}-t_i}\Big/(\mathrm{K/s})$	$x=(\theta-\theta_{环})/\mathrm{K}$
0.5	30			
1.5	90			
2.5	150			
3.5	210			
4.5	270			
5.5	330			
6.5	390			
7.5	450			
8.5	510			
9.5	570			
10.5	630			
11.5	690			
12.5	750			
13.5	810			
14.5	870			
15.5	930			
16.5	990			
17.5	1050			
18.5	1110			
19.5	1170			
20.5	1230			
21.5	1290			
22.5	1350			
23.5	1410			
24.5	1470			
25.5	1530			
26.5	1590			
27.5	1650			
28.5	1710			
29.5	1770			

大学物理实验预习报告

实验项目 电热法测定热功当量

班别____________ 学号____________ 姓名____________

实验进行时间______年______月______日,第______周,星期______,______时至______时

实验地点____________

实验目的

实验原理简述

实验中应注意事项

附表 1　PT1000 铂电阻分度表(0～75.9 ℃)

温度(整数位)/℃	R/Ω									
	温度(十分位)/℃									
	0	1	2	3	4	5	6	7	8	9
0	1000.000	1000.391	1000.782	1001.172	1001.563	1001.954	1002.345	1002.736	1003.126	1003.517
1	1003.908	1004.298	1004.689	1005.080	1005.470	1005.861	1006.252	1006.642	1007.033	1007.424
2	1007.814	1008.205	1008.595	1008.986	1009.377	1009.767	1010.158	1010.548	1010.939	1011.329
3	1011.720	1012.110	1012.501	1012.891	1013.282	1013.672	1014.062	1014.453	1014.843	1015.234
4	1015.624	1016.014	1016.405	1016.795	1017.185	1017.576	1017.966	1018.356	1018.747	1019.137
5	1019.527	1019.917	1020.308	1020.698	1021.088	1021.478	1021.868	1022.259	1022.649	1023.039
6	1023.429	1023.819	1024.209	1024.599	1024.989	1025.380	1025.770	1026.160	1026.550	1026.940
7	1027.330	1027.720	1028.110	1028.500	1028.890	1029.280	1029.670	1030.060	1030.450	1030.840
8	1031.229	1031.619	1032.009	1032.399	1032.789	1033.179	1033.569	1033.958	1034.348	1034.738
9	1035.128	1035.518	1035.907	1036.297	1036.687	1037.077	1037.466	1037.856	1038.246	1038.636
10	1039.025	1039.415	1039.805	1040.194	1040.584	1040.973	1041.363	1041.753	1042.142	1042.532
11	1042.921	1043.311	1043.701	1044.090	1044.480	1044.869	1045.259	1045.648	1046.038	1046.427
12	1046.816	1047.206	1047.595	1047.985	1048.374	1048.764	1049.153	1049.542	1049.932	1050.321
13	1050.710	1051.099	1051.489	1051.878	1052.268	1052.657	1053.046	1053.435	1053.825	1054.214
14	1054.603	1054.992	1055.381	1055.771	1056.160	1056.549	1056.938	1057.327	1057.716	1058.105
15	1058.495	1058.884	1059.273	1059.662	1060.051	1060.440	1060.829	1061.218	1061.607	1061.996
16	1062.385	1062.774	1063.163	1063.552	1063.941	1064.330	1064.719	1065.108	1065.496	1065.885
17	1066.274	1066.663	1067.052	1067.441	1067.830	1068.218	1068.607	1068.996	1069.385	1069.774
18	1070.162	1070.551	1070.940	1071.328	1071.717	1072.106	1072.495	1072.883	1073.272	1073.661
19	1074.049	1074.438	1074.826	1075.215	1075.604	1075.992	1076.381	1076.769	1077.158	1077.546
20	1077.935	1078.324	1078.712	1079.101	1079.489	1079.877	1080.266	1080.654	1081.043	1081.431
21	1081.820	1082.208	1082.596	1082.985	1083.373	1083.762	1084.150	1084.538	1084.926	1085.315
22	1085.703	1086.091	1086.480	1086.868	1087.256	1087.644	1088.033	1088.421	1088.809	1089.197
23	1089.585	1089.974	1090.362	1090.750	1091.138	1091.526	1091.914	1092.302	1092.690	1093.078
24	1093.467	1093.855	1094.243	1094.631	1095.019	1095.407	1095.795	1096.183	1096.571	1096.959
25	1097.347	1097.734	1098.122	1098.510	1098.898	1099.286	1099.674	1100.062	1100.450	1100.838
26	1101.225	1101.613	1102.001	1102.389	1102.777	1103.164	1103.552	1103.940	1104.328	1104.715
27	1105.103	1105.491	1105.879	1106.266	1106.654	1107.042	1107.429	1107.817	1108.204	1108.592
28	1108.980	1109.367	1109.755	1110.142	1110.530	1110.917	1111.305	1111.693	1112.080	1112.468
29	1112.855	1113.242	1113.630	1114.017	1114.405	1114.792	1115.180	1115.567	1115.954	1116.342
30	1116.729	1117.117	1117.504	1117.891	1118.279	1118.666	1119.053	1119.441	1119.828	1120.215

续表

温度(整数位)/℃	R/Ω									
	温度(十分位)/℃									
	0	1	2	3	4	5	6	7	8	9
31	1120.602	1120.990	1121.377	1121.764	1122.151	1122.538	1122.926	1123.313	1123.700	1124.087
32	1124.474	1124.861	1125.248	1125.636	1126.023	1126.410	1126.797	1127.184	1127.571	1127.958
33	1128.345	1128.732	1129.119	1129.506	1129.893	1130.280	1130.667	1131.054	1131.441	1131.828
34	1132.215	1132.602	1132.988	1133.375	1133.762	1134.149	1134.536	1134.923	1135.309	1135.696
35	1136.083	1136.470	1136.857	1137.243	1137.630	1138.017	1138.404	1138.790	1139.177	1139.564
36	1139.950	1140.337	1140.724	1141.110	1141.497	1141.884	1142.270	1142.657	1143.043	1143.430
37	1143.817	1144.203	1144.590	1144.976	1145.363	1145.749	1146.136	1146.522	1146.909	1147.295
38	1147.681	1148.068	1148.454	1148.841	1149.227	1149.614	1150.000	1150.386	1150.773	1151.159
39	1151.545	1151.932	1152.318	1152.704	1153.091	1153.477	1153.863	1154.249	1154.636	1155.022
40	1155.408	1155.794	1156.180	1156.567	1156.953	1157.339	1157.725	1158.111	1158.497	1158.883
41	1159.270	1159.656	1160.042	1160.428	1160.814	1161.200	1161.586	1161.972	1162.358	1162.744
42	1163.130	1163.516	1163.902	1164.288	1164.674	1165.060	1165.446	1165.831	1166.217	1166.603
43	1166.989	1167.375	1167.761	1168.147	1168.532	1168.918	1169.304	1169.690	1170.076	1170.461
44	1170.847	1171.233	1171.619	1172.004	1172.390	1172.776	1173.161	1173.547	1173.933	1174.318
45	1174.704	1175.090	1175.475	1175.861	1176.247	1176.632	1177.018	1177.403	1177.789	1178.174
46	1178.560	1178.945	1179.331	1179.716	1180.102	1180.487	1180.873	1181.258	1181.644	1182.029
47	1182.414	1182.800	1183.185	1183.571	1183.956	1184.341	1184.727	1185.112	1185.597	1185.883
48	1186.268	1186.653	1187.038	1187.424	1187.809	1188.194	1188.579	1188.965	1189.350	1189.735
49	1190.120	1190.505	1190.890	1191.276	1191.661	1192.046	1192.431	1192.816	1193.201	1193.586
50	1193.971	1194.356	1194.741	1195.126	1195.511	1195.896	1196.281	1196.666	1197.051	1197.436
51	1197.821	1198.206	1198.591	1198.976	1199.361	1199.746	1200.131	1200.516	1200.900	1201.285
52	1201.670	1202.055	1202.440	1202.824	1203.209	1203.594	1203.979	1204.364	1204.748	1205.133
53	1205.518	1205.902	1206.287	1206.672	1207.056	1207.441	1207.826	1208.210	1208.595	1208.980
54	1209.364	1209.749	1210.133	1210.518	1210.902	1211.287	1211.672	1212.056	1212.441	1212.825
55	1213.210	1213.594	1213.978	1214.363	1214.747	1215.120	1215.516	1215.901	1216.285	1216.669
56	1217.054	1217.438	1217.822	1218.207	1218.591	1218.975	1219.360	1219.744	1220.128	1220.513
57	1220.897	1221.281	1221.665	1222.049	1222.434	1222.818	1223.202	1223.586	1223.970	1224.355
58	1224.739	1225.123	1225.507	1225.891	1226.275	1226.659	1227.043	1227.427	1227.811	1228.195
59	1228.579	1228.963	1229.347	1229.731	1230.115	1230.499	1230.883	1231.267	1231.651	1232.035
60	1232.419	1232.803	1233.187	1233.571	1233.955	1234.338	1234.722	1235.106	1235.490	1235.874
61	1236.257	1236.641	1237.025	1237.409	1237.792	1238.176	1238.560	1238.944	1239.327	1239.711

续表

温度(整数位)/℃	R/Ω									
	温度(十分位)/℃									
	0	1	2	3	4	5	6	7	8	9
62	1240.095	1240.478	1240.862	1241.246	1241.629	1242.030	1242.396	1242.780	1243.164	1243.547
63	1243.931	1244.314	1244.698	1245.081	1245.465	1245.848	1246.232	1246.615	1246.999	1247.382
64	1247.766	1248.149	1248.533	1248.916	1249.299	1249.683	1250.066	1250.450	1250.833	1251.216
65	1251.600	1251.983	1252.366	1252.749	1253.133	1253.516	1253.899	1254.283	1254.666	1255.049
66	1255.432	1255.815	1256.199	1256.582	1256.965	1257.348	1257.731	1258.114	1258.497	1258.881
67	1259.264	1259.647	1260.030	1260.413	1260.796	1261.179	1261.562	1261.945	1262.328	1262.711
68	1263.094	1263.477	1263.860	1264.243	1264.626	1265.009	1265.392	1265.775	1266.157	1266.540
69	1266.923	1267.306	1267.689	1268.072	1268.455	1268.837	1269.220	1269.603	1269.986	1270.368
70	1270.751	1271.134	1271.517	1271.899	1272.282	1272.665	1273.048	1273.430	1273.813	1274.195
71	1274.578	1274.691	1274.803	1274.916	1275.029	1275.141	1275.254	1275.366	1275.479	1275.591
72	1278.404	1278.786	1279.169	1279.551	1279.934	1280.316	1280.699	1281.081	1281.464	1281.846
73	1282.228	1282.611	1282.993	1283.376	1283.758	1284.140	1284.523	1284.905	1285.287	1285.670
74	1286.052	1286.434	1286.816	1287.199	1287.581	1287.963	1288.345	1288.728	1289.110	1289.492
75	1289.874	1290.256	1290.638	1291.021	1291.403	1291.785	1292.167	1292.549	1292.931	1293.313

实验 3.9 非线性元件伏安特性的研究

给一个元件通以直流电,用电压表测出元件两端的电压,用电流表测出通过元件的电流.通常以电压为横坐标、电流为纵坐标,画出该元件电流和电压的关系曲线,称为该元件的伏安特性曲线. 伏安特性曲线为直线的元件称为线性元件,如定值电阻,其伏安特性曲线如图 3.9.1 所示.伏安特性曲线为非直线的元件称为非线性元件,如二极管、钨丝灯,两者的伏安特性曲线如图 3.9.2 所示.

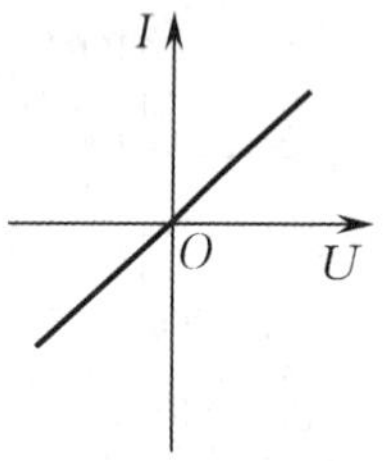

图 3.9.1 线性元件的伏安特性曲线

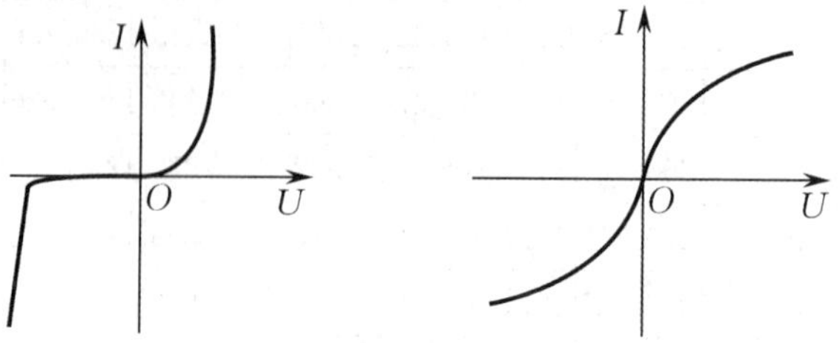

(a) 二极管　　(b) 钨丝灯

图 3.9.2 非线性元件的伏安特性曲线

实验目的

(1) 掌握用伏安法研究半导体二极管的正向伏安特性、稳压二极管的反向伏安特性.

(2) 掌握用伏安法研究钨丝灯的伏安特性.

实验仪器

TRM－I 型电阻元件、伏安特性测量实验仪、导线等.

实验原理

1. 非线性元件的伏安特性

根据欧姆定律,电阻 R、电压 U、电流 I 有如下关系:

$$R=\frac{U}{I}. \tag{3.9.1}$$

由电压表和电流表的读数 U 和 I 计算可得到待测元件的电阻值 R. 但非线性元件的电阻值是一个变量,因此分析它必须指出其工作电压(或电流). 非线性元件的电阻有两种方法表示,一种称为静态电阻或直流电阻,用 R_D 表示,另一种称为动态电阻,用 r_D 表示,它等于工作点附近的电压改变量与电流改变量之比. 动态电阻可通过伏安特性曲线求出,如图 3.9.3 所示,图中 Q 点的静态电阻 $R_D=\frac{U_Q}{I_Q}$,动态电阻 $r_D=\frac{dU}{dI}$.

测量伏安特性时,受电压表、电流表内阻接入的影响会引入一定的系统误差,由于数字式电压表内阻很高、数字式电流表内阻很小,在测量中低值电阻时引入的系统误差很小,一般可忽略不计.

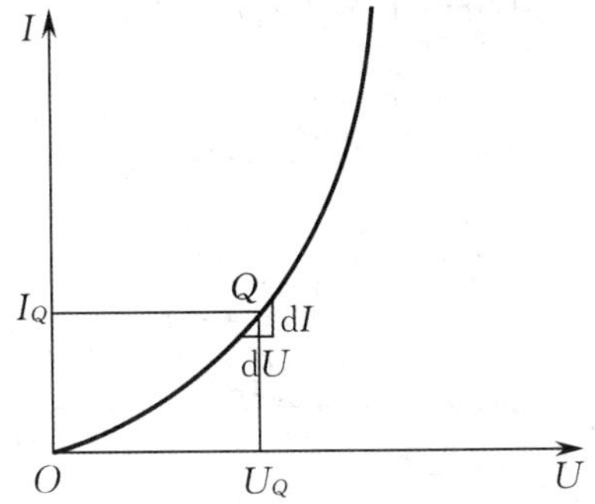

图 3.9.3　非线性元件的伏安特性曲线

2. 几种非线性元件

1) 半导体二极管

半导体二极管是一种常用的非线性元件，由 p 型(空穴型)、n 型(电子型) 半导体材料制成 pn 结，经欧姆接触引出电极，封装而成. 半导体二极管的 pn 结和表示符号如图 3.9.4 所示，两个电极分别为正极、负极. 半导体二极管的主要特性是单向导电性，即当外加正向电压时，它呈现的电阻(正向电阻) 比较小，通过的电流比较大；当外加反向电压时，它呈现的电阻(反向电阻) 很大，通过的电流很小(通常可以忽略不计). 半导体二极管的伏安特性曲线如图 3.9.5 所示，半导体二极管的伏安特性曲线是非线性的，第一象限的曲线为正向伏安特性曲线，第三象限的曲线为反向伏安特性曲线. 当外加正向电压时，随着电压的逐渐增大，电流也增大. 但在开始的一段，由于外加电压很小，外电场弱于 pn 结的内电场，半导体中的多数载流子不能顺利通过阻挡层，所以这时的正向电流极小(见曲线中的 OA 段，该段所对应的电压称为死区电压). 当外加电压超过死区电压后，外电场强于 pn 结的内电场，多数载流子大量通过阻挡层，使正向电流随电压很快增长(见曲线中的 AB 段)，半导体二极管呈导通状态. 当外加反向电压时，所加的反向电压加强了内电场对多数载流子的阻挡，所以半导体二极管中几乎没有电流通过. 但是这时的外电场能促使少数载流子漂移，所以少数载流子形成很小的反向电流(见曲线中的 OC 段)，并几乎不随反向电压的增大而变化，半导体二极管呈截止状态，电阻值很大. 当继续增大反向电压时，反向电流会突然增大，半导体二极管被击穿，电阻值很小，此时的电压称为反向击穿电压，它比正向导通电压大得多. 因此，半导体二极管在电路中工作时，其反向电压任何时候都必须小于其反向击穿电压.

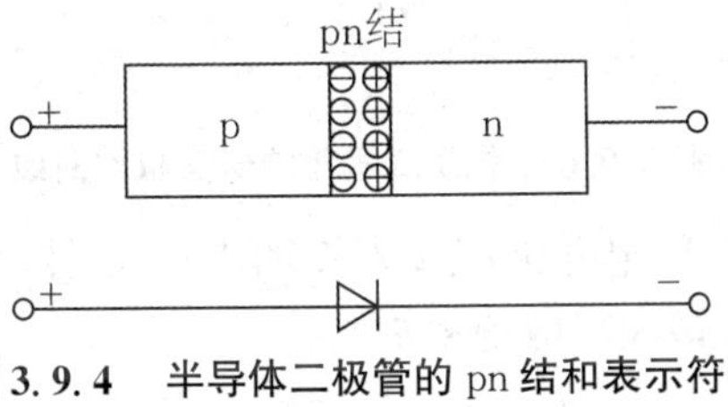

图 3.9.4　半导体二极管的 pn 结和表示符号

半导体二极管的主要参数有最大整流电流 I_f，即半导体二极管正常工作时允许通过的最大正向平均电流；最大反向电压 U_b，一般为反向击穿电压的一半；反向电流 I_r，即反向饱和电流的额定值.

由于半导体二极管具有单向导电性，因此它在电子电路中具有广泛的应用，常用于整流、检波、限幅、元件保护以及在数字电路中作为开关元件等.

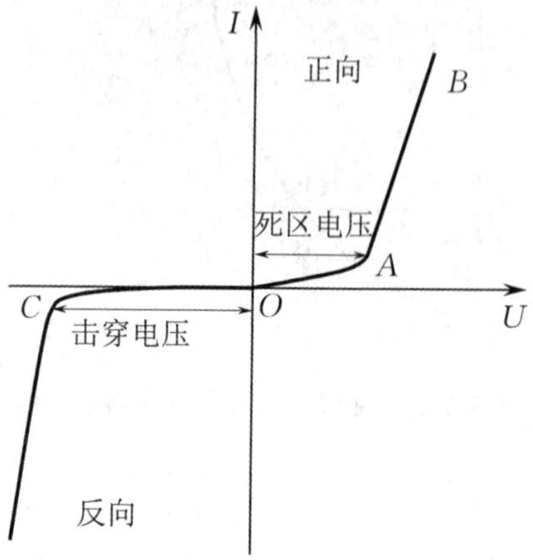

图 3.9.5 半导体二极管的伏安特性曲线

2) 稳压二极管

稳压二极管是一种特殊的硅二极管,其伏安特性曲线如图 3.9.6 所示,在反向击穿区一个很宽的电流区间,伏安特性曲线陡直,此直线反向与横轴相交于 $-U_w$. 普通二极管击穿后电流急剧增大,电流超过极限值 $-I_s$,二极管被烧毁. 稳压二极管的反向击穿是可逆的,去掉反向电压,稳压二极管又恢复正常,但如果反向电流超过允许范围,稳压二极管同样会因热击穿而烧毁. 故正常工作时要根据稳压二极管的允许工作电流来设定其工作电流. 稳压二极管常用在稳压、恒流等电路中.

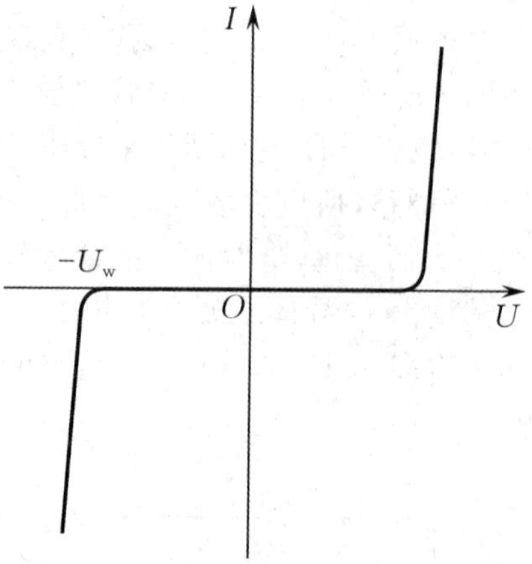

图 3.9.6 稳压二极管的伏安特性曲线

稳压二极管的主要参数有稳定电压 U_w、动态电阻 r_D(r_D 越小,稳压性能越好)、最小稳压电流 I_{min}、最大稳压电流 I_{max}、最大耗散功率 P_{max}.

3) 钨丝灯

在钨丝灯两端外加电压后,钨丝上有电流流过,产生功耗,钨丝温度上升,致使钨丝灯电阻增大. 因此,通过钨丝的电流越大,其温度越高,阻值也越大,其伏安特性曲线如图 3.9.7 所示. 钨丝灯两端不加电压时,其电阻称为冷态电阻. 外加电压测得的电阻称为热态电阻. 由于钨具有正温度系数,因此其冷态电阻小于热态电阻,一般钨丝灯的冷态电阻与热态电阻的电阻值可相差几倍至几十倍. 而且由于钨丝灯点亮时温度很高，超过额定电压时会烧坏，所以使用时不能超过额定电压.

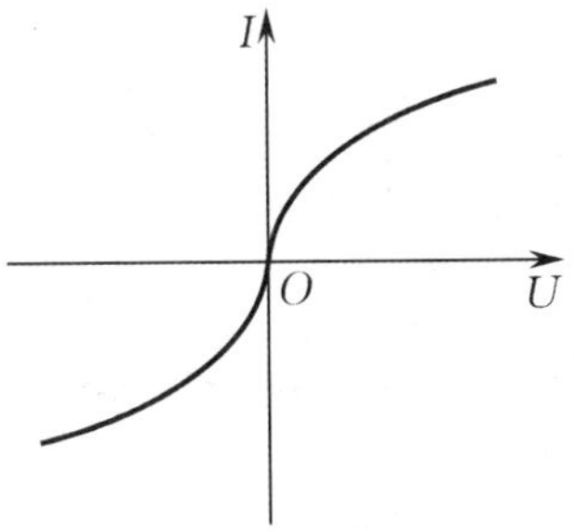

图 3.9.7 钨丝灯的伏安特性曲线

3. 伏安法测量待测元件电阻的电路分析

测量伏安特性时，电流表的接法有两种：内接和外接，如图 3.9.8 所示.

图 3.9.8 电流表的接法

电压表和电流表都有一定的内阻(分别设为 R_V 和 R_A). 简化处理时可直接用电压表读数 U 除以电流表读数 I 来得到被测电阻值 R，即 $R=\frac{U}{I}$，但这样会引入一定的系统误差. 使用电流表内接时，R 测量值偏大；使用电流表外接时，R 测量值偏小. 通常根据待测元件电阻及电表内阻，选择合适的电流表接法以减小系统误差的影响. 测量小电阻时常采用电流表外接；测量大电阻时常采用电流表内接. 如果已知电压表和电流表的内阻，利用下列公式可以对测量值进行修正.

当电流表内接时，

$$R=\frac{U}{I}-R_A; \tag{3.9.2}$$

当电流表外接时，

$$\frac{1}{R}=\frac{I}{U}-\frac{1}{R_V}. \tag{3.9.3}$$

实验内容

1. 测量半导体二极管的正向伏安特性

(1) 按图 3.9.9 所示接线，要注意各元件的正、负极不能接错.

(2) 线路经检查无误后，将稳压电源调至最小并开启，电压表量程置于 2 V，电流表量程置于 20 mA.

(3) 增大稳压电源输出，将不同电压下电流表的读数记录在表 3.9.1 中.

2. 测量稳压二极管的反向伏安特性

(1) 除稳压电源外，其他元件按图 3.9.9 所示接线，稳压电源反向连接，要注意各元件的

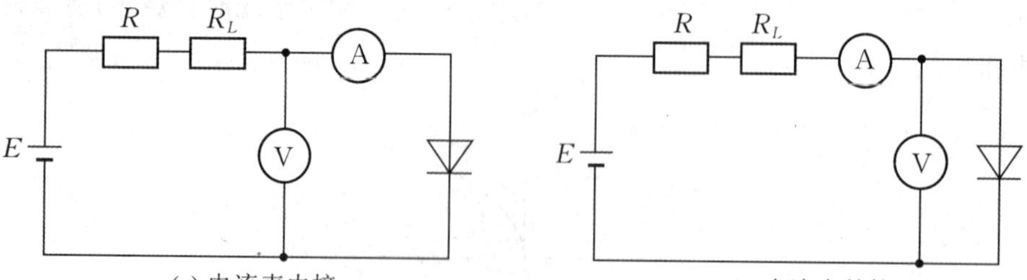

图 3.9.9 测量二极管伏安特性电路图

正、负极不能接错.

(2) 线路经检查无误后,将稳压电源调至最小并开启,电压表量程置于 20 V,电流表量程置于 20 mA.

(3) 增大稳压电源输出,将不同电压下电流表的读数记录在表 3.9.2 中.

3. 测量钨丝灯的伏安特性

(1) 按图 3.9.10 所示接线,要注意各元件的正、负极不能接错.

(2) 线路经检查无误后,将稳压电源调至最小并开启,电压表量程置于 20 V,电流表量程置于 200 mA.

(3) 增大稳压电源输出,将不同电压下电流表的读数记录在表 3.9.3 中.

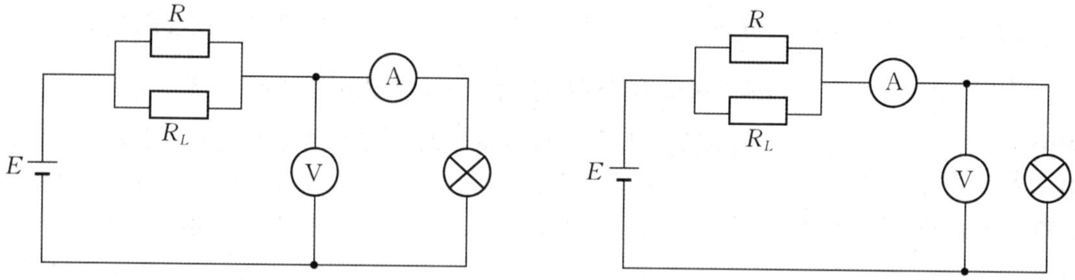

图 3.9.10 测量钨丝灯伏安特性电路图

数据处理

(1) 根据实验所得数据,描绘非线性元件的伏安特性曲线.

(2) 描述非线性元件的伏安特性曲线特征,并进行分析.

注意事项

(1) 要了解元件的有关参数、性能特点,实验中应保证元件安全使用、正常工作. 加在元件上的电压及通过它的电流都不应超过其额定数值.

(2) 确定测量范围时,既要保证元件安全,又要覆盖正常工作范围,以反映元件特性.

(3) 合理选取测量点可以减小测量值的相对误差. 测量非线性元件时,选择变化较大的物理量作为自变量较为方便,可以等间隔取测量点,在测量值变化较大时可适当增加测量点.

(4) 各元件的正、负极不能接错.

思考题

1. 什么是冷态电阻和热态电阻？说明两者的区别.

2. 测量半导体二极管的正向伏安特性和稳压二极管的反向伏安特性时，两个电路测量结果有什么差别？是什么原因造成的？

3. 随着电压的增大，钨丝灯的电阻值如何变化？为什么？

原始数据记录(实验 3.9)

表 3.9.1 测量半导体二极管的正向伏安特性数据记录表

U/V	0	0.10	0.20	0.30	0.40	0.42	0.44	0.46	0.48	0.50
I/mA										
U/V	0.52	0.54	0.56	0.58	0.60	0.62	0.64	0.66	0.68	0.70
I/mA										

表 3.9.2 测量稳压二极管的反向伏安特性数据记录表

U/V	0	1.0	2.0	3.0	4.0	5.0	6.0	7.0	8.0	9.0
I/mA										
U/V	9.1	9.2	9.3	9.4	9.5	9.6	9.7	9.8	9.9	10.0
I/mA										

表 3.9.3 测量钨丝灯的伏安特性数据记录表

U/V	0	0.1	0.2	0.3	0.4	0.5	0.6	0.7	0.8	0.9
I/mA										
U/V	1.0	1.1	1.2	1.3	1.4	1.5	1.6	1.7	1.8	1.9
I/mA										
U/V	2.0	2.5	3.0	3.5	4.0	4.5	5.0	5.5	6.0	6.5
I/mA										
U/V	7.0	7.5	8.0	8.5	9.0	9.5	10.0			
I/mA										

大学物理实验预习报告

实验项目 非线性元件伏安特性的研究

班别__________学号__________姓名__________

实验进行时间______年______月______日，第______周，星期______，______时至______时

实验地点__________

实验目的

实验原理简述

实验中应注意事项

实验 3.10 金属功函数的测定

金属中存在大量的自由电子,但电子在金属内部所具有的能量低于其在外部所具有的能量,因而电子逸出金属时需要给电子提供一定的能量,这份能量称为功函数,也称逸出功.很多电子器件都与电子发射有关,如电视机的电子枪,它的发射效果会影响电视机的质量,因此研究电子逸出是一项很有意义的工作.

实验目的

(1) 了解热电子发射的基本规律和掌握功函数的测量方法.
(2) 用里查孙(Richardson) 直线法测定钨的功函数.
(3) 学习用图表处理数据.

实验仪器

金属功函数测定仪.

实验原理

1. 热电子发射

电子从金属中逸出需要能量.增加电子能量有多种方法,如利用光电效应使电子逸出,或者用加热的方法使金属中的电子热运动加剧,也能使电子逸出.本实验用加热金属使热电子发射的方法来测量金属钨的功函数.

如图 3.10.1 所示,若真空二极管的阴极 K(用被测金属钨做成) 通以电流加热,并在阳极上加以正电压,在连接这两个电极的外电路中将有电流通过.这种电子从加热金属丝发射出来的现象,称为热电子发射.电流的大小主要与金属丝温度及金属功函数的大小有关,金属丝温度越高或者金属功函数越小,电流就越大.

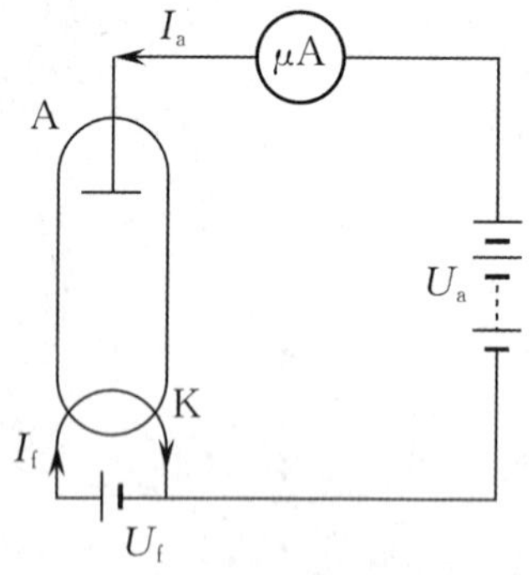

图 3.10.1　热电子发射电路图

根据固体物理中的金属电子理论,金属中的电子具有一定的能量,并遵从费米-狄拉克(Fermi-Dirac) 分布.在常温下,由于金属表面和外界之间存在着势垒,所以从能量角度看,金属中的电子是在一个势阱中运动，势阱的深度为 E_B. 当热力学温度为零度时，电子所具有的最大能量 E_F 称为费米能级，这时电子逸出金属表面至少需要从外界得到的能量为

$$E_0 = E_B - E_F = e\varphi,$$

式中，E_0 是金属的功函数，其常用单位为电子伏(eV)，它表征要使处于绝对零度下的金属中具有最大能量的电子逸出金属表面所需要给予的最小能量；e 是元电荷；φ 是逸出电势. 热电子发射就是用提高阴极温度的方法改变电子的能量分布，使其中一部分电子的能量大于 E_B，从而使电子能够从金属中发射出来. 不同的金属具有不同的功函数，因此功函数的大小对热电子发射的强弱具有决定性作用.

根据费米-狄拉克能量分布公式，可以导出热电子发射的里查孙-杜什曼(Richardson-Dushman) 公式

$$I = AST^2 \exp\left(-\frac{E_0}{kT}\right), \tag{3.10.1}$$

式中，I 为无外电场时热电子发射的电流(零场电流)，单位为 A；A 为与阴极表面化学纯度有关的系数，单位为 $\mathrm{A/(m^2 \cdot K^2)}$；$S$ 为阴极的有效发射面积，单位为 $\mathrm{m^2}$；k 为玻尔兹曼(Boltzmann) 常量($k = 1.38 \times 10^{-23}$ J/K)；T 为阴极的热力学温度，单位为 K.

原则上我们只要测定 I, A, S 和 T，就可以根据式(3.10.1) 计算出阴极材料的功函数，但困难在于 A 和 S 这两个量是难以直接测定的，所以在实际实验中常用下述的里查孙直线法，以设法避开对 A 和 S 的测定.

2. 里查孙直线法

通过比较容易测量的 I, T 值，通过如下的变量代换：

$$y = \lg\frac{I}{T^2}, \quad x = \frac{1}{T}, \tag{3.10.2}$$

可以将里查孙-杜什曼公式线性化，即

$$y = \lg(AS) - \frac{E_0}{2.303k}x. \tag{3.10.3}$$

由式(3.10.3) 可以看出，y 和 x 呈线性关系. 如果测得一组钨丝温度 T 及其对应的发射电流 I 的数据，再转化为 y 和 x，然后以 y 为纵坐标、以 x 为横坐标作图，从所得直线的斜率即可求出该金属的功函数 E_0. 此方法称为里查孙直线法，它的好处是可以不必求出 A 和 S 的具体值，直接从 I 和 T 就可以得出 E_0 的值. 因为无论 A, S 为何值，都只影响直线的截距而与斜率无关，从而避免了 A, S 测定的困难. 类似的这种处理方法在实验、科研和生产上都有广泛应用.

3. 外延法求零场电流

里查孙-杜什曼公式只适用于没有外加电场的情况. 热电子不断地从阴极发射，在飞往阳极的途中，必然会形成空间电场，空间电场将阻碍后续电子飞往阳极，这就严重地影响到阴极发射电流的测量. 要使阴极发射的热电子能连续不断地飞向阳极，形成阳极电流 I_a，必须在阴极和阳极间外加一个加速电场 E_a，使阳极电势高于阴极电势(见图 3.10.1). 但 E_a 的存在助长了热电子的发射，导致更多的电子逸出金属，从而使阴极发射电流增大，这一现象称为肖特基(Schottky) 效应. 在外加电场条件下的阳极电流 I_a 并不是真正的零场电流. 可以证明，在加速电场 E_a 的作用下，阳极电流 I_a 与 E_a 有如下的关系：

$$I_a = I\exp\frac{0.439\sqrt{E_a}}{T}, \tag{3.10.4}$$

式中,I_a 和 I 分别是加速电场为 E_a 和零时的阴极发射电流. 为了方便,一般将阴极和阳极制成同轴圆柱体,在忽略接触电势差等影响的条件下,阴极表面附近加速电场的场强为

$$E_a = \frac{U_a}{r_1 \ln(r_2/r_1)}, \tag{3.10.5}$$

式中,r_1 和 r_2 分别为阴极和阳极圆柱面的半径,U_a 为阳极电压. 令

$$\beta = \lg I_a, \quad \alpha = \sqrt{U_a}, \tag{3.10.6}$$

结合式(3.10.4)和式(3.10.5)可以得到线性关系

$$\beta = \lg I + \frac{0.439}{2.303T} \cdot \frac{1}{\sqrt{r_1 \ln(r_2/r_1)}} \alpha. \tag{3.10.7}$$

式(3.10.7)表明在二极管结构不变、温度 T 一定时,β 和 α 呈线性关系. 如果以 β 为纵坐标、α 为横坐标作图,此直线与纵轴的交点,即纵截距为 $\lg I$. 由此即可求出一定温度下的零场电流 I,如图 3.10.2 所示. 这样就可消除 E_a 对阴极发射电流的影响.

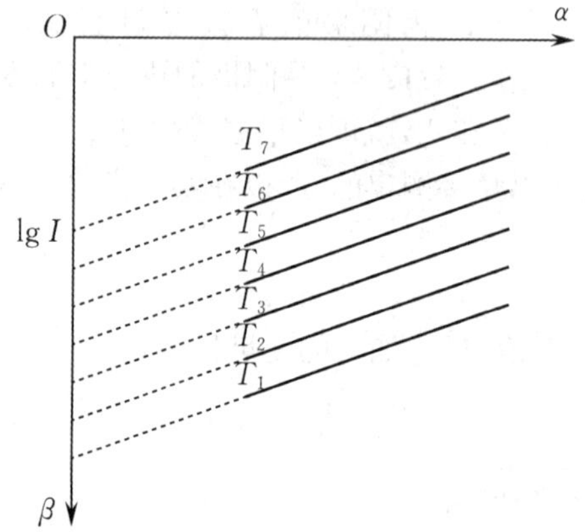

图 3.10.2　外延法求零场电流

综上所述,要测定某金属材料的功函数,首先把待测材料制成真空二极管的阴极,当测定了阴极温度 T、阳极电压 U_a 和阳极电流 I_a 后,用作图法画出 β-α 直线,从它的纵截距得到零场电流 I,再用里查孙直线法画出 y-x 直线,即可由斜率求出其功函数 E_0.

4. 钨丝温度的测量

钨丝温度对阴极发射电流的影响很大,因此准确测量钨丝温度对于减小测量误差十分重要. 钨丝温度一般取 2 000 K 左右,常用光学高温计进行测量.

若不直接测量钨丝温度,也可以根据钨丝温度与钨丝电流的关系,由钨丝电流确定钨丝温度. 本实验所用的真空二极管的钨丝电流与钨丝温度的关系如表 3.10.1 所示.

表 3.10.1　钨丝电流与钨丝温度关系表

I_f/A	0.580	0.600	0.620	0.640	0.660	0.680	0.700
$T/(10^3$ K)	2.06	2.10	2.14	2.18	2.22	2.26	2.30

实验内容

(1) 实验电路如图 3.10.3 所示. 真空二极管的插座已与金属功函数测定仪的电路连接好,先将两个电位器逆时针旋到底后,接通电源,调节真空二极管钨丝电流 I_f=0.580 A,预热 5～

10 min.

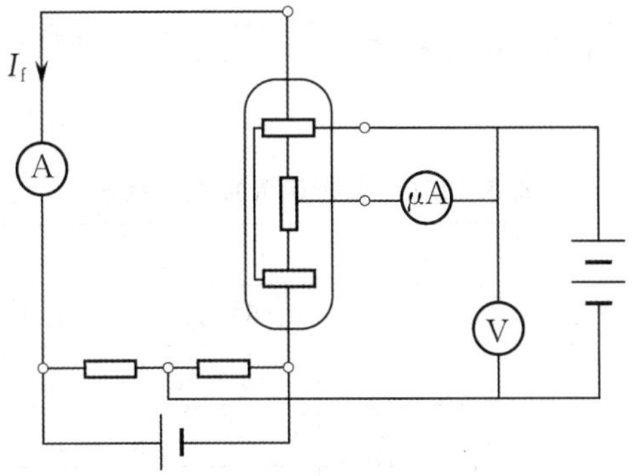

图 3.10.3　实验电路图

(2) 在阳极上加不同的电压，改变真空二极管钨丝电流 I_f 值，测出在不同阳极电压、钨丝电流条件下的阳极电流 I_a，将数据记录在表 3.10.2 中.

数据处理

(1) 查表 3.10.1，将表 3.10.2 中记录的钨丝电流 I_f 换算为钨丝温度 T.

(2) 在不同的温度下，算出对应的 $\beta = \lg I_a$ 和 $\alpha = \sqrt{U_a}$.

(3) 作 β - α 关系图线，求出纵截距 $\lg I$，即可得到在不同钨丝温度下的零场电流 I（在同一幅图中作出 7 条直线）.

(4) 由数据 T，$\lg I$，计算出 $y = \lg \dfrac{I}{T^2}$，$x = \dfrac{1}{T}$.

(5) 作 $y - x$ 关系图线，求出斜率.

(6) 由所得斜率计算金属钨的功函数 E_0，以电子伏表示.

(7) 计算实验测量值与理论值(4.54 eV) 的绝对误差和相对误差.

注意事项

(1) 由于真空二极管工艺制作上的差异，本仪器内装有真空二极管的限流保护电路，请不要让钨丝电流超过 0.720 A.

(2) 真空二极管应与电源配套使用，请勿随意更换.

(3) 每次改变钨丝电流都要预热 3 ～ 5 min.

思考题

1. 里查孙直线法有什么优点?
2. 实验中如何稳定阴极温度?
3. 为保护二极管不被破坏，应注意什么?
4. 为了提高金属钨功函数的测量精度，实验中有哪些需要注意的事项?

原始数据记录(实验 3.10)

表 3.10.2　阳极电流数据记录表　　单位:μA

I_f/A	U_a/V						
	25.0	36.0	49.0	64.0	81.0	100.0	121.0
0.580							
0.600							
0.620							
0.640							
0.660							
0.680							
0.700							

大学物理实验预习报告

实验项目<u>金属功函数的测定</u>

班别__________________学号__________________姓名__________________

实验进行时间______年______月______日,第______周,星期______,______时至______时

实验地点____________________

实验目的

实验原理简述

实验中应注意事项

实验 3.11 用磁滞回线法测定铁磁材料的居里温度

铁磁材料在没有外磁场的情况下也能够表现出很大的磁化强度.这种特性使得其在电力、机电、信息等领域具有重要的用途,例如永磁电机、计算机的磁盘中就有铁磁材料的应用.常见的铁磁材料有过渡金属铁、镍、钴及其合金.

物理学家居里(Curie)发现铁磁材料的磁性会随温度变化,当温度升高到某一临界温度 T_C 之上后,其铁磁性会消失,由铁磁材料转变为顺磁材料(铁磁-顺磁相变).为了纪念居里,该临界温度通常称为居里温度或居里点.居里温度不仅对于认识与表征物质的磁性具有重要意义,而且在工程技术领域中发挥实际作用(如制造温控器件).本实验中我们通过测量几个铁磁样品的居里温度,以加深对物质磁性的理解与认识.

实验目的

(1) 了解物质的磁性(特别是铁磁性、顺磁性)以及铁磁-顺磁相变.

(2) 理解并掌握用磁滞回线法测定居里温度的原理和测量方法.

(3) 测定给定铁磁样品的居里温度.

实验仪器

居里温度测试仪(其主要构件包括集成温度传感器、加热炉、双通道示波器)、若干铁磁样品、电源箱等.

实验原理

不同的物质通常具有不同的磁性.这里我们先简单介绍一下与本实验密切相关的顺磁性物质与铁磁性物质.

在顺磁性物质中,分子具有固有磁矩.在无外磁场时,由于分子热运动,分子磁矩取向随机,在任意宏观体积元内总磁矩为零.施加外磁场后,分子磁矩在磁场作用下倾向于转到外磁场方向,于是各分子磁矩在一定程度上沿外磁场排列起来,宏观上物质被磁化,表现出与外磁场方向一致的总磁矩.

铁磁性物质的磁性主要来源于电子自旋磁矩.即使没有外磁场,由于自发磁化作用,铁磁性物质中电子自旋磁矩也可以在小范围内自发地整齐排列起来,形成一个个很小的自发磁化区域,即磁畴.在无外磁场时,不同磁畴中的磁矩取向可以是无序的[见图 3.11.1(a),注意实际的磁畴的大小、形状并不像该示意图中一样简单],此时铁磁性物质内任何宏观的区域内的总磁矩为零,铁磁性物质不显磁性.

当施加外磁场时,铁磁性物质可以显示出宏观磁性,该过程通常称为技术磁化,如图 3.11.1(b),(c),(d),(e) 所示.当外磁场增大时,起始磁化方向与外磁场方向接近的磁畴逐步扩大,把相邻的磁畴吞并过来一些,于是总体的磁化方向在一定程度上转向了外磁场的方向，物质开始显示出宏观磁性. 当所有磁畴都按照外磁场方向排列后，物质的磁化达到饱和(由此可见，饱和磁化强度大体上等于每个磁畴中原有的磁化强度 —— 自发磁化强度). 这一过程对应于铁磁性物质的起始磁化曲线，如图 3. 11. 2 中的虚线所示.

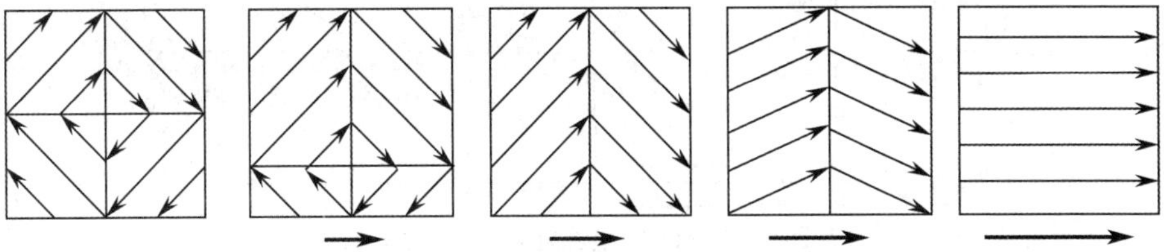

图 3. 11. 1　铁磁性物质的技术磁化的示意图

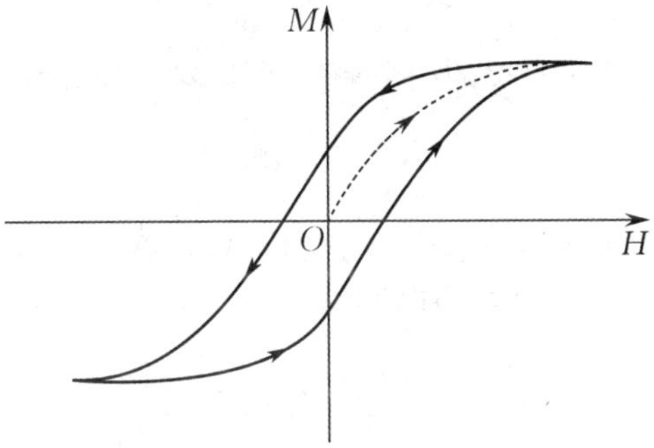

图 3. 11. 2　铁磁性物质的磁滞回线(虚线为起始磁化曲线)

铁磁性物质中的掺杂以及内应力等因素会阻碍磁畴恢复原状，所以铁磁性物质磁化后若减小外磁场，磁化强度并不沿着起始磁化曲线返回，而是表现出一定的滞后效应，当外磁场减小到零时，仍然会有一定的剩余磁化强度. 要使磁化强度减为零，须加一反向的(矫顽) 磁场. 如果反向的磁场继续增大，铁磁性物质将沿反方向磁化直到达到饱和状态. 此后若反向磁场减小到零，然后又沿正方向增大，则铁磁性物质还会滞后地回到正向饱和状态. 将这一磁化过程绘制成曲线，就是所谓的磁滞回线，如图 3. 11. 2 中的实线所示.

图 3. 11. 2 中的磁滞回线，纵轴为磁化强度 M，但是磁化强度一般不容易直接测量，实际上通常可以通过测量磁场强度 H 和磁感应强度 B，然后根据 $M=\dfrac{B}{\mu_0}-H$ 来计算得到磁化强度. 对于铁磁性物质，M 的值通常比 H 大 $10^2 \sim 10^6$ 倍(标准单位下)，根据 $B=\mu_0(H+M)\approx \mu_0 M$，可知 B-H 图形曲线与 M-H 图形曲线形状近似相同. 所以，本实验中我们测量 B-H 图形曲线即可.

居里温度测试仪的原理如图 3. 11. 3 所示. 待测铁磁样品被做成了闭合的环状，上面绕了两个线圈 L_1 和 L_2. 线圈 L_1 与电阻 R_1 串联后接交流电源，这样就会在样品中产生磁场，磁场强度 H 与电路中的电流 I 成正比，电流 I 又与电阻 R_1 两端的电压 U 成正比. 因此，磁场强度 H 可由电阻 R_1 两端的电压 U 得到.

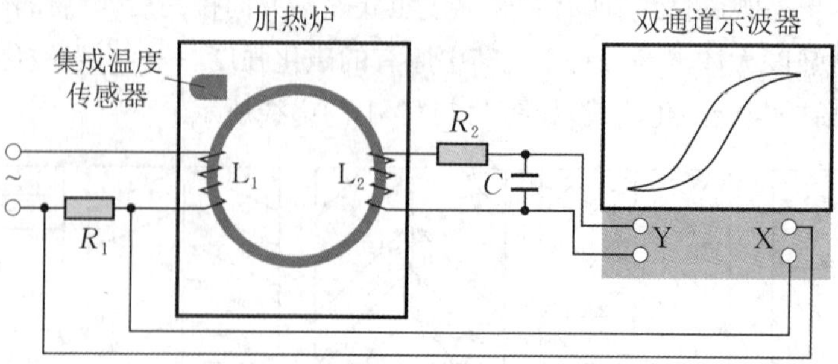

图 3.11.3　居里温度测试仪原理图

铁磁样品中的磁感应强度 B,可以由线圈 L_2 中的感应电动势 ε 得到. 根据法拉第(Faraday)电磁感应定律,感应电动势 ε 的大小为

$$\varepsilon=\frac{\mathrm{d}\Phi}{\mathrm{d}t}=k\frac{\mathrm{d}B}{\mathrm{d}t},\tag{3.11.1}$$

式中,k 为与线圈匝数、横截面积有关的一个常量,所以对 ε 积分就可以得到 B,即

$$B=\frac{1}{k}\int\varepsilon\,\mathrm{d}t.\tag{3.11.2}$$

实验中该积分可以通过在电路中接入电阻R_2 与电容 C 构成一个简单的积分电路来完成. 设回路中的感生电流为 i,则根据相关电路知识可知

$$i=\frac{\varepsilon}{\sqrt{R_2^2+[1/(\omega C)]^2}},\tag{3.11.3}$$

式中,ω 为交变电流的频率. 实验中我们取 $R_2\gg\frac{1}{\omega C}$,这样就近似地有

$$i\approx\frac{\varepsilon}{R_2},\tag{3.11.4}$$

于是电容器两端的电压为

$$U_C=\frac{Q}{C}=\frac{1}{C}\int i\,\mathrm{d}t=\frac{1}{CR_2}\int\varepsilon\,\mathrm{d}t=\frac{k}{CR_2}B,\tag{3.11.5}$$

即磁感应强度 B 正比于电容 C 两端的电压 U_C.

这样我们让双通道示波器工作在 X－Y 模式,将信号 U 输入到 X 通道,将信号 U_C 输入到 Y 通道,就可以将磁滞回线显示到双通道示波器上了.

由于磁矩的有序排布,磁化后的铁磁性物质具有很强的磁性. 不过这种磁性会受到温度的影响. 当温度升高时,分子热运动会破坏磁矩的有序排布,铁磁性物质的磁化强度会减小;当温度升高到居里温度之上后,磁矩完全不能整齐排布,磁畴瓦解,铁磁性物质的铁磁性消失,转变为顺磁性物质.

本实验中我们可以通过两种方法来确定铁磁性物质的居里温度.

(1) 通过观察磁滞回线的消失来确定. 如前所述,温度高于居里温度后铁磁性物质变为了顺磁性物质,于是其磁化曲线也不再表现出磁滞回线的形状,而是退化为一条直线. 我们可以根据这一现象来粗略确定居里温度.

(2) 通过测定 U_C-T 图形曲线来确定. 温度 T 升高到居里温度时,磁畴瓦解,自发磁化强度降为零. 但是自发磁化强度通常不易测量. 注意到饱和磁化强度与自发磁化强度非常接近,可以用饱和磁化强度来代替自发磁化强度. 而在铁磁性物质中，磁化强度近似与磁感应强度成正比，本实验中磁感应强度又与U_C 成正比，所以可以通过测定 U_C-T 图形曲线来确定居里温度. 如图 3.11.4 所示，测定好 U_C-T 图形曲线后，在其斜率最大处作切线，切线与横轴的交点即可认为是所测铁磁样品的居里温度.

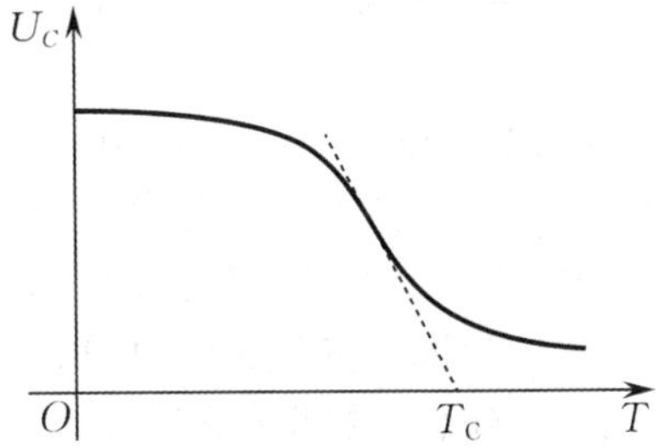

图 3.11.4　利用 U_C-T 图形曲线确定居里温度

实验内容

1. 观察磁滞回线

用线缆将加热炉与电源箱前面板上的“加热炉” 端相连接. 用线缆将铁磁样品与电源箱前面板上的“样品” 端相连接，将样品放入加热炉内. 用线缆将温度传感器与电源箱前面板上的“传感器” 端相连接. 用线缆将加热炉降温风扇与电源箱前面板上的“风扇” 端相连接. 将电源箱前面板上的“B 输出”“H 输出” 端分别与双通道示波器的 Y/X通道相连接，示波器设定为 X - Y 工作模式. 将“升温/降温” 开关打到“降温”，接通电源箱前面板上的电源开关，将电源箱前面板上的“H 调节” 旋钮调到最大，适当调节示波器两通道的灵敏度，使显示屏上显示出适合观察的磁滞回线.

2. 确定磁滞回线消失时的温度

关闭加热炉上的风门(旋钮方向与加热炉轴线垂直时风门处于关闭状态，平行时则为打开状态)，将“测量/设置” 开关打到“设置”，设定好炉温后，再打到“测量”. 将“升温/降温” 开关打到“升温”，加热炉开始加热升温. 密切关注磁滞回线随着温度的变化情况，将铁磁样品编号及磁滞回线消失时温度计显示的温度值 T_{C1} 记录在表 3.11.1 中，该温度值可粗略地看作居里温度. 然后将“升温/降温” 开关打到“降温”，打开加热炉风门，使加热炉降到室温.

3. 测定 U_C-T 曲线

重新设置炉温为约 $T_{C1}+10$ ℃，加热，每隔一段时间把炉温 T 与电压 U_C 的数据记录在表 3.11.2 或表 3.11.3 中. U_C 随温度平缓变化时记录间隔可以略微大一些，U_C 随温度剧烈变化时记录间隔应该小一些.

4. 测量其他铁磁样品

更换铁磁样品，重复步骤 2 与 3.

数据处理

根据表 3.11.2 和表 3.11.3 中的数据，作出U_C-T 图形曲线，并得到相应样品的居里温度.

注意事项

(1) 实验过程中可能会涉及较高的温度,应小心操作,做好防护,以免烫伤.

(2) 测量铁磁样品的居里温度时,一定要让炉温从低温开始升高,即每次都要让加热炉降温后再放入铁磁样品,以免由于铁磁样品和温度传感器响应时间不同而引起居里温度测量值不准确.

(3) 加热过程中,线圈 L_1 的电感会不断减小,导致 U 也不断变化,为了让示波器上始终显示适合观察的磁滞回线,应该适当调整 X 通道的灵敏度.

(4) 由于线圈 L_1 与 L_2 始终有一定的互感,即使达到居里温度,U_C 也不会完全变为零,因此加热过程中当磁滞回线变成一条直线时,不应该无限地增加 Y 通道的灵敏度.

(5) 测量过程中勿改变信号发生器幅度,勿改变电感线圈位置.

思考题

1. 列举一些铁磁材料在生产生活中的应用.

2. 除了这里提到的顺磁性、铁磁性物质外,还有哪些其他类别的磁性物质?它们的磁化有什么特点?

3. 铁磁性物质磁化过程中做功与能量变化情况是什么样的?$B-H$ 图形曲线围成的面积代表什么?

原始数据记录(实验 3.11)

表 3.11.1　磁滞回线消失时的温度记录表

铁磁样品编号		
T_{C1}/℃		

表 3.11.2　U_C-T 数据记录表 1

铁磁样品编号：

T/℃									
U_C/mV									
T/℃									
U_C/mV									

表 3.11.3　U_C-T 数据记录表 2

铁磁样品编号：

T/℃									
U_C/mV									
T/℃									
U_C/mV									

大学物理实验预习报告

实验项目 用磁滞回线法测定铁磁材料的居里温度

班别________________ 学号________________ 姓名________________

实验进行时间______年______月______日,第______周,星期______,______时至______时

实验地点________________

实验目的

实验原理简述

实验中应注意事项

实验 3.12 传感器实验

能感受规定的被测量并按照一定的规律将其转换成可用输出信号的器件或装置称为传感器.传感器一般由敏感元件、转换元件、信号调节与转换电路组成.有时也将辅助电源作为传感器的组成部分.敏感元件是指能直接感受被测量,并输出与被测量成确定关系的其他量的元件.转换元件是将敏感元件的输出量转换为电学量输出的元件.信号调节与转换电路把转换元件输出的电学量转换为便于显示、记录、处理和控制的有用电信号.

传感器的种类繁多,原理各异,分类方法也有很多.按测量原理分类,可分为应变式、电感式、电容式、磁电式、压电式、光电式、热电式等传感器;按被测量分类,可分为温度传感器、位移传感器、加速度传感器、压力传感器等;按能量传递方式分类,可分为有源传感器和无源传感器.

传感器可以将声、压力、形变、位移、温度、加速度、光强等各种非电学量转换为电学量测量.传感器在工业生产、宇宙开发、海洋探测、环境保护、资源调查、医学诊断、生物工程等领域有广泛的应用.

本实验选取热电偶温度传感器、光纤位移传感器、压电式传感器和压阻式压力传感器进行研究.通过本实验的学习,了解和掌握几种传感器的工作原理、组成结构和测量方法.

实验目的

(1) 掌握热电偶温度传感器的测温原理,利用热电偶温度传感器测量温度.

(2) 了解光纤位移传感器的工作原理和性能.

(3) 了解压电式传感器的原理和测量振动的方法.

(4) 了解压阻式压力传感器测量压力的原理和标定方法.

实验仪器

CSY-998 型传感器实验仪、双踪示波器、温度计.

(1) 热电偶实验需用器件与单元:机头平行梁中的热电偶、加热器;显示面板中的电压表、-15 V 电源;调理电路面板传感器输出单元中的热电偶、加热器;调理电路单元中的差动放大器;温度计.

(2) 光纤位移传感器测量位移实验需用器件与单元:机头中的振动台、被测物体(铁圆片抛光反射面)、Y 形光纤探头、光纤座(光电变换)、测微头;显示面板中的电压表;调理电路面板传感器输出单元中的光纤;调理电路单元中的差动放大器.

(3) 压电式传感器测振动实验需用器件与单元:机头中的悬臂双平行梁、激振器、压电式传感器;显示面板中的低频振荡器;调理电路面板传感器输出单元中的压电式传感器、激振器;调理电路面板中的电荷放大器、低通滤波器;双踪示波器.

(4) 压阻式压力传感器的压力测量实验需用器件与单元:机头中的压力传感器;显示面板中的电压表、± 2 V～± 10 V 步进可调直流稳压电源;调理电路面板传感器输出单元中的压阻式压力传感器;调理电路单元中的差动放大器;铜三通、引压胶管、手捏气泵、压力表.

实验原理

1. 热电偶温度传感器

热电偶是工业上常用的温度检测元件，具有测量精度高、测量范围广、结构简单、使用方便等优点. 常用的热电偶可测温度范围为 $-50\sim1\,600$ ℃.

热电偶是基于温差电效应的温度传感器. 如图 3.12.1 所示，把两种不同的导体或半导体 A，B 焊接或熔接成回路，如果两接点分别处在不同的温度，则回路中会有电动势（称为热电动势）产生，这种现象就是温差电效应. 这两种不同导体或半导体的组合体称为热电偶. 其中温度较高的一端叫作热端（又称工作端或测量端），温度较低的一端叫作冷端（又称自由端或参考端）.

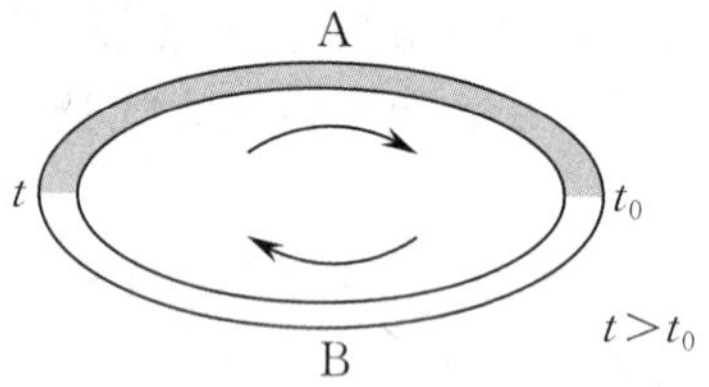

图 3.12.1　热电偶

热电偶两端的热电动势是由接触电动势与温差电动势组成的. 接触电动势[又称佩尔捷 (Peltier) 电动势] 是指两种不同的导体或半导体在接点处产生的电动势，此电动势与组成热电偶的两种导体或半导体的性质及在接点的温度有关. 温差电动势（又称汤姆孙电动势）是指同一导体或半导体因两端的温度不同而产生的一种电动势. 当热电偶的材质均匀时，此电动势只与材料的性质和两端的温差有关.

热电偶的热电动势与其热、冷端之间的温差的关系比较复杂，在较小温差范围内，热电动势 $U(t,t_0)$ 与温差 $t-t_0$ 成正比，即

$$U(t,t_0)=C(t-t_0), \tag{3.12.1}$$

式中，t 为热端的温度，t_0 为冷端的温度，C 为温差系数. C 在数值上等于单位温差所产生的热电动势，其大小取决于组成热电偶材料的性质，当温差不大时，它是一个常量.

国际上，根据热电偶材料的不同分成若干分度号，并且有相应的分度表，即冷端温度为 0 ℃ 时热端温度与热电动势的对应关系表. 可以通过测量热电偶输出的热电动势值查分度表得到相应的温度值. 在实际测量时，如果冷端温度是 0 ℃，根据热电动势 $U(t,0)$，可以直接从分度表查找待测温度 t 的数值. 如果冷端温度不是 0 ℃，而是某一温度 t_n，则先从分度表查出相应的热电动势 $U(t_n,0)$，再将 $U(t_n,0)$ 与实际测量的 $U(t,t_n)$ 相加，即

$$U(t,0)=U(t,t_n)+U(t_n,0). \tag{3.12.2}$$

然后从分度表查找出对应于 $U(t,0)$ 的温度 t，这个温度就是热电偶热端的实际温度.

2. 光纤位移传感器

光纤是利用全反射原理传输光波的一种光传导工具. 光纤具有很多优异的性能，如质软、重量轻、损耗低、频带宽、光学特性好、绝缘性好、抗电磁干扰、耐高温、耐腐蚀等. 光纤在传感器技术方面具有广泛的应用. 根据光纤在传感器中的作用，光纤传感器可以分为功能型和传光型两大类.

反射式光纤位移传感器是一种传光型光纤传感器.光纤采用Y形结构,如图3.12.2所示.两束光纤一端合并在一起构成光纤探头(又称工作端),另一端分为两支,分别为光源光纤和接收光纤.光从光源耦合到光源光纤,通过光源光纤传输,射向被测物体的反射面,再被反射到接收光纤,经接收光纤传输后,最后由光电转换器接收.光电转换器将光信号转换成电压信号输出.输出电压的大小取决于反射光的强弱,而反射光的光强与光纤探头到被测物体的距离有关,因此可用于测量位移.实际上,输出电压的大小还与光源的光强、被测物体反射面的反射率、光电转换效率等因素有关.当上述因素一定时,输出电压的大小只是位移的函数.实验得出输出电压与位移的关系曲线如图3.12.3所示,分前坡和后坡,前坡范围窄、灵敏度高、线性较好.一般都选用线性较好的前坡为测量区域.

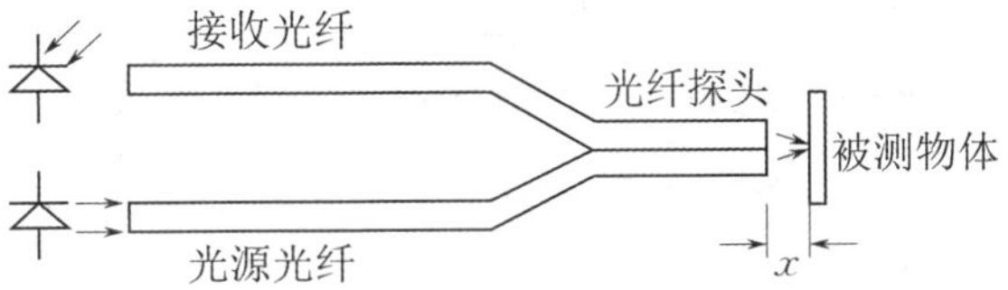

图3.12.2　光纤位移传感器结构图

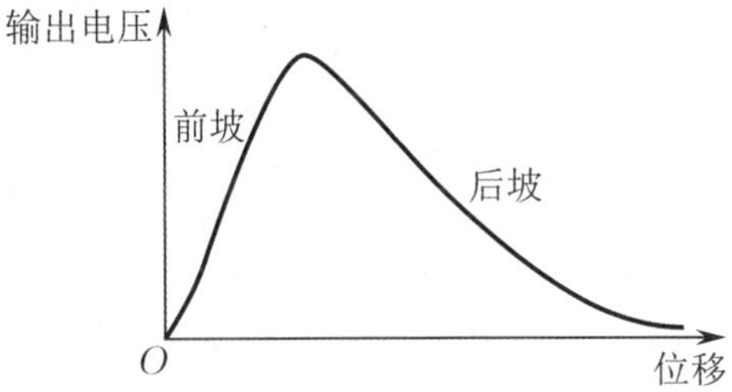

图3.12.3　光纤位移传感器输出电压与位移的关系曲线

3. 压电式传感器

压电式传感器是以压电材料作为敏感元件的传感器.它以压电材料的压电效应为原理实现力学量到电学量的转换.压电式传感器可以对各种动态力、机械冲击和振动进行测量,在声学、医学、力学、导航等领域具有广泛的应用.

当对某些电介质材料沿一定方向施力使其变形时,其内部会出现电极化现象,同时在某两个表面上产生符号相反的电荷.去掉外力后,材料又恢复到不带电状态.当外力方向改变时,极性也随之改变,这种现象称为压电效应.相反,对某些电介质材料施加一定的电场,这些材料会发生变形,去掉外加电场后,材料的变形随之消失,这种现象称为逆压电效应.具有压电效应的电介质材料称为压电材料.压电材料有压电晶体、压电陶瓷、新型压电材料(又分为压电半导体和有机高分子压电材料).在传感器技术中,普遍应用的是压电晶体中的石英晶体和压电陶瓷中的钛酸钡、锆钛酸铅等.

压电式加速度传感器是一种常用的加速度传感器,其结构如图3.12.4所示.图中,K是压电晶片,在压电晶片K上,放有惯性质量块M.压电式加速度传感器实质上是一个惯性力传感器.当壳体随被测运动物体一起运动时,作用在压电晶片上的力 $F=ma$.当质量 m 一定时,压电晶片上产生的电荷与加速度 a 成正比.

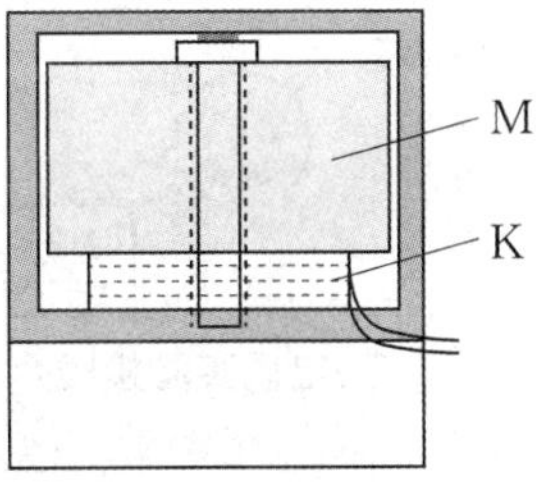

图3.12.4　压电式加速度传感器结构图

4. 压阻式压力传感器

压阻式压力传感器的工作原理是半导体应变片的压阻效应. 所谓半导体的压阻效应,是指半导体受到应力作用变形时会暂时改变晶体结构的对称性,从而改变半导体的导电机理,使得它的电阻率发生变化的现象. 本实验所用的压阻式压力传感器采用 n 型单晶硅为传感器的敏感元件,在它上面直接蒸镀扩散出四个相同的半导体电阻应变薄膜组成电桥. 在压力作用下,敏感元件产生应力,由于压阻效应的存在,半导体电阻应变薄膜的电阻率将发生较大变化,导致其电阻的变化,经电桥转换成电压输出,则其输出电压的变化反映了其所受到的压力变化. 压阻式压力传感器压力测量实验原理如图 3.12.5 所示.

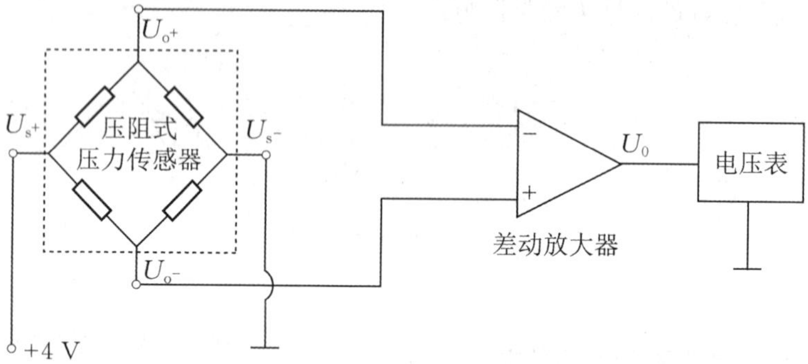

图 3.12.5　压阻式压力传感器压力测量实验原理图

实验内容

1. 热电偶实验

(1) 按图 3.12.6 所示接线,将电压表的量程切换开关切换到 2 V 挡,检查接线无误后,开启主、副电源.

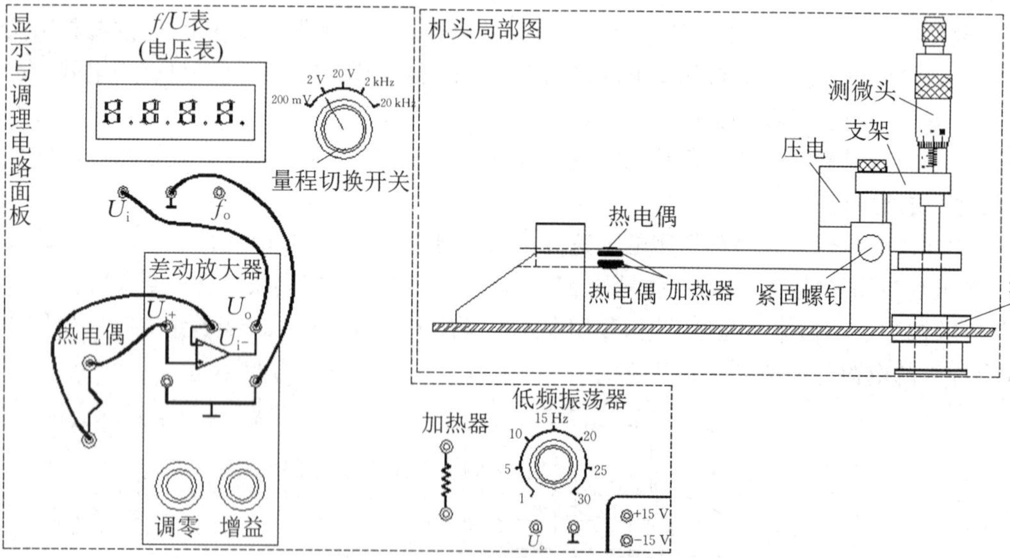

图 3.12.6　热电偶实验接线示意图

(2) 热电偶无温差时差动放大器调零.将差动放大器的增益电位器顺时针方向缓慢转到底(增益为 101 倍),再逆时针回转一点点(防止电位器的可调触点在极限端点位置接触不良);再调节差动放大器的调零电位器,使电压表显示 0 V 左右,再将电压表量程切换到 200 mV 挡继续调零,使电压表显示 0 V.此时用自备的温度计记录室温读数 t_0.

(3) 将加热器的一端接入 −15 V 直流电源、另一端接地,如图 3.12.7 所示.此时加热器开始通电加热,随着加热器温度上升,观察电压表的读数变化,每隔 2 min 记录一次电压表的示值,将数据填入表 3.12.1,直至示值稳定下来.

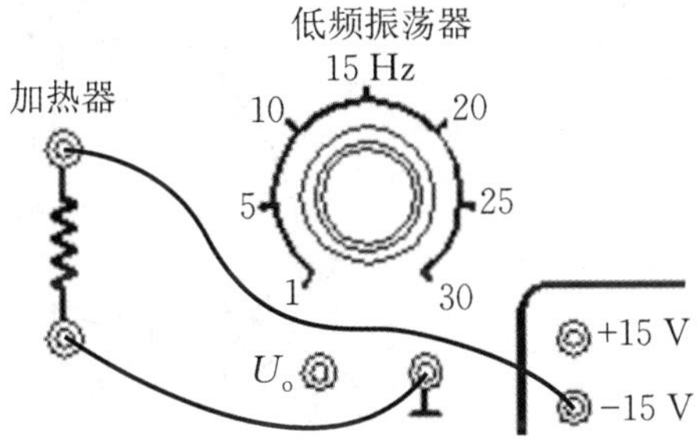

图 3.12.7　加热器接线示意图

(4) 用温度计测出下梁表面加热器处的温度 t',并记录下来.(温度计的测温探头只要触及热电偶处附近的梁体即可.)

(5) 将加热器与 −15 V 电源断开,观察电压表显示值是否下降.

(6) 实验完毕,关闭所有电源,各旋钮恢复到原始位置.

2. 光纤位移传感器测量位移实验

(1) 将被测物体(铁圆片抛光反射面)安装在振动台上.在振动台与测微头吸合的情况下,将测微头调节到 10 mm 处.

(2) 安装光纤.安装光纤时,绝对不能用手抓捏光纤的黑色包线部分进行操作,要用手抓捏两根光纤尾部的金属部分轻轻插入光纤座中.插入时不要过分用力,以免损坏光纤座组件中的光电管.将光纤探头支架安装轴插入轴套中,调节光纤探头支架的位置,当光纤探头端面自由贴住被测物体时,拧紧轴套的紧固螺钉.

(3) 按图 3.12.8 所示接线,将电压表的量程切换开关切换到 2 V 挡,检查接线无误后,开启主、副电源.

(4) 将差动放大器的增益电位器顺时针方向缓慢转到底后再逆时针回转一点点,调节差动放大器的调零电位器使电压表显示为零.

(5) 顺时针调节测微头,使被测物体反射面缓慢离开光纤探头端面,每隔 0.1 mm 读取电压表显示值,将数据填入表 3.12.2 中.

(6) 实验完毕,关闭所有电源,各旋钮恢复到原始位置.

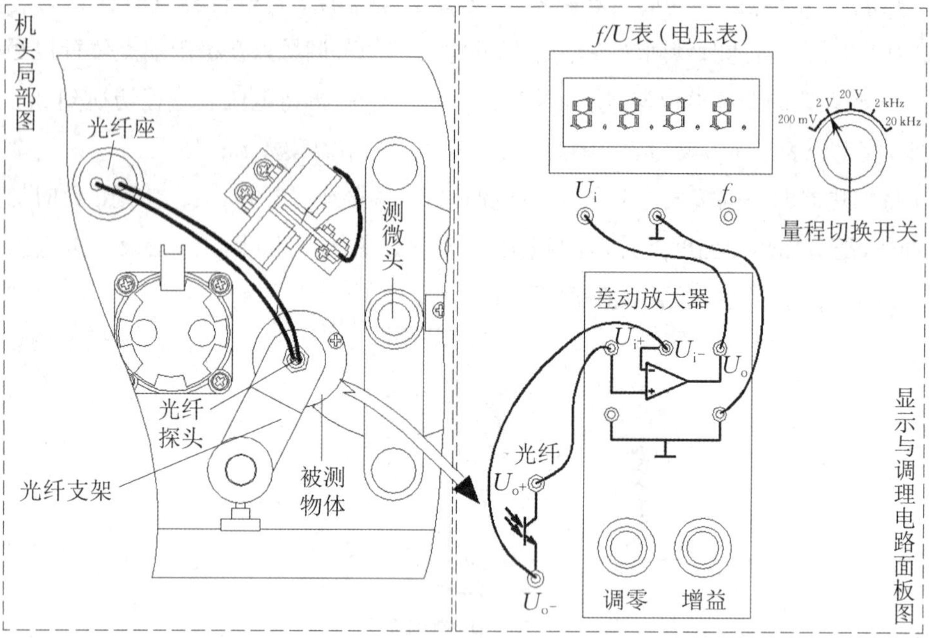

图 3.12.8　光纤位移传感器位移实验安装、接线示意图

3. 压电式传感器测振动实验

(1) 按图 3.12.9 所示接线.

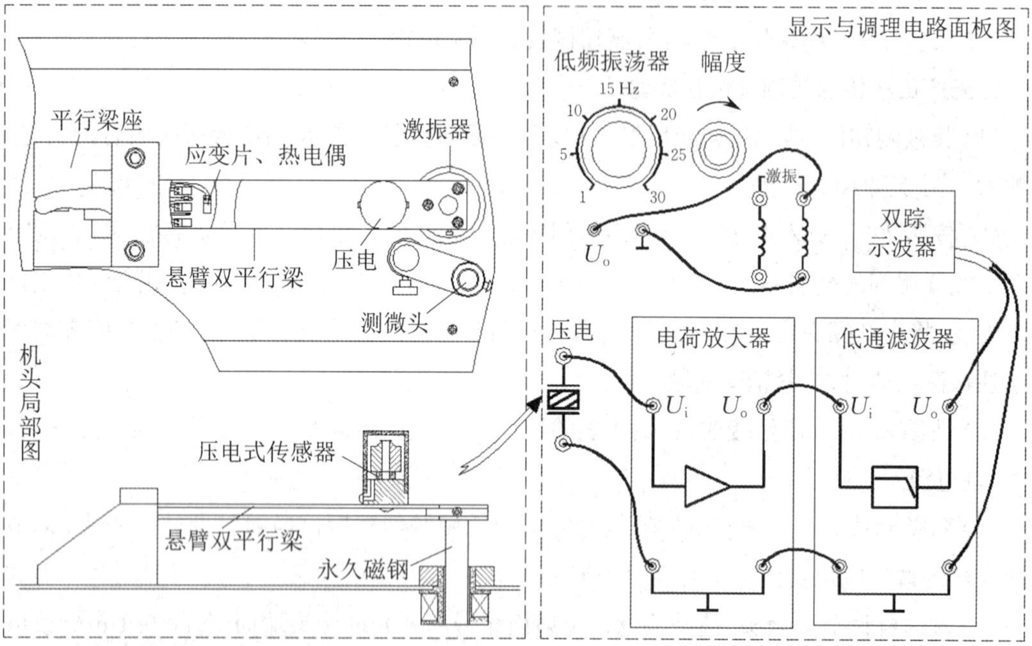

图 3.12.9　压电传感器测振动实验接线示意图

(2) 将显示面板中的低频振荡器的幅度旋钮逆时针缓慢转到底,使输出幅度最小. 再调节低频振荡器的频率,使频率在 8 ~ 10 Hz 左右. 检查接线无误后开启主、副电源. 再调节低频振荡器的幅度使振动台振动明显(如振动仍不明显可调频率).

(3) 正确选择双踪示波器的触发方式及其他设置(TIME/div:在 20 ～ 50 ms 范围内选择;VOLTS/div:在 0.1 ～ 1 V 范围内选择).用示波器的两个通道同时观察电荷放大器与低通滤波器的输出波形,说明观察到的现象并解释原因.

(4) 在振动台正常振动时,用手指轻击振动台,观察输出波形变化.

(5) 保持低频振荡器的输出幅度不变,改变低频振荡器的输出频率(5 ～ 30 Hz),用双踪示波器的一个通道从低通滤波器的 U_o 端读取低通滤波器的输出频率值,用示波器的另一个通道读取不同振动频率下系统的输出电压的峰峰值 $U_{p\text{-}p}$,将数据填入表 3.12.3.

(6) 实验完毕,关闭所有电源,各旋钮恢复到原始位置.

4. 压阻式压力传感器的压力测量实验

(1) 用铜三通、引压胶管将机头上的压力传感器、压力表和手捏气泵连接好,如图 3.12.10 所示,并松开手捏气泵的单向阀.

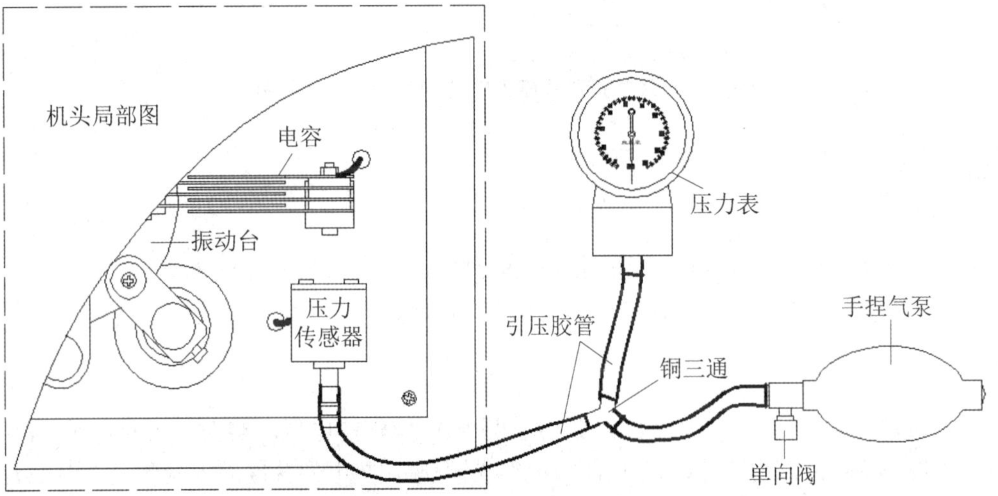

图 3.12.10　压阻式压力传感器测压力实验连接图

(2) 按图 3.12.11 所示接线,注意不能将压阻的电源端 U_s 与输出端 U_o 接错.将电压表量程切换开关切换到 2 V 挡,将可调直流稳压电源切换到 4 V 挡.检查接线无误后开启主、副电源,将差动放大器的增益电位器按顺时针方向缓慢转到底后再逆向回转三分之一,调节差动放大器的调零电位器,使电压表显示为零.

(3) 锁紧手捏气泵的单向阀,仔细地反复用手捏气泵,同时观察压力表,当压力上升到 4 kPa 左右时调节差动放大器的调零电位器,使电压表显示为 0.4 V 左右.再仔细地反复用手捏气泵,当压力上升到 19 kPa 左右时调节差动放大器的增益电位器,使电压表显示为 1.9 V 左右.

(4) 仔细地缓慢松开手捏气泵的单向阀,使压力缓慢下降到 4 kPa 时再锁紧单向阀,调节差动放大器的调零电位器,使电压表显示为相应的 0.4 V.再仔细地反复用手捏气泵,当压力上升到 19 kPa 时调节差动放大器的增益电位器,使电压表显示为相应的 1.9 V.

(5) 重复步骤(4)过程,直到认为已达到足够精度时调节手捏气泵使压力在 4 ～ 19 kPa 之间变化,每上升 1 kPa 气压分别读取压力表、电压表读数,将数值记录在表 3.12.4 中.

(6) 实验完毕,关闭所有电源,各旋钮恢复到原始位置.

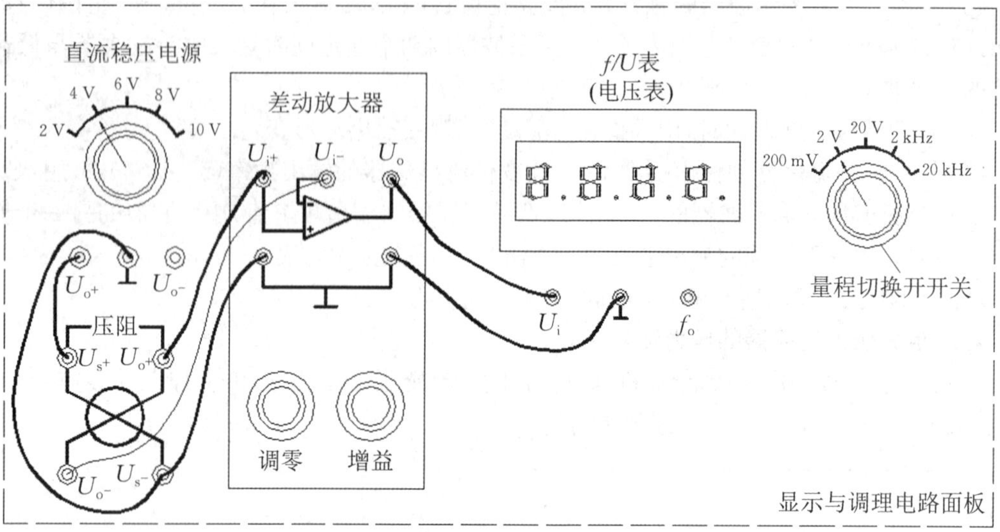

图 3.12.11　压阻式压力传感器测压力实验接线图

数据处理

1. 热电偶实验

(1) 根据测出的室温 t_0,查铜-康铜热电偶分度表(见表 2.8.1) 得 $U(t_0,0)$.

(2) 根据表 3.12.1,找出电压表稳定时的 U 值,计算

$$U(t,t_0)=\frac{U}{100\times 2},$$

式中,100 是差动放大器的放大倍数,2 是由于两个铜-康铜热电偶串接而引入的附加参数.

(3) 按照式(3.12.2) 计算出 $U(t,0)$,再次查铜-康铜热电偶分度表得到测量端温度 t.

(4) 将热电偶测得温度值与温度计测得温度值 t' 进行比较.

注　实验仪中的热电偶为简易热电偶而非标准热电偶.

2. 光纤位移传感器测量位移实验

根据表 3.12.2 中的数据作出 $U-x$ 关系曲线. 找出线性较好的范围(前坡) 作为光纤位移传感器的量程,计算灵敏度 $S=\frac{\Delta U}{\Delta x}$.

3. 压电式传感器测振动实验

根据表 3.12.3 中的数据,作出平行式悬臂梁的 $U_{p\text{-}p}-f$ 特性曲线,并指出悬臂梁的自振频率的大致数值.

4. 压阻式压力传感器的压力测量实验

根据表 3.12.4 中的数据作出 $U-p$ 关系曲线,计算灵敏度 $S=\frac{\Delta U}{\Delta p}$.

原始数据记录(实验 3.12)

表 3.12.1 热电偶实验数据记录表

时间 t/min										
电压表读数 U/mV										

室温 t_0 =______ ℃,稳定时加热器处温度 t' =______ ℃.

表 3.12.2 光纤位移传感器测量位移实验数据记录表

位移 x/mm										
电压表读数 U/V										
位移 x/mm										
电压表读数 U/V										
位移 x/mm										
电压表读数 U/V										
位移 x/mm										
电压表读数 U/V										
位移 x/mm										
电压表读数 U/V										
位移 x/mm										
电压表读数 U/V										
位移 x/mm										
电压表读数 U/V										
位移 x/mm										
电压表读数 U/V										

表 3.12.3 压电式传感器测振动实验数据记录表

频率 f/Hz	5	7	12	15	17	20	25
峰峰电压 U_{p-p}/V							

表 3.12.4 压阻式压力传感器的压力测量实验数据记录表

压强 p/kPa										
电压表读数 U/V										

大学物理实验预习报告

实验项目传感器实验

班别________________学号________________姓名________________

实验进行时间_____年_____月_____日,第_____周,星期_____,_____时至_____时

实验地点________________

实验目的

实验原理简述

实验中应注意事项

实验 3.13 RLC 串联电路的幅频和相频特性

RLC 电路主要由电阻 R、电感 L 和电容 C 组成，一般分为串联型和并联型. 在交流电路中，容抗、感抗都与频率有关. 把正弦交流电压加到由电阻、电感和电容等构成的电路中，当电源频率改变时，容抗和感抗都会发生变化，电路的阻抗也随之而变，从而引起电路中的电流、各元件上的电压，以及相位差发生相应变化. 这种特性称为电路的频率特性，也称稳态特性. 在 RLC 串联电路中，若加在电路两端的正弦交流电压保持不变，则当电路中的电流和电压变化达到稳定状态时，电流（或者某元件两端的电压）与频率之间的关系特性称为幅频特性；总电压、电流之间的相位差与频率之间的关系特性称为相频特性. 幅频特性和相频特性是 RLC 串联电路的重要性质，在电子电路中具有广泛应用.

根据容抗和感抗的频率特性可知，电容具有"通高频、阻低频"的作用，电感具有"阻高频、通低频"的作用. 由于电容、电感多表现出相反的性质，当电容、电感元件同时出现在一个电路中时，在一定条件下会发生谐振现象. RLC 串联谐振电路因对信号频率具有选择性故被广泛应用于电子电路中，本实验研究 RLC 串联电路的幅频特性和相频特性，从而获得谐振频率 f_0 和品质因数 Q 值.

实验目的

(1) 掌握 RLC 串联电路的幅频特性和相频特性的测量方法.

(2) 观测 RLC 串联电路的谐振现象，明确 RLC 串联电路谐振的条件.

(3) 测量 RLC 串联电路的谐振频率，利用幅频特性曲线求出电路的品质因数 Q 值.

(4) 了解提高 RLC 串联电路品质因数的方法.

实验仪器

RLC 电路实验仪、多用表、示波器等.

RLC 电路实验仪由功率信号发生器、频率计、电阻箱、电感箱、电容箱和整流滤波电路等组成，其面板如图 3.13.1 所示.

实验原理

1. RLC 串联电路的幅频特性

由电阻 R、电感 L、电容 C 串联而成的电路，称为 RLC 串联电路，如图 3.13.2 所示. 该电路的复阻抗为

$$Z=R+\mathrm{i}\left(\omega L-\frac{1}{\omega C}\right), \tag{3.13.1}$$

总阻抗的大小为

$$|Z|=\sqrt{R^2+\left(\omega L-\frac{1}{\omega C}\right)^2}, \tag{3.13.2}$$

电流的大小为

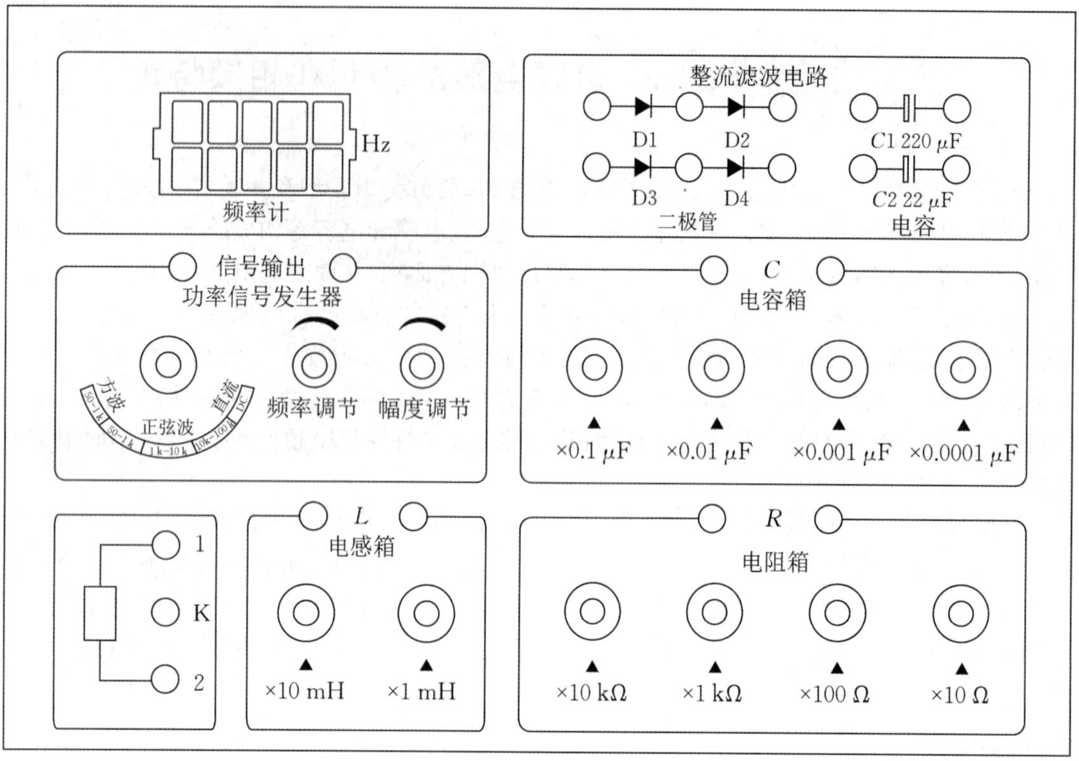

图 3.13.1 *RLC* **电路实验仪面板示意图**

$$I=\frac{U}{|Z|}=\frac{U}{\sqrt{R^2+\left(\omega L-\frac{1}{\omega C}\right)^2}}, \tag{3.13.3}$$

且有

$$U_R=IR,\quad U_L=I\omega L,\quad U_C=\frac{I}{\omega C}.$$

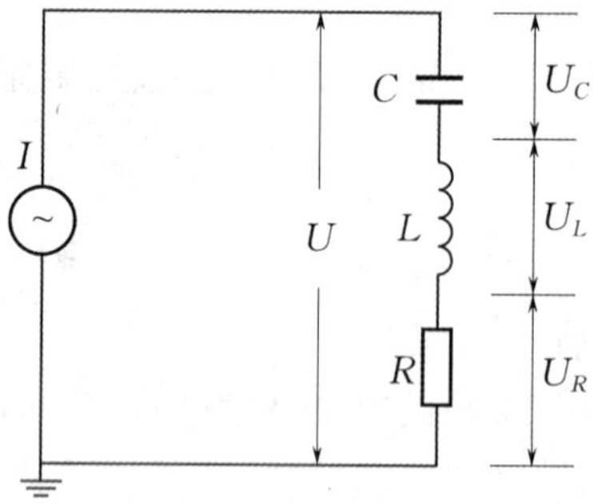

图 3.13.2 *RLC* **串联电路**

式(3.13.3)表明,电流的大小 I 与电源的频率 $f=\frac{2\pi}{\omega}$ 有关,$I-f$ 关系曲线如图 3.13.3 所示,称为 RLC 串联电路的幅频特性曲线. 如果电源电压 U 保持不变,随着频率的增加,电路阻抗经历由大到小再由小到大的变化,而电流则随之由小到大再由大到小变化,即电流 I 的幅频特性曲线呈现单峰性质,该曲线也称为谐振曲线.

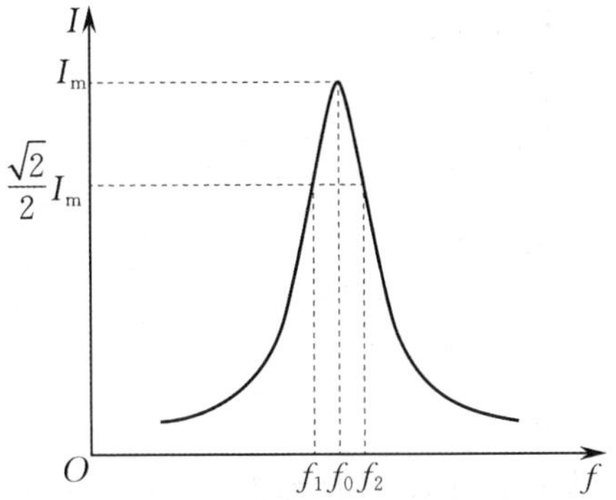

图 3.13.3　*RLC* 串联电路的幅频特性曲线

由图 3.13.3 可见，当 $f=f_0$ 时，电路的电流有最大值 $I_m=\dfrac{U}{R}$，此时感抗和容抗大小相等，方向相反，电路中阻抗 $|Z|=R$ 表现为最小且为纯电阻，这种现象叫作串联谐振，对应的谐振频率为

$$f_0=\frac{\omega_0}{2\pi}=\frac{1}{2\pi\sqrt{LC}}. \tag{3.13.4}$$

串联谐振时，电路的感抗(或容抗)与电路的电阻之比称为电路的品质因数 Q，即

$$Q=\frac{\omega_0 L}{R}=\frac{1}{\omega_0 CR}. \tag{3.13.5}$$

为了描述 I-f 关系曲线的尖锐程度，通常把 I 由最大值 I_m 下降到$\dfrac{\sqrt{2}}{2}I_m$ 时的频带宽度 $\Delta f=f_2-f_1$ 称为通频带宽度. 谐振频率 f_0 与 Δf 的比值，跟谐振电路的品质因数Q 有关，可以证明在一定的条件下，该比值近似等于电路的品质因数 Q，即

$$\frac{f_0}{\Delta f}=\frac{f_0}{f_2-f_1}\approx Q.$$

品质因数 Q 越大，曲线就越尖锐，通频带宽度就越窄，这时电路对频率的选择性就越好，如图 3.13.4 所示. 这就是 *RLC* 串联电路的选频特性.

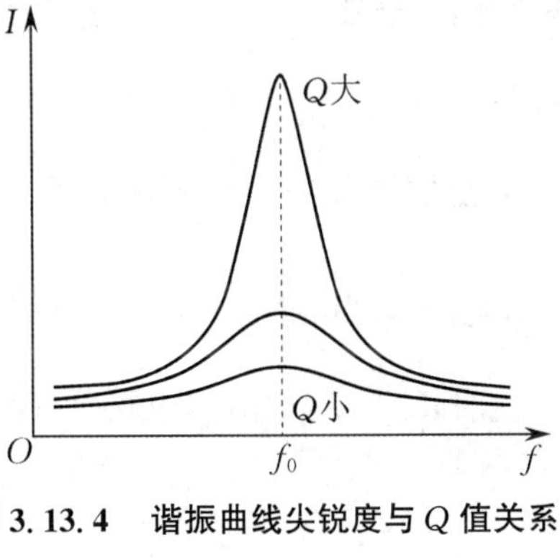

图 3.13.4　谐振曲线尖锐度与 Q 值关系图

串联谐振时，电阻、电感、电容的电压均为最大值，此时电感与电容的电压均为电源电压的 Q 倍，即

$$U_{L0}=I_0\omega_0 L=\frac{U}{R}\omega_0 L=QU,$$

$$U_{C0}=I_0\frac{1}{\omega_0 C}=\frac{U}{R\omega_0 C}=QU,$$

从而有

$$Q=\frac{U_L}{U}=\frac{U_C}{U}=\frac{\omega_0 L}{R}=\frac{1}{R\omega_0 C}. \tag{3.13.6}$$

2. *RLC* **串联电路的相频特性**

总电压、电流之间的相位差与频率之间的关系特性称为相频特性. 电阻 R 不但是电路的构成部分,同时也是电流 I 的采样电阻,因为其电压 U_R 与 I 是同相位的,所以 U 与 I 的相位差就等于 U 与 U_R 的相位差,也就等于电路的阻抗角 φ. 因此,也可以说 φ - f 关系特性就是 RLC 串联电路的相频特性. RLC 串联电路的电压关系矢量图如图 3. 13. 5 所示.

由图 3. 13. 5 可以看出,U 与 I 的相位差为

$$\varphi=\arctan\frac{\omega L-\frac{1}{\omega C}}{R}. \tag{3.13.7}$$

式(3. 13. 7) 表明,电路相位差 φ 与电源频率 $f=\frac{2\pi}{\omega}$ 有关,φ - f 关系曲线如图 3. 13. 6 所示,称为 RLC 串联电路的相频特性曲线.

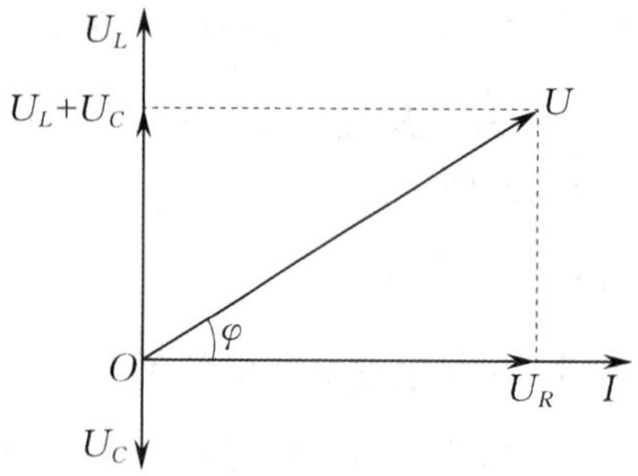

图 3. 13. 5 *RLC* **串联电路电压矢量图**

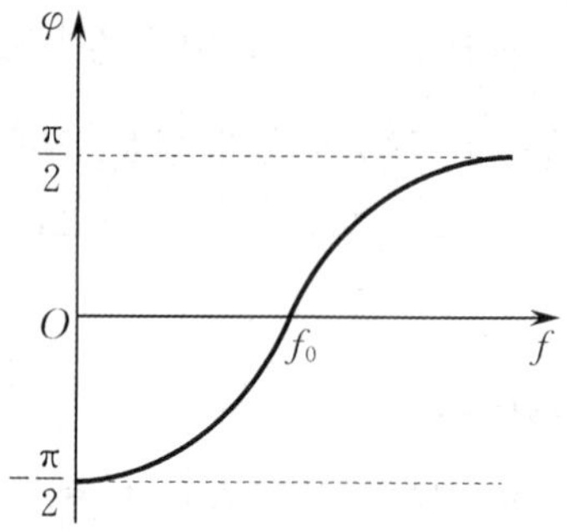

图 3. 13. 6 *RLC* **串联电路相频特性曲线**

由相频特性曲线可以看出:

(1) 当 $f<f_0$ 时,$\varphi<0$,电路呈现电容性,且随 f 降低,φ 趋近于 $-\frac{\pi}{2}$.

(2) 当 $f>f_0$ 时,$\varphi>0$,电路呈现电感性,且随 f 升高,φ 趋近于$\frac{\pi}{2}$.

(3) 当 $f=f_0$ 时,$\varphi=0$,此时,U 与 I 同相位,电路呈现纯电阻性,处于谐振态,且有 $\omega L-\frac{1}{\omega C}=0$,即

$$\omega_0=\frac{1}{\sqrt{LC}} \quad 或 \quad f_0=\frac{1}{2\pi\sqrt{LC}}.$$

实验内容

1. 测量 RLC 串联电路幅频特性

(1) 按图 3.13.2 所示连接 RLC 串联电路，信号输出选择正弦波信号. 用示波器 CH1 显示电路总电压 U. 电阻、电感和电容的取值分别为

$$R=200\ \Omega,\quad L=0.1\ \text{H},\quad C=0.05\ \mu\text{F}.$$

(2) 使电源的输出电压峰峰值 $U_{\text{p-p}}=2.84$ V，此时有效值约为 1 V. 测量过程应随时监视输出电压的变化，并保持不变.

(3) 将多用表连接到电阻 R 的两端，从 100 Hz 到 5 000 Hz 每隔 100 Hz 改变一次信号频率（在 $f_1 \sim f_2$ 范围内频率间隔可以采用密集取点，如间隔 50 Hz 取点，应包含谐振频率 f_{01} 点），读出并记录 U_R 的值，将数据记录在表 3.13.1 中.

(4) 找出并记录谐振频率 f_{01}，在电路处于谐振状态时，分别测量电容和电感两端的电压 U_{C0}，U_{L0}.

2. 测量 RLC 串联电路相频特性

(1) 按图 3.13.2 所示连接 RLC 串联电路，使交变电源输出正弦波信号.

用示波器的通道 CH1 显示电路总电压 U，CH2 显示电阻上的电压 U_R，要求 U 和 U_R 共地. 电阻、电感和电容的取值分别为

$$R=200\ \Omega,\quad L=0.1\ \text{H},\quad C=0.05\ \mu\text{F}.$$

(2) 使电源的输出电压峰峰值 $U_{\text{p-p}}=4$ V，调节示波器使两波形呈现在屏幕上，大小和位置等均适合测量要求. 测量时，应保持 $U_{\text{p-p}}$ 不变.

(3) 从 100 Hz 到 5 000 Hz 每隔 100 Hz 改变一次信号频率（在 $f_1 \sim f_2$ 范围内频率间隔可以采用密集取点，如间隔 50 Hz 取点，应包含谐振频率 f_{02} 点），用示波器测量两波形的相位差，将数据记录在表 3.13.2 中.

(4) 测量谐振频率 f_{02}，留意两波形超前、滞后关系的变化.

数据处理

(1) 用作图法处理表 3.13.1 中所记录 RLC 串联电路的幅频特性数据，画出 RLC 电路的幅频特性曲线 U_R-f.

(2) 从 U_R-f 谐振曲线找出谐振频率，并将其与计算出来的理论值进行比较，得到相对误差.

(3) 从 RLC 串联电路的谐振曲线上找出 $I=\dfrac{\sqrt{2}}{2}I_{\text{m}}$ 两点的频率 f_1，f_2，求出通频带宽度 Δf，计算电路的品质因数 Q.

(4) 用作图法处理表 3.13.2 中所记录 RLC 串联电路的相频特性数据，画出 RLC 电路的相频特性曲线 $\varphi-f$，从 $\varphi-f$ 曲线中找到谐振频率，并将其与计算出来的理论值进行比较，得到相对误差.

(5) 比较两种情况下相对误差的大小，分析原因.

注意事项

(1) 测量 RLC 串联电路幅频特性时，必须调节功率信号发生器的幅度旋钮使输出电压保

持恒定(即保持输出电压波形的幅度不变).

(2) 在 $f_1 \sim f_2$ 范围内频率间隔可以采用密集取点,应包含谐振频率,便于作图.

(3) 测量 RLC 串联电路相频特性时,注意 U 和 U_R 共地.

思考题

1. RLC 串联电路发生串联谐振时,为什么输入电压不能太大?

2. 串联谐振时,对应的 U_L 与 U_C 是否相等? 如有差异,原因何在?

3. 串联谐振时,电阻两端的电压与电源电压是否相等? 试分析原因.

4. 当信号输出频率高于或低于电路的谐振频率时,如何判断 RLC 串联电路呈现什么性质(电感性还是电容性)?

5. RLC 串联电路发生串联谐振的方法有哪些? 电路中 R 的数值是否影响谐振频率值?

原始数据记录(实验 3.13)

表 3.13.1　*RLC* 串联电路幅频特性数据记录表

f/Hz												
U_R/V												
f/Hz												
U_R/V												

$f_{01}=$______ Hz,$U_{C0}=$______ V,$U_{L0}=$______ V.

表 3.13.2　*RLC* 串联电路相频特性数据记录表

f/Hz												
φ/(°)												
f/Hz												
φ/(°)												

$f_{02}=$______ Hz.

大学物理实验预习报告

实验项目 *RLC* 串联电路的幅频和相频特性

班别__________________学号__________________姓名__________________

实验进行时间______年______月______日,第______周,星期______,______时至______时

实验地点____________________

实验目的

实验原理简述

实验中应注意事项

实验 3.14 带电粒子运动特性研究

带电粒子通常包括质子、离子和电子等,其中电子具有较大的荷质比和较高的运动速度.我们常用示波器的示波管(也称阴极射线管或电子束管)来研究带电粒子在电场、磁场中的运动特性.

实验目的

(1) 了解示波管的结构和原理.

(2) 研究带电粒子在电场和磁场中偏转的规律,测定电偏转灵敏度和磁偏转灵敏度.

实验仪器

实验仪器包括示波管和电子束测试仪,电子束测试仪的面板如图 3.14.1 所示.

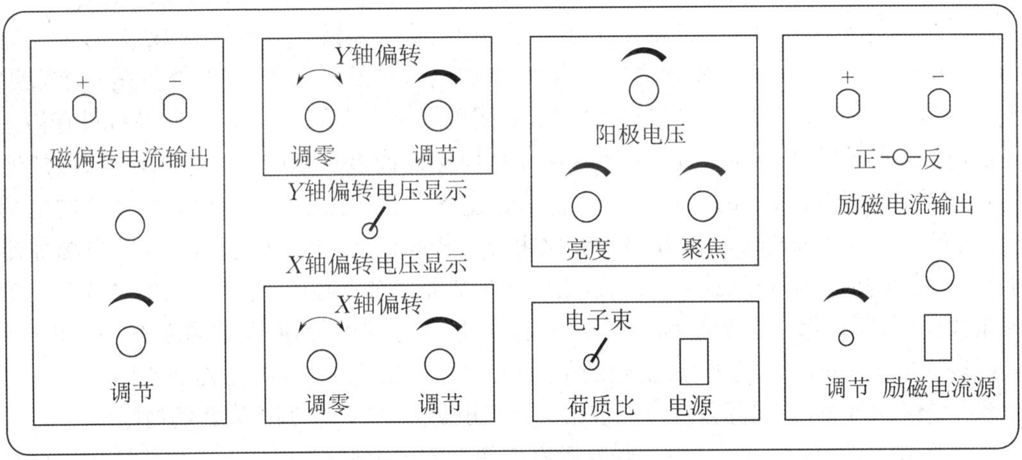

图 3.14.1 电子束测试仪面板图

实验原理

1. 示波管的基本结构

示波管的构造如图 3.14.2 所示,包括荧光屏、电子枪和偏转系统三部分.

(1) 荧光屏:用以显示电子束打在示波管端面的位置.

(2) 电子枪:发射电子,把电子加速到一定速度并聚成一细束.

(3) 偏转系统:由两对平行平板电极构成,包括一对上下放置的 Y 轴偏转板(也称垂直偏转板)、一对左右放置的 X 轴偏转板(也称水平偏转板).

以上这几部分全部密封在玻璃壳内,壳内抽成高真空,以免电子穿越整个管长的过程中与气体分子发生碰撞.

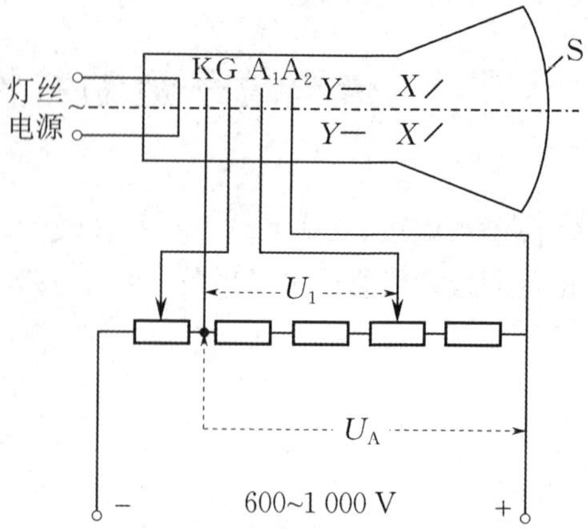

图 3.14.2　示波管工作原理图

荧光屏S是示波管的显示部分,当加速聚焦后的电子打到荧光屏上时,屏上所涂的荧光粉就会发光,形成光斑,从而显示出电子束的位置.当电子停止作用后,荧光粉的发光需经一定时间才会停止,称为余辉.不同材料的荧光粉发光的颜色不同,余辉时间也不相同.

电子枪由灯丝、阴极K、控制栅极G、第一阳极A_1、第二阳极A_2五部分组成.灯丝通电后加热阴极.阴极是一个表面镀有氧化物的金属筒,被加热后可发射电子.控制栅极是一个顶端有小孔的圆筒,套在阴极外面.其电势比阴极低,对阴极发射出来的电子起控制作用,只有初速度较大的电子才能克服栅极与阴极间的电场阻碍从而穿过栅极顶端的小孔,然后在阳极加速下奔向荧光屏.示波器面板上的"亮度"旋钮就是通过调节栅极电势以控制射向荧光屏的电子流密度,从而改变屏上的光斑亮度.阳极电势比阴极电势高很多,电子被它们之间的电场加速形成射线.当控制栅极、第一阳极、第二阳极之间的电势差调节合适时,电子枪内的电场对电子射线有聚焦作用,所以第一阳极也称聚焦阳极.面板上的"聚焦"旋钮,就是调节第一阳极电势,从而使荧光屏上的光斑成为明亮、清晰的小圆点.第二阳极电势更高,也称加速阳极.具有"辅助聚焦"旋钮的示波器,实际是通过调节第二阳极电势,以进一步调节光斑的清晰度.

在大多数示波管中,电子束都在相互垂直的两个方向上偏移,以使电子束能够到达接收器(荧光屏)的任何位置,电子束偏转通常运用外加电场和磁场的方法实现.

2. 电偏转原理

电偏转的原理如图3.14.3所示.通常在示波管的偏转板上加上偏转电压U_d,当加速后的电子以速度v沿Z轴方向进入偏转板后,受到偏转电场$\boldsymbol{E}$(Y轴方向)的作用,使电子的运动轨道发生偏移.假定偏转电场在偏转板l范围内是均匀的,电子将做抛物线运动,在偏转板范围外,电场为零,电子不受力,做匀速直线运动,且在偏转板范围内,有

$$Y=\frac{1}{2}at^2=\frac{1}{2}\frac{eE}{m}\left(\frac{Z}{v}\right)^2, \tag{3.14.1}$$

式中,v为电子初速度,a为电子的加速度,Y为电子在Y轴方向的偏转量,Z为电子在Z轴方向的位移.电子受到加速电压U_A的作用获得初速度,加速电压对电子所做的功全部转化为电子动能,则

$$\frac{1}{2}mv^2=eU_A.$$

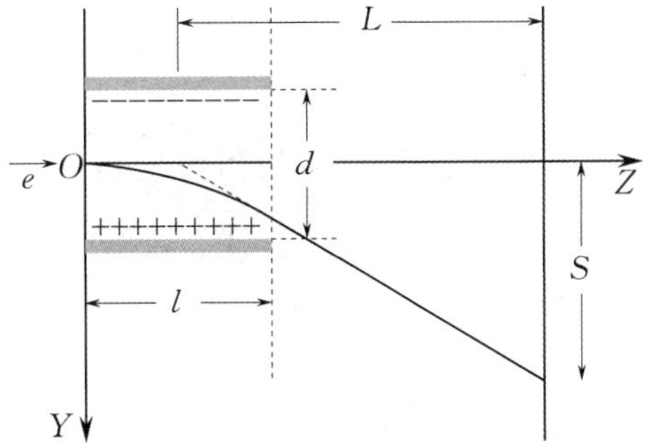

图 3.14.3　电偏转原理图

将上式和 $E=\dfrac{U_d}{d}$ 代入式(3.14.1)中,得

$$Y=\frac{U_d Z^2}{4U_{\mathrm{A}}d}.$$

电子离开偏转系统时,电子运动的轨道与 Z 轴所成的夹角(偏转角)φ 的正切为

$$\tan\varphi=\frac{\mathrm{d}Y}{\mathrm{d}Z}\bigg|_{Z=l}=\frac{U_d l}{2U_{\mathrm{A}}d},\tag{3.14.2}$$

设偏转板的中心至荧光屏的距离为 L,电子在荧光屏上的偏转距离为 S,则

$$\tan\varphi=\frac{S}{L},$$

代入式(3.14.2)得

$$S=\frac{U_d lL}{2U_{\mathrm{A}}d}.\tag{3.14.3}$$

由式(3.14.3)可知荧光屏上电子的偏转距离 S 与偏转电压 U_d 成正比,与加速电压 U_{A} 成反比. 由于式(3.14.3)中的其他量是与示波管结构有关的常量,因此可写为

$$S=k_{\mathrm{e}}\frac{U_d}{U_{\mathrm{A}}},\tag{3.14.4}$$

式中,k_{e} 为电偏转常量. 可见,当加速电压 U_{A} 一定时,偏转距离与偏转电压呈线性关系. 为了反映电偏转的灵敏程度,定义

$$\delta_{电}=\frac{S}{U_d}=\frac{k_{\mathrm{e}}}{U_{\mathrm{A}}}\tag{3.14.5}$$

为电偏转灵敏度,$\delta_{电}$ 越大表示电偏转越灵敏.

3. 磁偏转原理

磁偏转原理如图 3.14.4 所示. 通常在示波管的电子枪和荧光屏之间加上一均匀横向(与电子运动方向垂直)偏转磁场. 假定在偏转区域内磁场是均匀的,在其他区域内磁场都为零,当电子以速度 v 沿 Z 轴方向垂直射入磁场 $\boldsymbol{B}$ 时,将受到洛伦兹力的作用在均匀磁场 $\boldsymbol{B}$ 内做匀速圆周运动,轨道半径为 R,电子穿出磁场后,将沿切线方向做匀速直线运动,最后打在荧光屏上. 在偏转区域内,有

$$f=evB=m\frac{v^2}{R},$$

即

$$R=\frac{mv}{eB}.$$

电子离开偏转区域与 Z 轴所成的夹角(偏转角)θ 可由图 3.14.4 中的几何关系知,满足

$$\sin\theta=\frac{l}{R}=\frac{leB}{mv}.$$

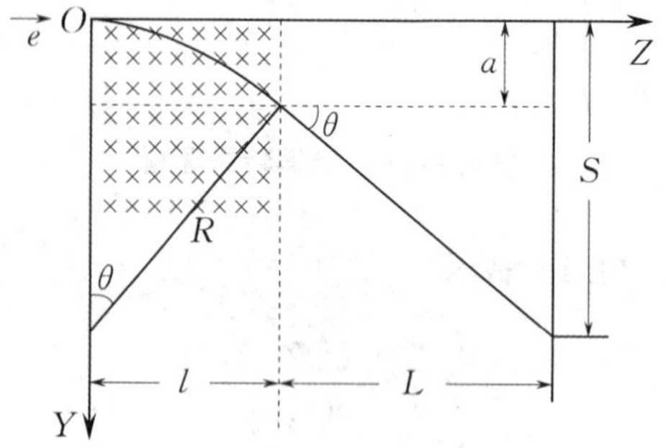

图 3.14.4　磁偏转原理图

电子离开偏转区域时,到 Z 轴的距离为

$$a=R-R\cos\theta=\frac{mv}{eB}(1-\cos\theta).$$

电子打在荧光屏上时,到 Z 轴的距离为

$$S=L\tan\theta+a.$$

当偏转角足够小时,可取下列近似:

$$\tan\theta=\theta=\sin\theta \quad 和 \quad \cos\theta=1-\frac{\theta^2}{2},$$

从而总偏转距离

$$\begin{aligned}S&=L\theta+\frac{mv}{eB}\left(1-1+\frac{\theta^2}{2}\right)\\&=L\theta+\frac{mv}{eB}\cdot\frac{\theta^2}{2}\\&=L\frac{leB}{mv}+\frac{l^2eB}{2mv}\\&=\frac{leB}{mv}\left(L+\frac{l}{2}\right).\end{aligned}\qquad(3.14.6)$$

而加速电场对电子所做的功全部转化为电子的动能,即

$$\frac{1}{2}mv^2=eU_A,$$

所以有

$$v=\sqrt{\frac{2eU_A}{m}}.$$

代入式(3.14.6),得

$$S=\frac{leB}{\sqrt{2meU_{\mathrm{A}}}}\left(L+\frac{l}{2}\right). \tag{3.14.7}$$

式(3.14.7)说明,磁偏转距离与所加磁感应强度大小成正比,与加速电压的平方根成反比.

由于偏转磁场是由一对平行线圈产生的,因此有

$$B=KI,$$

式中,I 是励磁电流,K 是与线圈结构和匝数有关的常量.代入式(3.14.7),得

$$S=\frac{KleI}{\sqrt{2meU_{\mathrm{A}}}}\left(L+\frac{l}{2}\right). \tag{3.14.8}$$

由于式(3.14.8)中除 I,U_{A} 外,其他量都是常量,因此式(3.14.8)可改写成

$$S=k_{\mathrm{m}}\frac{I}{\sqrt{U_{\mathrm{A}}}}, \tag{3.14.9}$$

式中,k_{m} 为磁转偏常量.可见,当加速电压一定时,偏转距离与励磁电流呈线性关系.为了描述磁偏转的灵敏程度,定义

$$\delta_{磁}=\frac{S}{I}=\frac{k_{\mathrm{m}}}{\sqrt{U_{\mathrm{A}}}} \tag{3.14.10}$$

为磁偏转灵敏度.同样,$\delta_{磁}$ 越大表示磁偏转越灵敏.

实验内容

1. 电偏转灵敏度的测定

(1) 将“电子束-荷质比”选择开关打向“电子束”位置,调节“阳极电压”为 600 V.

(2) 聚焦调节.适当调节“亮度”旋钮,此时荧光屏上出现光斑,使光斑亮度适中,然后调节“聚焦”旋钮,使光斑聚成一个小圆点状光点.继续调节“聚焦”旋钮,使屏上光点聚成一细点(光点不能太亮,以免烧坏荧光屏).

(3) 光点调零.将面板上选择开关打向“X 轴偏转电压显示”,调节“调节”旋钮,使电压表的指针在零位,再调节“调零”旋钮,使光点位于示波管垂直中线上;将面板上选择开关打向“Y 轴偏转电压显示”,同样的方法调节后,光点位于示波管的中心原点.

(4) 选择“X 轴偏转电压显示”,慢慢旋转“调节”旋钮,使光点在荧光屏上每水平向左偏移 1 小格,就记录下相应的偏转电压,并将数据填入表 3.14.1 中.

(5) 使光点回到原点中心位置,每水平向右偏移 1 小格,就记录下相应的偏转电压,并将数据填入表 3.14.1 中.

(6) 改变“阳极电压”依次显示为 800 V,1 000 V,并相应调整“亮度”和“聚焦”旋钮,使荧光屏上亮点再次聚焦.重复步骤(3)~(5),再测两组不同加速电压情况下的电偏转数据并填入表 3.14.1 中.

(7) 同样的方法,测定 Y 轴电偏转灵敏度,并将数据填入表 3.14.2 中.

2. 磁偏转灵敏度的测定

(1) 将“磁偏转电流输出”与示波管“磁偏转电流输入”相连接.将“电子束-荷质比”选择开关打向“电子束”位置,调节“阳极电压”为 600 V.

(2) 聚焦调节.具体操作同上.

(3) 光点调零.具体操作同上.

(4) 当线圈通有励磁电流后，横向磁场产生，光点在荧光屏上由原来的中心原点发生偏移，逐步增大励磁电流，使光点每竖直向上偏移1小格(4 mm)，就记下电流表上的励磁电流 I，并将数据填入表3.14.3中.

(5) 通过开关切换磁偏转电流方向，使光点每竖直向下偏移1小格(4 mm)，就记下电流表上的励磁电流 I，并将数据填入表3.14.3中.

(6) 改变"阳极电压"依次显示为800 V，1 000 V，并相应调整"亮度"和"聚焦"旋钮，使荧光屏上亮点再次聚焦. 重复步骤(3) ～ (5)，再测两组不同加速电压情况下的磁偏转数据并填入表3.14.3中.

数据处理

(1) 根据表3.14.1和表3.14.2所记录的实验数据作图，分别画出以偏转电压 $U(U_X$ 或 $U_Y)$ 为横轴，以偏转格数 n 为纵轴的图像，用图解法测得不同加速电压 U_A 所对应的电偏转灵敏度 $\delta_{电}$；并由 $n-U$ 关系图像，验证当加速电压 U_A 一定时，偏转距离与偏转电压的关系是否与理论一致.

(2) 根据表3.14.3所记录的实验数据作图，画出以励磁电流 I 为横轴，以偏转格数 n 为纵轴的图像，用图解法测得不同加速电压 U_A 所对应的磁偏转灵敏度 $\delta_{磁}$；并由 $n-I$ 关系图像，验证当加速电压 U_A 一定时，偏转距离与励磁电流的关系是否与理论一致.

注意事项

(1) 调节"亮度"旋钮时，应使亮度适中，过亮会损坏荧光屏.

(2) 改变加速电压 U_A 后，光点亮度会改变，这时应重新调节亮度，若调节亮度后加速电压有变化，再调到限定的电压值.

(3) 在改变励磁电流方向时，应先将电流调到最小后再换向.

(4) 停机时应先把高压("阳极电压"和"聚焦电压")降下来，然后再关机.

思考题

1. 电源开启后，若不能在荧光屏上看到光斑，应该如何调节？说明其原因.

2. 实验所得的电偏转灵敏度的数据中，X 轴方向和 Y 轴方向哪一个偏转灵敏度大？根据示波管的构造分析原因.

原始数据记录(实验 3.14)

表 3.14.1　偏转电压 U_X 数据记录表　　单位:V

偏转格数 n	加速电压 U_A/V		
	600	800	1 000
5			
4			
3			
2			
1			
0			
−1			
−2			
−3			
−4			
−5			

表 3.14.2　偏转电压 U_Y 数据记录表　　单位:V

偏转格数 n	加速电压 U_A/V		
	600	800	1 000
5			
4			
3			
2			
1			
0			
−1			
−2			
−3			
−4			
−5			

表 3.14.3　励磁电流 I 数据记录表　　单位:A

偏转格数 n	加速电压 U_A/V		
	600	800	1 000
5			
4			
3			
2			
1			
0			
−1			
−2			
−3			
−4			
−5			

大学物理实验预习报告

实验项目<u>带电粒子运动特性研究</u>

班别__________________学号__________________姓名__________________

实验进行时间______年______月______日,第______周,星期______,______时至______时

实验地点____________________

实验目的

实验原理简述

实验中应注意事项

第4章
光学、近代物理实验

实验 4.1 分光计的应用

分光计又称测角仪，是一种可以精确测量光线角度的常用光学仪器. 在几何光学中，我们认为光在均匀介质中沿直线传播，在不同介质的界面处会发生反射与折射现象，改变传播方向. 几何光学的最主要的一项任务就是确定光线的方向（角度）. 在波动光学中，许多现象也与光线的角度有关，例如，在衍射与干涉过程中，光强会随着观察角度而变化，在某些方向上出现极大值，又在某些方向上出现极小值. 借助分光计可以对光线角度进行定量测量，结合已知的物理规律，可以测定折射率、光栅常量、色散率等光学参量. 同时，分光计还是许多重要光学仪器（如棱镜光谱仪、光栅光谱仪、分光光度计、单色仪等）的组成部分，学会分光计的调整与使用是非常必要的.

实验目的

（1）了解分光计的结构、各主要部分的功能与工作原理.

（2）掌握分光计的调整与使用方法.

（3）学会使用分光计测量棱镜的顶角、棱镜玻璃的折射率等光学参量.

实验仪器

分光计、双面反射镜、三棱镜、光源（一般用钠光灯，波长 $\lambda_0 = 589.3$ nm）.

实验原理

1. 自准法测量三棱镜顶角

使用自准法测量三棱镜顶角，其光路图如图 4.1.1 所示. 当光线分别垂直照射三棱镜的 AB，AC 光学面时，反射光线将沿着原路返回. 若测得这两束光线之间的夹角 θ，根据几何关系，三棱镜顶角为

$$\alpha = 180° - \theta. \tag{4.1.1}$$

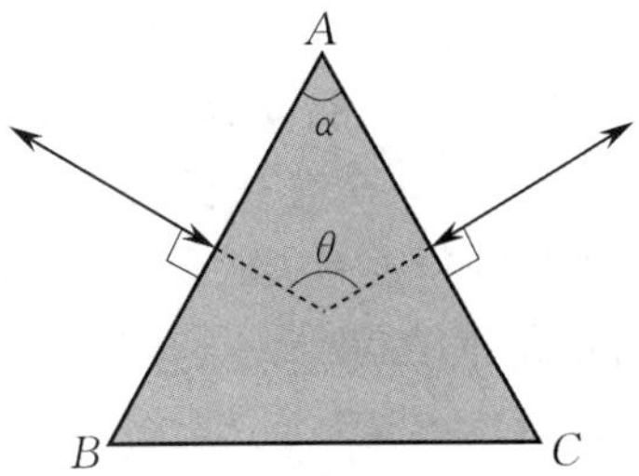

图 4.1.1　自准法测量三棱镜顶角

2. 反射法测量三棱镜顶角

使用反射法测量三棱镜顶角，其光路图如图 4.1.2 所示. 用平行光束同时照射三棱镜的 AB 和 AC 面，两个面分别产生反射光线. 若测得两束反射光线之间的夹角 θ，根据几何关系可以证明，三棱镜的顶角为

$$\alpha = \frac{\theta}{2}. \tag{4.1.2}$$

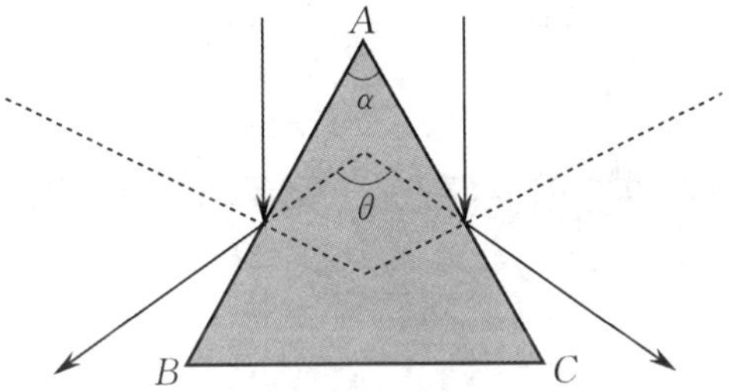

图 4.1.2　反射法测量三棱镜顶角

3. 三棱镜最小偏向角与折射率的计算

如图 4.1.3 所示，光线从三棱镜的 AB 面射入，经过三棱镜折射后(在棱镜中未经反射)从 AC 面射出，出射光线与入射光线存在一定的夹角 β，称为偏向角. 几何光学理论表明，在入射角从 0° 到 90° 变化的过程中，偏向角存在极小值(最小偏向角). 设最小偏向角为 $\beta_{\min}$，则

$$\frac{\sin\dfrac{\beta_{\min}+\alpha}{2}}{\sin\dfrac{\alpha}{2}} = n, \tag{4.1.3}$$

式中，α 为三棱镜的顶角，n 为三棱镜玻璃的折射率. 理论还表明，最小偏向角对应的入射角 θ_i 与其出射角 θ_o 相等，且

$$\theta_i = \theta_o = \frac{\beta_{\min}+\alpha}{2}.$$

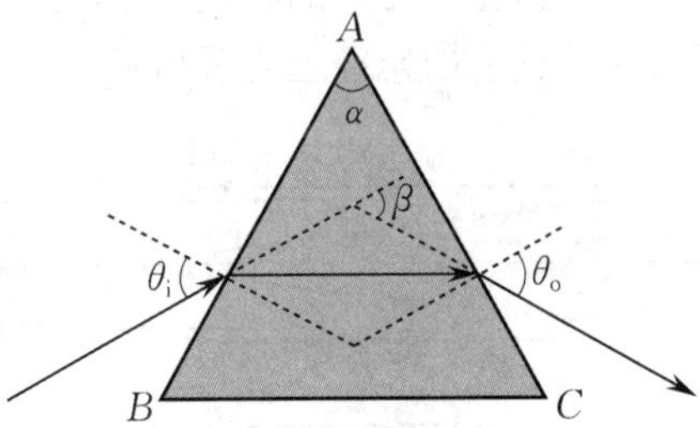

图 4.1.3　三棱镜偏向角

4. 分光计及其原理

分光计实物如图 4.1.4 所示,它主要由平行光管(左)、望远镜(右)、载物台(中) 与读数系统等几部分组成,可以用来测量光线的角度. 光学中的许多参量(如棱镜顶角、材料的折射率、光波波长、光栅常量) 都可以用与光线的角度有关的公式表示,光线的角度通过分光计直接或间接测量. 图 4.1.5 所示为分光计的基本结构.

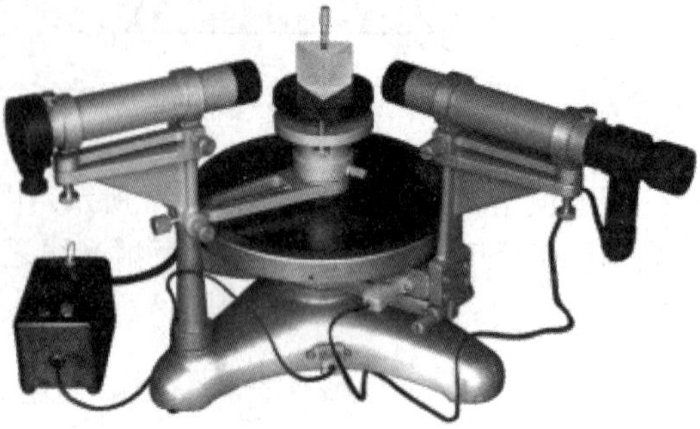

图 4.1.4　分光计实物图

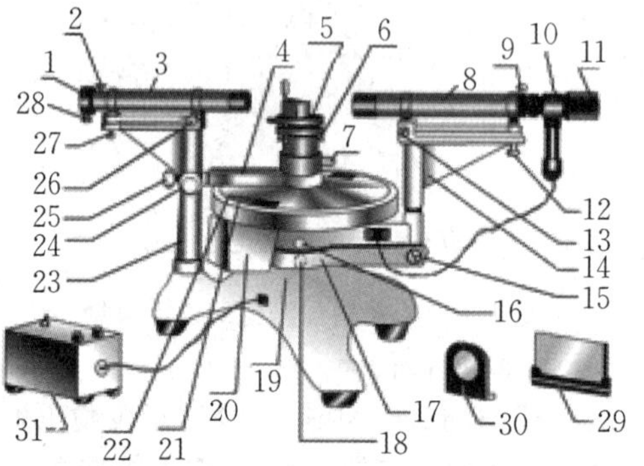

1— 狭缝;2— 狭缝锁紧螺钉;3— 平行光管;4— 制动架;5— 载物台;6— 载物台调平螺钉;7— 载物台锁紧螺钉;8— 望远镜;9— 目镜锁紧螺钉;10— 目镜;11— 目镜调焦手轮;12— 望远镜光轴俯仰调节螺钉;13— 望远镜光轴水平调节螺钉;14— 支臂;15— 望远镜转动微调螺钉;16— 转座与刻度盘制动螺钉;17— 制动架;18— 望远镜制动螺钉(背面);19— 底座;20— 转座;21— 刻度盘;22— 游标盘;23— 支柱;24— 游标盘微调螺钉;25—游标盘制动螺钉;26—平行光管光轴水平调节螺钉;27—平行光管光轴俯仰调节螺钉;28—狭缝宽度调节螺钉;29— 光栅;30— 双面反射镜;31— 变压器(电源).

图 4.1.5　分光计的基本结构

1) 平行光管

平行光管的作用是产生平行光,其结构如图 4.1.6 所示,管的一端装有会聚透镜,另一端装有套筒(可以前后移动),套筒一端为宽度可调的狭缝. 改变狭缝和透镜之间的距离,当狭缝刚好位于透镜的焦平面上时,照在狭缝上的光经过透镜后将变为平行出射光.

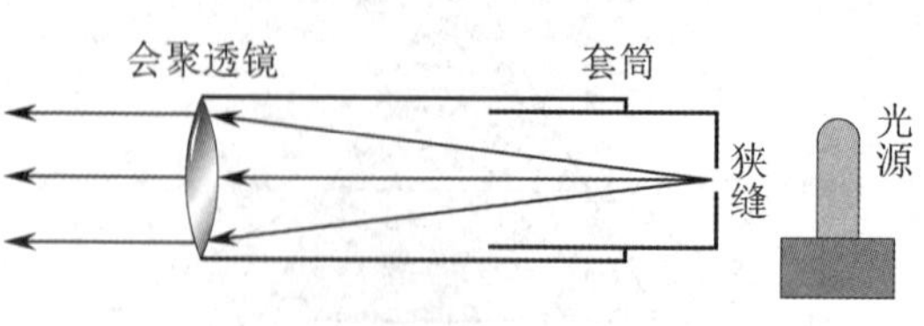

图 4.1.6　平行光管结构示意图

2) 望远镜

分光计的望远镜与转座相连,能够绕分光计中心轴转动,可以用来观察和确定光线的方向. 分光计所用的望远镜与一般的望远镜略有不同,除物镜、目镜外,还附带有分划板、照明小灯等部件,其结构如图 4.1.7 所示. 观察者可通过其目镜观察入射望远镜的光. 目镜前为分划板,分划板上一般刻有两条水平分划线(一条水平线上下平分望远镜视场,称之为"中央水平线";另一条水平线位于中央水平线上方,下文中称之为"上水平线")和一条竖直分划线(与水平线正交,并左右平分望远镜视场). 在分划板靠近目镜的一侧的下方贴有一个全反射小棱镜,小棱镜紧贴分划板,分划板刻有一"+"字狭缝("+"字的横线与分划板的上水平线相对于中央水平线对称,竖线与竖直分划线重合),棱镜下方有照明小灯,用来照亮"+"字狭缝. 分划板前面为物镜,外部光线从这里进入望远镜. 目镜、分划板、物镜间的距离可以调节.

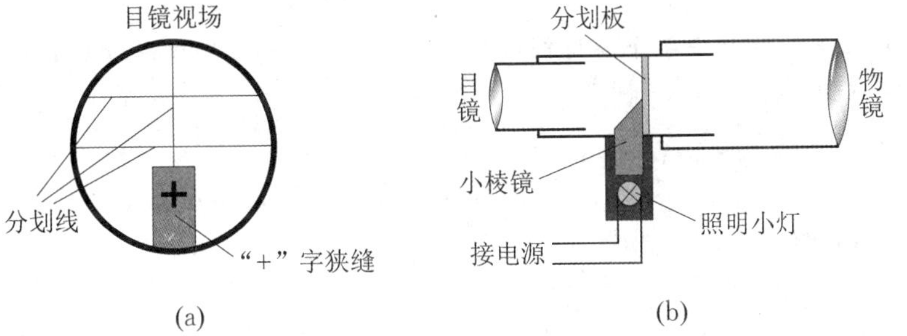

图 4.1.7　分光计望远镜结构示意图

3) 载物台

载物台(见图 4.1.8) 可用来放置光学元件,如棱镜、平面镜、光栅等. 载物台下方有三颗调平螺钉,可调节载物台的倾斜度. 虽然这三颗螺钉一定程度上也可以调节载物台高度,但是一般不这样做. 如果需要调节载物台高度,只需要松开载物台锁紧螺钉,直接升降即可.

图 4.1.8　载物台示意图

4) 读数系统

分光计一般通过测量望远镜转过的角度来确定望远镜观察到的光线之间的夹角.

分光计的读数系统由两部分组成 —— 主刻度盘与游标盘. 读数方法与游标卡尺类似,先读取主刻度盘的读数,再读取游标盘的读数,两者相加即为最终读数值(见图 4.1.9). 需要注意,为了消除刻度盘与分光计转动轴之间的偏心差,在游标盘上设计了两个游标,测量时两个游标都参与读数. 假设望远镜转动前根据游标 1 读出的读数为 T_1,根据游标 2 读出的读数为 T_2;望远镜转动后根据游标 1 读出的读数为 T_1',根据游标 2 读出的读数为 T_2',则望远镜转过的角度为

$$\theta=\frac{|T_1-T'_1|+|T_2-T'_2|}{2}.$$

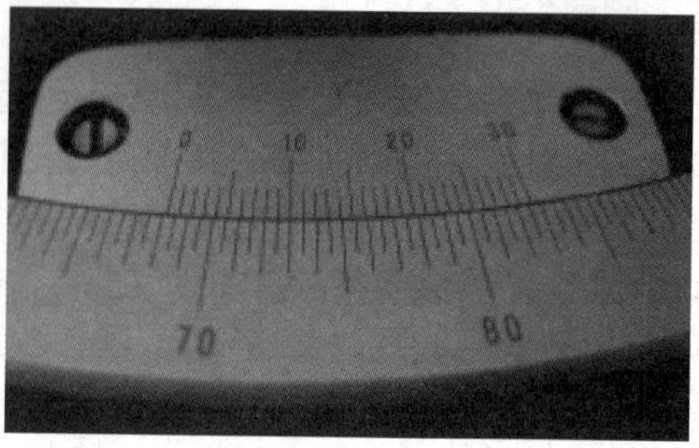

图 4.1.9 分光计读数

注 如果在转动过程中某个游标经过了 360° 刻线(0° 刻线),则转动后的读数应视转动方向加上或减去 360°.

实验内容

1. 分光计的调整

1) 熟悉仪器、粗调

对照分光计的结构图,熟悉分光计的基本构造,以及各个螺钉与手轮在调节过程中所起的作用.

通过目测估计. 分别调节望远镜与平行光管的俯仰调节螺钉,使两者大致水平. 调节载物台的三颗调平螺钉,使载物台大致水平. 最好使各个调节螺钉都位于其中间位置,为后续的调节留出足够的余地.

打开分光计电源,调节目镜到分划板的距离,直至看清分划板上的分划线和"+"字狭缝的亮线. 将双面反射镜放置到载物台上,并与望远镜筒基本垂直,如图 4.1.10(a) 所示. 转动望远镜,寻找"+"字狭缝的反射像(可能很模糊). 望远镜视场较小,此时在望远镜中有可能找不到"+"字狭缝的反射像,可用眼睛直接从望远镜旁观察,判断反射镜反射的"+"字像是偏高还是偏低,调节望远镜光轴俯仰调节螺钉与载物台调平螺钉 a,使"+"字像进入望远镜筒. 将载物台转过 180°,重复前面的操作. 反复调节,直到双面反射镜的两个面反射出来的"+"字像都能在望远镜中被观察到.

如图 4.1.10(b) 所示,将双面反射镜转过 90° 放置,调节载物台调平螺钉 b,c,也使得双面反射镜的正、反两面所反射的"+"字像都能在望远镜中被观察到.

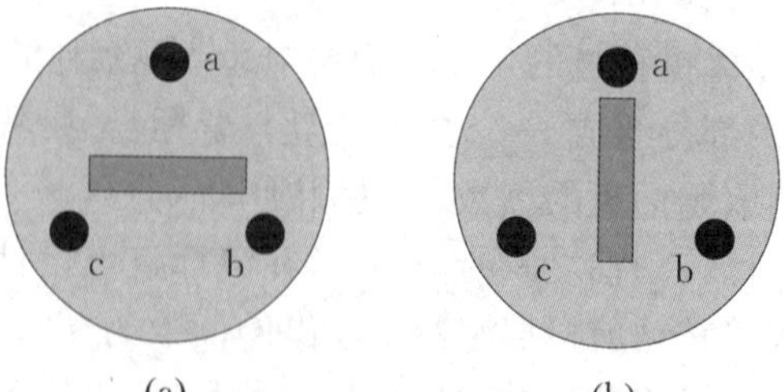

(a) (b)

图 4.1.10 调整分光计时双面反射镜的放置方式

实际调节时，先观察“+”字像的成像位置. 如果转动载物台，从双面反射镜正、反两面反射回来的“+”字像都位于镜筒的上侧(或下侧)，则说明望远镜光轴倾斜，需要调节望远镜光轴俯仰调节螺钉，如图 4.1.11(a) 所示；如果两面反射回来的“+”字像一次在镜筒的上方，另一次在下方，则说明载物台倾斜，需要调节载物台调平螺钉，如图 4.1.11(b) 所示.

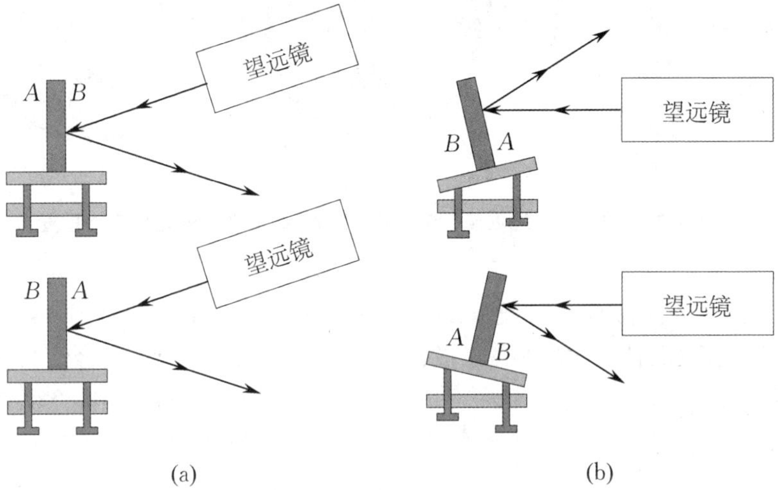

图 4.1.11　分光计调节原理图

2) 望远镜调焦于无穷远

用自准法调整望远镜. 通过望远镜找到反射的“+”字像，调节望远镜分划板到物镜的距离，使反射的“+”字成像清晰；移动眼睛，观察“+”字像与分划板上的刻线是否有相对位移(视差). 若有视差，则反复调节目镜与分划板、分划板与物镜的距离，直到无视差. 这时望远镜的分划板平面、物镜焦平面、目镜焦平面重合，望远镜聚焦于无穷远处，可用来观察平行光.

3) 调节望远镜光轴与分光计中心转轴垂直

如图 4.1.12 所示，在载物台上放置一个双面反射镜，当望远镜的光轴与分光计转轴垂直时，分划板处的“+”字狭缝经过物镜—平面镜—物镜所成的像将位于与其本身对称的位置(分划板的上水平分划线处). 下面我们以此为据来调节望远镜光轴，使之与分光计转轴垂直.

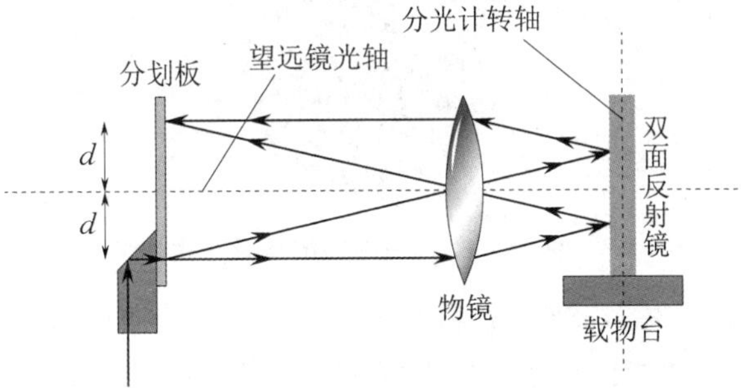

图 4.1.12　调节望远镜光轴与分光计转轴垂直时的光路图

一般来说，载物台与望远镜都会存在一定程度的倾斜，可采用“减半逼近法”来调节(见图 4.1.13). 先调节载物台调平螺钉，使“+”字像与分划板上水平线间距离缩小一半[见图 4.1.13(a) 和(b)]，再调节望远镜光轴俯仰调节螺钉，使“+”字像与上水平线重合[见

图 4.1.13(c)]. 载物台转过 180° 后,用同样的方法调节. 这样通过双面反射镜的正、反面多次反复调节,逐次逼近,即可较快达到调节要求.

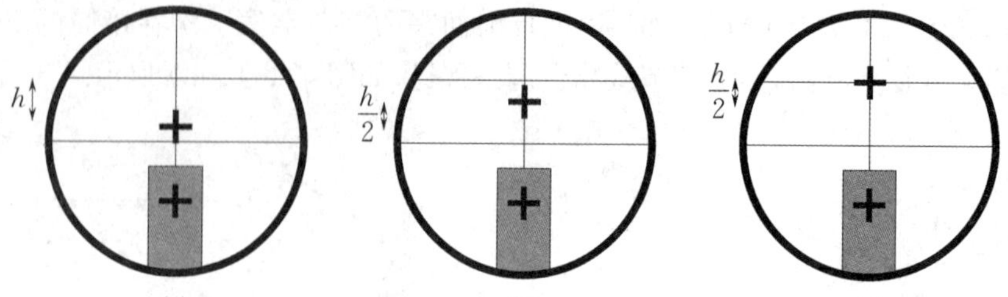

图 4.1.13　用"减半逼近法"调节望远镜光轴,使之与分光计转轴垂直

4) 平行光管调整

用光源照亮平行光管狭缝. 通过已调好的望远镜正对着平行光管进行观察,调节平行光管狭缝与会聚透镜的距离,使反射的"+"字成像清晰;移动眼睛观察,当狭缝像与分划板无视差时,平行光管发出的光就是平行光. 然后将平行光管狭缝转至水平方向(注意保持平行光管狭缝与会聚透镜的距离不变,若发生改变,则需要重新调节到成像清晰,无视差),调节平行光管光轴俯仰调节螺钉,使分划板中央水平分划线上下平分狭缝像.

至此,平行光管光轴与望远镜光轴重合,并均垂直于分光计转轴,分光计的调整完成. 最后将平行光管狭缝转回到竖直方向(注意保持平行光管狭缝与会聚透镜的距离不变,若发生改变,则需要重新调节到成像清晰,无视差),以便后续测量.

2. 三棱镜顶角的测量

1) 放置并调整三棱镜

将待测三棱镜(实验中使用的三棱镜有两个光学面,标记为 AB 和 AC;另外一个面是毛玻璃面,标记为 BC) 按图 4.1.14 所示的位置摆放到载物台上,细调载物台调平螺钉 a,使三棱镜的 AC 面反射的"+"字像位于分划板上水平线处;细调载物台调平螺钉 c,使三棱镜的 AB 面反射的"+"字像也位于分划板上水平线处.

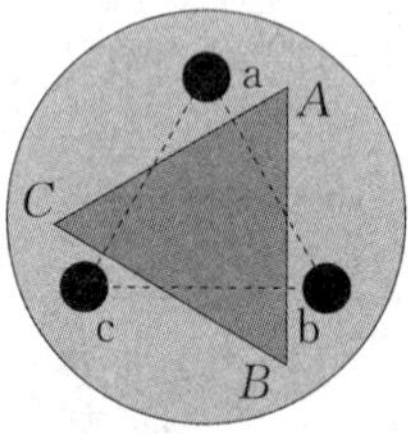

图 4.1.14　三棱镜的放置方式

2) 用自准法或反射法测量三棱镜顶角

(1) 自准法. 利用望远镜自身产生的平行光("+"字) 作为图 4.1.1 中的入射光来进行测量. 转动望远镜,使得三棱镜的 AB 面反射的"+"字像的竖线与分划板竖直分划线重合(前面已经调过"+"字像的横线与分划板上的水平分划线重合,所以此时"+"字像应与分划板上"+"字线重合),此时望远镜光轴(望远镜"+"字经过物镜形成的平行光) 与三棱镜的 AB 面垂直,对两个游标(分别编号为 1 和 2,它们对应的读数值以各自的下标来区分) 分别读数,记为 $T_{1,AB}$,$T_{2,AB}$. 转动望远镜,使三棱镜的 AC 面反射的"+"字像与分划板竖直分划线重合,此时望远镜光轴与三棱镜的 AC 面垂直，对两个游标分别读数，记为 $T_{1,AC}$，$T_{2,AC}$. 重复测量多次，将测量数据记入表 4.1.1.

(2) 反射法. 利用平行光管产生的平行光作为图 4.1.2 中的入射光，用望远镜观察经三棱镜反射的光线并进行测量. 打开光源（钠光灯一般需要预热约 10 min），转动游标盘（带动载物台及载物台上的三棱镜）使三棱镜顶角 A 对准平行光管，使得平行光管产生的平行光可以同时照射到三棱镜的 AB 和 AC 面上. 转动望远镜寻找 AB 面反射的狭缝像，使之与分划板竖直分划线重合，对两个游标分别读数，记为 $T_{1,AB}$，$T_{2,AB}$. 转动望远镜寻找 AC 面反射的狭缝像，使之与分划板竖直分划线重合，对两个游标分别读数，记为 $T_{1,AC}$，$T_{2,AC}$. 重复测量多次，将测量数据记入表 4.1.2.

3. 三棱镜最小偏向角的测量

转动游标盘，使平行光管产生的平行光以合适的角度[可以根据式(4.1.3) 估算，光学玻璃的折射率介于 1.5～1.9 之间] 照射三棱镜的 AB 面. 转动望远镜，在三棱镜的 AC 面一侧寻找狭缝像. 向一个方向缓慢转动游标盘，用望远镜跟踪狭缝像的移动. 当游标盘转动到某一位置后，继续转动游标盘，狭缝像开始向相反的方向移动，该位置对应的角度即为三棱镜的最小偏向角，记录此时两游标的读数 $T_{1,\min}$，$T_{2,\min}$. 取下三棱镜，转动望远镜，使其对准平行光管，狭缝像与分划板竖直分划线重合，记录此时两游标的读数 $T_{1,0}$，$T_{2,0}$. 重复测量多次，将测量数据记入表 4.1.3.

数据处理

1. 自准法测量三棱镜顶角

使用自准法测量时，三棱镜顶角的计算公式为

$$\alpha = 180^\circ - \frac{|T_{1,AC} - T_{1,AB}| + |T_{2,AC} - T_{2,AB}|}{2}.$$

2. 反射法测量三棱镜顶角

使用反射法测量时，三棱镜顶角的计算公式为

$$\alpha = \frac{|T_{1,AC} - T_{1,AB}| + |T_{2,AC} - T_{2,AB}|}{4}.$$

3. 三棱镜最小偏向角测量

三棱镜最小偏向角的计算公式为

$$\beta_{\min} = \frac{|T_{1,0} - T_{1,\min}| + |T_{2,0} - T_{2,\min}|}{2}.$$

注意事项

(1) 不要用手触摸任何光学元件的光学面，小心取放三棱镜、反射镜等器件，防止打碎.

(2) 分光计结构较为复杂，熟悉其结构，明白每个螺钉、手轮的作用后再开始做实验.

(3) 分光计调整好后才能用于测量，调整时注意双面反射镜、三棱镜等器件在载物台上的放置位置，以及三个调平螺钉分别对载物台倾斜度的影响，不要乱放乱调.

(4) 测量过程中转动望远镜前应确认各相关螺钉的状态，以保证其本身可以转动，与之相关的部件也随其一起正常转动（否则会造成读数错乱）. 转动游标盘时亦然.

(5) 测量过程中注意使用各微调螺钉,提高实验准确度.

(6) 锁紧各螺钉后再读数,避免读数过程中可能的不小心触碰引起的误差.

(7) 记录数据时,如果某游标在转动过程中越过了零刻线,则视转动方向读数要加上或者减去 360°.

(8) 处理数据时要注意 1° 等于 60′,而不是 100′;计算三角函数值时要注意角度制与弧度制间的转换.

思考题

1. 分光计的调整与使用过程中有哪些地方感觉比较困难,有什么改进建议?
2. 实验过程中平行光从 AB 面入射,在 AC 面一定能观察到出射光吗?
3. 为什么不将三棱镜的三个面都做成光学面?

原始数据记录(实验 4.1)

表 4.1.1　自准法测量三棱镜顶角数据记录表

测量次序	AB 面		AC 面		顶角 α
	$T_{1,AB}$	$T_{2,AB}$	$T_{1,AC}$	$T_{2,AC}$	
1					
2					
3					
平均值					

表 4.1.2　反射法测量三棱镜顶角数据记录表

测量次序	AB 面		AC 面		顶角 α
	$T_{1,AB}$	$T_{2,AB}$	$T_{1,AC}$	$T_{2,AC}$	
1					
2					
3					
平均值					

表 4.1.3　三棱镜最小偏向角测量数据记录表

测量次序	有三棱镜		无三棱镜		最小偏向角 $\beta_{\min}$
	$T_{1,\min}$	$T_{2,\min}$	$T_{1,0}$	$T_{2,0}$	
1					
2					
3					
平均值					

大学物理实验预习报告

实验项目 分光计的应用

班别________________ 学号________________ 姓名________________

实验进行时间______年______月______日,第______周,星期______,______时至______时

实验地点__________________

实验目的

实验原理简述

实验中应注意事项

实验 4.2 用透射光栅测其角色散率及光波波长

光栅是一种光学性质(透射率、反射率等)在空间上周期性变化,可以利用多光束干涉(衍射)原理实现光谱分解(分光)的光学器件. 不同的光栅分光本领不同,角色散率可以用来描述光栅分光本领的大小. 此外,光栅也可以用来测量光波的波长.

实验目的

(1) 加深对光栅衍射理论的理解.

(2) 进一步掌握分光计的调整与使用方法.

(3) 学会使用光栅衍射的方法测量光波的波长,学会测量光栅的角色散率.

实验仪器

分光计、透射光栅、汞灯等.

实验原理

光栅有反射光栅与透射光栅两大类. 反射光栅看起来类似一块反光板,使用时观察的是其反射光,所以光源与观察者位于光栅平面的同一侧. 透射光栅看起来类似一块透光玻璃板,使用时观察的是其透射光,所以光源与观察者分别位于光栅平面的两侧. 本实验中使用透射光栅.

透射光栅上刻制了大量等宽等距的平行线,刻线处的透射率与未刻线处的透射率不同,每条刻线都可以看作一条狭缝,当光照射到其上时会发生单缝衍射和多缝干涉. 如果用单色平行光垂直照射光栅,通过透镜聚焦后观察衍射光,如图 4.2.1 所示,那么根据夫琅禾费(Fraunhofer) 衍射理论,衍射角 θ 满足光栅方程

$$d\sin\theta = k\lambda \quad (k=0, \pm1, \pm2, \cdots)$$

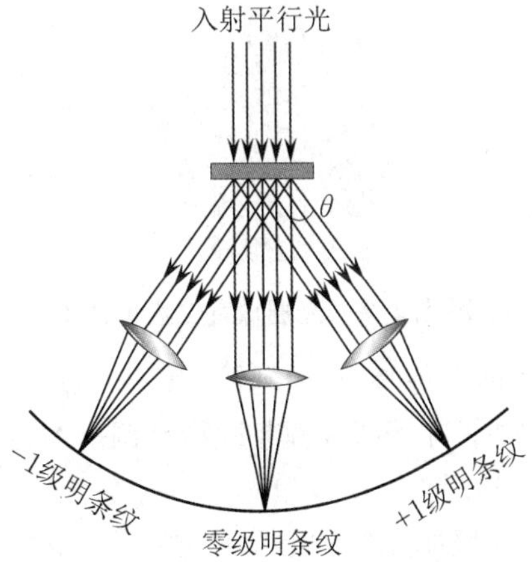

图 4.2.1 光栅衍射光谱示意图

处将出现干涉明条纹,其中 λ 为入射光的波长,k 为明条纹的级次,d 为光栅常量(相邻两条刻线之间的距离).

若用复色平行光垂直照射光栅,则根据光栅方程,对于任何波长的光,$\theta=0$ 处都是零级明条纹(中央明条纹).但是对于其他明条纹,不同波长则对应不同的衍射角.于是复色光在空间中被分解成多种色光,这些分解后的色光排列起来构成一组谱线,称为光栅光谱.

若测量得到各条谱线对应的衍射角,并已知光栅常量,则根据光栅方程可以计算得到相应的光波波长;反过来,如果已知光波的波长,也可以根据光栅方程求得光栅常量.

光栅可以将不同波长的光分离开来,通常用角色散率 D 来描述光栅的分光本领,定义为单位波长间隔内两条单色谱线之间的角距离.根据光栅方程可得

$$D=\frac{\mathrm{d}\theta}{\mathrm{d}\lambda}=\frac{k}{d\cos\theta}.$$

由上式可知,角色散率与光栅常量成反比,与谱线级次成正比.光栅常量越小,角色散率越大;谱线级次越高,角色散率也越大.若测量得到 k 级谱线的衍射角,且已知光栅常量,则通过计算可以得到相应的角色散率.因为不同波长光的同一级明条纹对应的衍射角不同,所以同一光栅的同一级谱线对不同波长的光有不同的角色散率.

实验内容

1. 打开汞灯,调整分光计

分光计的调整方法见实验 4.1 分光计的应用.汞灯的几条主要谱线如表 4.2.1 所示.

表 4.2.1 汞灯的几条主要谱线

谱线	紫 1	紫 2	蓝	绿	黄 1	黄 2
波长 /nm	404.68	407.79	435.83	546.07	576.96	579.07

注:(1) 表中所列的某些谱线可能较弱而观察不到;(2) 汞灯还有其他多条谱线,这里未列出来.

2. 放置并调整光栅

调整光栅平面与分光计转轴平行.按照图 4.2.2 所示的位置将光栅放置在分光计的载物台上,调节载物台调平螺钉 b 或 c,使光栅平面反射的"+"字像与分划板上水平线重合.

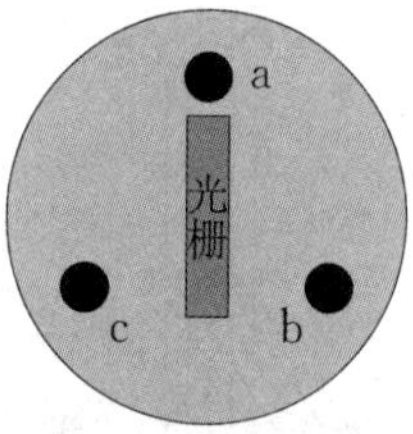

图 4.2.2 光栅放置位置示意图

调整光栅刻痕与分光计转轴平行.转动望远镜,观察光栅各级谱线的高度是否相同.如果相同,则光栅刻痕与分光计转轴平行;否则,调节载物台调平螺钉 a,使各级谱线的高度相同.

3. 测量

观察并记录不同谱线的 ±1 级明条纹的衍射角方位 θ_{1+},θ_{2+},θ_{1-},θ_{2-}.重复测量多次,将数据记入表 4.2.2.

若可以观察到更高级次的条纹,则进行同样的测量.

数据处理

由于 ± 1 级谱线之间的夹角等于衍射角的两倍，再考虑到分光计的读数方式，可得第 1 级光谱的衍射角为

$$\theta = \frac{|\theta_{1+} - \theta_{1-}| + |\theta_{2+} - \theta_{2-}|}{4}.$$

(1) 选取一条谱线，查表 4.2.1 得其波长，结合测量数据，计算光栅常量.

(2) 由这一光栅常量计算其他谱线的波长，并与表 4.2.1 中的标准值进行比较.

(3) 计算光栅对于各谱线的第 1 级明条纹的角色散率.

注意事项

(1) 汞灯紫外线较强，不要直视.

(2) 注意保护光栅，不要触摸其光学面(有刻痕的面).

思考题

1. 实验中是否可以观察到更高级次的衍射条纹？为什么？
2. 分光计的平行光管狭缝的宽度对本实验有没有影响？

原始数据记录(实验 4.2)

表 4.2.2　光栅衍射数据记录表(±1 级谱线)

谱线	测量次序	+1 级谱线		−1 级谱线		衍射角 θ
		衍射角方位 1:θ_{1+}	衍射角方位 2:θ_{2+}	衍射角方位 1:θ_{1-}	衍射角方位 2:θ_{2-}	
紫 1	1					
	2					
	3					
紫 2	1					
	2					
	3					
蓝	1					
	2					
	3					
绿	1					
	2					
	3					
黄 1	1					
	2					
	3					
黄 2	1					
	2					
	3					

大学物理实验预习报告

实验项目 **用透射光栅测其角色散率及光波波长**

班别________________学号________________姓名________________

实验进行时间______年______月______日，第______周，星期______，______时至______时

实验地点________________

实验目的

实验原理简述

实验中应注意事项

实验 4.3 等厚干涉测曲率半径

由同一光源发出的光，经过薄膜的上、下表面反射后会在上表面附近相遇，产生干涉，并在薄膜厚度相同的地方形成同一级干涉条纹，这种干涉就叫作等厚干涉. 牛顿环是等厚干涉的一个典型例子，是牛顿在 1675 年首先观察到的. 光的等厚干涉在生产实践中具有广泛的应用，它可用于检测透镜的曲率，精确测量微小的长度、厚度、角度，检验物体表面的光洁度、平整度等. 本实验利用牛顿环来测量透镜的曲率半径.

实验目的

(1) 观察光的等厚干涉现象，研究等厚干涉条纹的特点.

(2) 测量透镜的曲率半径.

(3) 通过实验熟悉读数显微镜的使用方法.

(4) 学习用逐差法处理实验数据.

实验仪器

牛顿环装置、读数显微镜、钠光灯.

牛顿环装置由平凸透镜和平板玻璃组成.

读数显微镜是用来测量微小距离或微小距离变化的仪器，其构造如图 4.3.1 所示. 转动测微鼓轮，显微镜沿导轨做纵向移动. 随测微鼓轮转动的刻度盘上有 100 个等分格，测微鼓轮转动一周，标尺移动 1 mm. 因此，测微鼓轮最小读数值是 0.01 mm，实际读数时还可以估读到千分位.

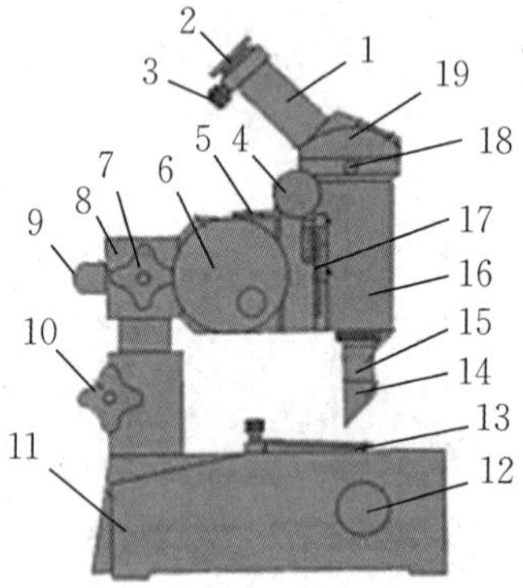

1— 目镜接筒；2— 目镜；3— 锁紧螺钉 Ⅰ；4— 调焦手轮；5— 标尺；6— 测微鼓轮；7— 锁紧手轮 Ⅰ；8— 接头轴；9— 方轴；10— 锁紧手轮 Ⅱ；11— 底座；12— 反光镜旋轮；13— 压片；14— 半反镜组；15— 物镜组；16— 镜筒；17— 刻尺；18— 锁紧螺钉 Ⅱ；19— 棱镜室.

图 4.3.1 读数显微镜的构造示意图

读数显微镜的一般操作步骤如下：

(1) 将读数显微镜适当安装，对准待测物；

(2) 调节显微镜的目镜,以清楚地看到叉丝(或标尺);

(3) 调节显微镜的聚焦情况或移动整个仪器,使待测物成像清楚,并消除视差,即眼睛上下移动时,看到叉丝与待测物成的像之间无相对移动;

(4) 先让叉丝对准待测物上一点(或一条线)A,记下读数,转动测微鼓轮,对准另一点(或一条线)B,再记下读数,两次读数之差即为 A,B 之间的距离. 注意两次读数时测微鼓轮必须只向一个方向旋转,以避免回程误差.

实验中采用钠光灯作为光源,取钠光灯波长为 589.3 nm.

实验原理

如图 4.3.2 所示,将一块曲率半径很大的平凸透镜放在一块平板玻璃上,在透镜的凸面和平板玻璃之间形成一个厚度从接触点向边缘逐渐增加的空气层. 当一束单色平行光垂直入射时,由空气层上、下表面反射的光将发生干涉,其干涉条纹是一组以接触点为圆心的明暗相间的同心圆环,如图 4.3.3 所示. 当入射光是复色光时,干涉条纹将是一组同心彩色圆环. 对于同级牛顿环,波长越短的光,其条纹越靠近中心.

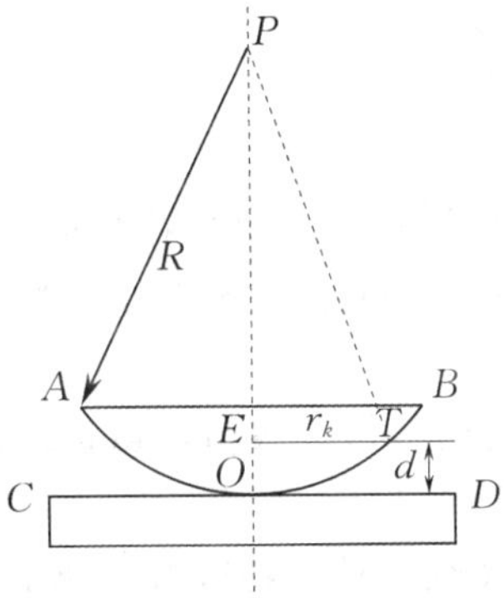

图 4.3.2　牛顿环干涉侧视图

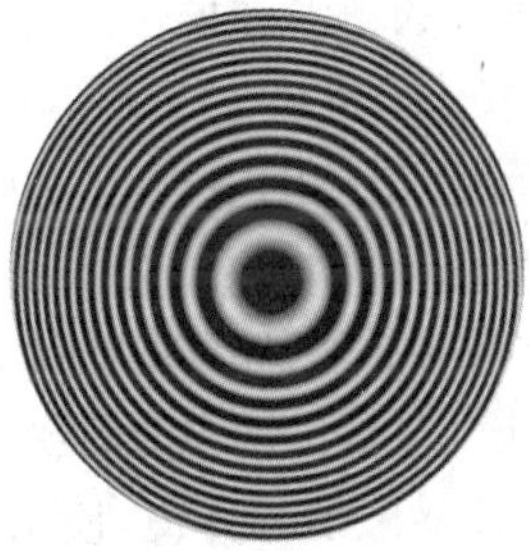

图 4.3.3　牛顿环干涉条纹

如图 4.3.2 所示,T 点处的两相干光(近乎垂直入射,经过空气层上、下表面$\overset{\frown}{AOB}$和CD 的反射光)的光程差为

$$\delta = 2d + \frac{\lambda}{2}, \tag{4.3.1}$$

式中,d 为空气薄膜的厚度,$\frac{\lambda}{2}$ 是光从光疏介质(空气)入射到光密介质(玻璃)时产生的半波损失.

实验中,暗环更容易确定. 假设 r_k 是第 k 级暗环的半径,根据几何关系有

$$R^2 = (R-d)^2 + r_k^2. \tag{4.3.2}$$

凸透镜的曲率半径 R 的大小为几米到十几米,而 d 的数量级为毫米,可以认为 $R \gg d$,d^2 相对于 $2Rd$ 是一个小量,可以忽略,所以式(4.3.2)可以简化为

$$r_k^2 \approx 2Rd. \tag{4.3.3}$$

形成明、暗环的条件分别为

$$\delta = 2d + \frac{\lambda}{2} = \begin{cases} k\lambda & (k=1,2,\cdots),\text{明环}, \\ (2k+1)\dfrac{\lambda}{2} & (k=0,1,2,\cdots),\text{暗环}. \end{cases} \tag{4.3.4}$$

可见,形成暗环时,

$$d=\frac{k\lambda}{2}. \tag{4.3.5}$$

将式(4.3.5)代入式(4.3.3),可以得到凸透镜曲率半径公式,即

$$R=\frac{r_k^2}{k\lambda}. \tag{4.3.6}$$

由于玻璃的弹性形变以及接触处磨损等因素,凸透镜和平板玻璃之间往往不是一个理想的点接触,且在接触处到底包含了几级条纹也难以得知,级次 k 无法确定,式(4.3.6)不能直接用于实验测量. 在实验中,选择两个离中心较远的暗环,分别测出其暗环直径. 假定 D_m 是牛顿环第 m 级暗环直径,D_n 是牛顿环第 n 级暗环直径,只要数出所测各环的级次差 $m-n$,而无须确定各环的干涉级次 k,就可以算出凸透镜的曲率半径,避免了圆环中心无法确定的困难. 将两暗环直径代入式(4.3.6),可得

$$R=\frac{D_m^2-D_n^2}{4(m-n)\lambda}. \tag{4.3.7}$$

实验内容

1. 观察牛顿环的干涉图样

(1) 打开钠光灯,预热 10 min. 调整牛顿环装置,使得在自然光照射下能观察到牛顿环的干涉图样,并将干涉条纹的中心移动到牛顿环装置的中心附近. 调整牛顿环装置,使牛顿环中心暗斑不要太大.

(2) 把牛顿环装置置于读数显微镜的下方,使钠光灯光源与读数显微镜下的半反射镜等高. 旋转半反射镜,直至目镜中能看到明亮均匀的光照.

(3) 调节读数显微镜的目镜,使十字叉丝清晰;自下而上调节物镜直至观察到清晰的干涉图样. 移动牛顿环装置,使中心暗斑位于视场中心,调节目镜系统,使叉丝横丝与读数显微镜的标尺平行,消除视差. 平移读数显微镜,观察待测的各环是否都在读数显微镜的读数范围之内.

2. 测量牛顿环的直径

(1) 选取要测量的暗环,两个暗环(级次分别为 m 和 n)一组,共选取十组,其中 m 从 25 到 16,n 从 15 到 6.

(2) 转动测微鼓轮,先使镜筒向中心左侧移动,边移动边数对准的暗环级次,直到第 30 级;再使镜筒向右移动,从第 30 级移动到第 25 级,尽量使叉丝对准干涉条纹的中心,记录读数. 然后继续向右移动,使得叉丝依次对准中心左侧第 24,23,…,6 级暗环并记录读数;再继续向右移动,使得叉丝对准中心右侧第 6,7,…,25 级暗环并记录读数. 将数据填入表 4.3.1 中. 注意,在依次测量过程中,测微鼓轮应沿着一个方向旋转,中途不得反转,以免引起回程误差.

(3) 关闭钠光灯,整理仪器.

数据处理

(1) 根据表 4.3.1 中的数据,进行相关计算.

(2) 利用逐差法计算曲率半径 R 及其不确定度,写出测量结果.

注意事项

(1) 调整牛顿环装置时,螺钉不能拧得过紧,以免压力过大引起透镜弹性形变.

(2) 钠光灯打开后等待一段时间(约 10 min) 才能正常使用,实验过程中不要关闭钠光灯.

(3) 仪器使用完毕后,将仪器归还原处,以免灰尘落入仪器.各种光学零件勿随意拆动,以保证测量精度.

思考题

1. 实验中为什么测牛顿环的直径而不是半径?如何保证测出的是直径而不是弦长?若实际测量的是弦长,对测量结果会有什么影响?为什么?

2. 由于测微鼓轮的螺距总有间隙存在,当测微鼓轮刚开始反向旋转时会发生空转,从而引起回程误差,实验时应如何避免?

3. 为什么靠近中心处相邻两暗环(或亮环)之间的距离要比边缘的大?

4. 已知入射光波长 λ 与平凸透镜的曲率半径 R,设计实验方案,测量某透明液体的折射率 n.

5. 试用最小二乘法处理数据,计算平凸透镜的曲率半径 R.

原始数据记录(实验 4.3)

表 4.3.1 等厚干涉实验数据

暗环级次	读数显微镜		暗环直径 D_m/mm	暗环级次	读数显微镜		暗环直径 D_n/mm	$(D_m^2-D_n^2)$/mm^2	R/mm	$\overline{R}$/mm
	左侧读数/mm	右侧读数/mm			左侧读数/mm	右侧读数/mm				
25				15						
24				14						
23				13						
22				12						
21				11						
20				10						
19				9						
18				8						
17				7						
16				6						

大学物理实验预习报告

实验项目**等厚干涉测曲率半径**

班别________________学号________________姓名________________

实验进行时间______年______月______日，第______周，星期______，______时至______时

实验地点__________________

实验目的

实验原理简述

实验中应注意事项

实验 4.4　迈克耳孙干涉仪测量光波波长

迈克耳孙干涉仪是一种利用光的干涉原理精确测量微小长度的常用光学仪器. 从单一光源射出的光被分成两束,在满足相干条件的情况下,两束光重新会合,会形成干涉条纹. 通过观察干涉条纹,可以对微小长度和物质折射率进行测量.

实验目的

(1) 了解迈克耳孙干涉仪的构造、测量原理.

(2) 掌握迈克耳孙干涉仪的使用方法,观察迈克耳孙干涉仪产生的干涉条纹,加深对光的波动性的理解.

(3) 学会测量波长的方法和使用逐差法处理数据.

实验仪器

迈克耳孙干涉仪、光源(钠光灯,波长 $\lambda_0 = 589.3\ \text{nm}$)、遮光板、毛玻璃.

实验原理

1. 使用迈克耳孙干涉仪测量光波波长

迈克耳孙干涉仪的原理如图 4.4.1 所示. 从光源 S 发出的光经过分光板 G_1(与反射镜 M_1 和 M_2 的夹角均为 45°)分成了两束,其中光线 1 经过补偿板 G_2 到达反射镜 M_1,经过 M_1 反射,再次穿过 G_2,到达 G_1,经过 G_1 反射,最终到达 P 点. 另一束光线 2 经过 G_1 反射到达反射镜 M_2,经过 M_2 反射,穿过 G_1 到达 P 点,与光线 1 会合. 其中 G_2 是与分光板 G_1 具有相同厚度、倾角和折射率的玻璃板,与 G_1 平行放置. 由于它的作用为补偿两路光线之间的光程差,所以称为补偿板.

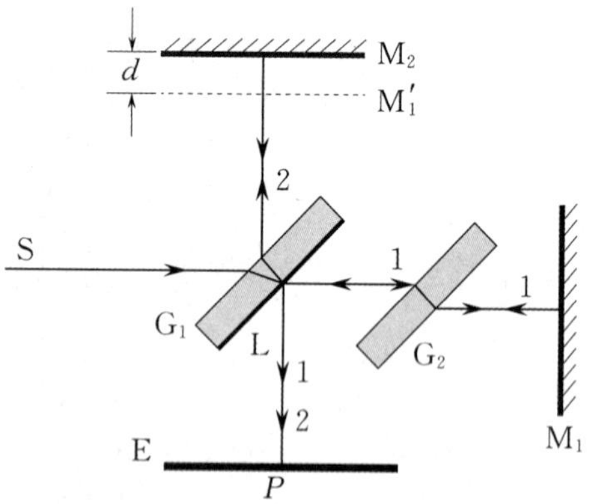

图 4.4.1　迈克耳孙干涉仪原理图

由于两束光是由同一光源发出的,满足相干条件,从而在 P 点处发生干涉,出现干涉条纹. 两束光的干涉情况可以看成由反射镜 M_2 与 M_1'(M_1 在 G_1 中的像)之间的薄膜产生的干涉.

两束光的光程差由等效薄膜的厚度 d 决定. 若改变等效薄膜的厚度 d(如改变 M_2 与 M_1' 的相对距离),则光程差发生改变,干涉条纹将发生移动.

若两个反射镜 M_1 与 M_2 严格垂直,则 M_1' 与 M_2 平行,根据几何关系可知,形成的等效薄膜干涉是等倾干涉,干涉条纹是一系列明、暗相间的同心圆环. 根据薄膜干涉理论,薄膜上、下表面反射形成的光程差为

$$\delta = 2d\cos i,$$

式中,d 是等效薄膜的厚度(反射镜 M_1' 与 M_2 的垂直距离),i 是光线的入射角. 相同入射角的光线,对应的光程差相同,形成了一系列等倾干涉的同心圆环. 根据上式可知,条纹的粗细与两反射镜间的距离 d 有关(d 越小,相邻条纹之间对应的角度差越大,从而条纹越粗). 进一步分析可知,改变等效薄膜厚度 d 时,移动的条纹数目 N 与等效薄膜厚度的变化 Δd 的关系为

$$2\Delta d\cos i = N\lambda,$$

式中,λ 为光波的波长. 实验中只需数出圆环中心(即取光的入射角 $i=0$)干涉条纹数的改变量("涌出"或"陷入"中心的圆环的个数)即可,如果测出移动的条纹数目 N 和等效薄膜厚度的变化 Δd,那么就可以得出光波的波长

$$\lambda = \frac{2\Delta d}{N}.$$

2. 迈克耳孙干涉仪的结构

迈克耳孙干涉仪的结构如图 4.4.2 所示.

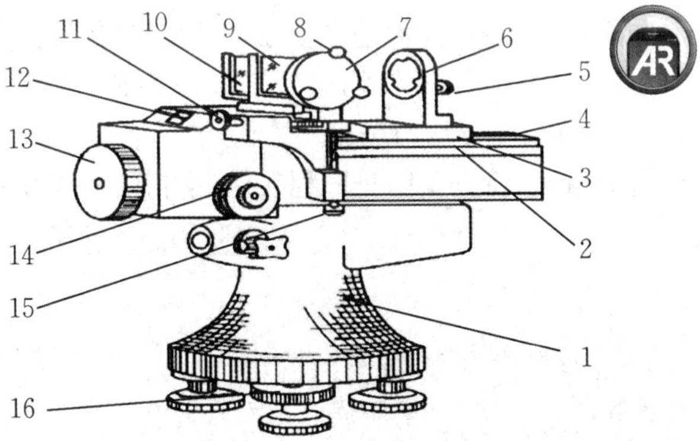

1—底座;2—导轨;3—拖板;4—精密丝杆;5—M_2 调节螺钉;6—活动反射镜 M_2;7—固定反射镜 M_1;8—M_1 调节螺钉;9—补偿板 G_2;10—分光板 G_1;11—M_1 水平微调螺钉;12—读数窗口;13—粗调手轮;14—微调手轮;15—M_1 垂直微调螺钉;16—底座水平调节螺钉.

图 4.4.2　迈克耳孙干涉仪结构图

实验内容

1. 仪器的调整

(1) 打开钠光灯,使之照射毛玻璃屏,形成均匀的扩展光源,在毛玻璃屏与 G_1 之间加一个带有"1"字形狭缝的遮光板.

(2) 旋转粗调手轮,使 M_1 和 M_2 到 G_1 镀膜面的距离大致相等,从 P 点方向观察,将看到"1"字的双像.

(3) 仔细调节 M_1 和 M_2 背后的三个螺钉,改变 M_1 和 M_2 的相对方位,直到双像在水平方

向和竖直方向均完全重合，这时可观察到干涉条纹. 仔细调节三个螺钉，使干涉条纹成圆形.

(4) 细致、缓慢地调节 M_2 下方的两个调节螺钉，使干涉条纹的中心仅随着观察者的眼睛移动而移动，但不发生条纹的"涌出"或"陷入"现象. 这时观察到的条纹才是严格的等倾干涉条纹.

2. 测量钠光波长

(1) 旋转粗调手轮，使 M_2 移动，观察条纹的变化，从条纹的"涌出"或"陷入"判断等效薄膜厚度 d 的变化，并观察 d 的取值与条纹粗细、疏密的关系.

(2) 当视场中出现清晰的、对比度好的干涉圆环时，再慢慢地转动微调手轮，可以观察到视场中心条纹一个一个地向外"涌出"(或者向内"陷入"). 开始计数时，记录 M_2 的位置 d_1(主尺读数＋两读数盘读数)，继续转动微调手轮，数到从中心向外"涌出"或者向内"陷入"50 个条纹时，停止转动微调手轮，再记录 M_2 的位置 d_2，继续转动微调手轮，直到"涌出"或者"陷入"100 个条纹，记录 M_2 的位置 d_3，一直记到"涌出"或者"陷入"450 个条纹时 M_2 的位置，把数据填入表 4.4.1 中. 使用逐差法处理数据，计算钠光波长，与理论值比较.

数据处理

按照表 4.4.1 中的原始数据，完成波长的计算.

注意事项

(1) 注意防尘、防潮、防震；不能触摸元件的光学面，不要对着仪器大声说话、咳嗽.

(2) 实验前和实验结束后，所有调节螺钉均应处于放松状态，调节时应使之处于中间状态，以便有双向调节的余地，调节动作要均匀缓慢.

(3) 旋转微调手轮进行测量时，特别要防止回程误差(手轮要始终往同一个方向旋转).

思考题

1. 如果干涉条纹间距很窄，对比不明显，如何把干涉条纹的对比度调整得更为清晰？
2. 为了得到钠光干涉条纹，为什么一定要把两束光的光程差调整得大致相等？

原始数据记录(实验 4.4)

表 4.4.1　利用迈克耳孙干涉仪测钠光波长

条纹数目	坐标 x/mm	条纹数目	坐标 x/mm	$\Delta d_i = \lvert d_{i+5} - d_i \rvert$/mm	计算波长
0	$d_1 =$	250	$d_6 =$	$\Delta d_1 = \lvert d_6 - d_1 \rvert =$	$\overline{\Delta d} = \frac{\sum_{i=1}^{5} \Delta d_i}{5} =$
50	$d_2 =$	300	$d_7 =$	$\Delta d_2 = \lvert d_7 - d_2 \rvert =$	
100	$d_3 =$	350	$d_8 =$	$\Delta d_3 = \lvert d_8 - d_3 \rvert =$	$\lambda = \frac{2\overline{\Delta d}}{N} =$　　$(N = 50)$
150	$d_4 =$	400	$d_9 =$	$\Delta d_4 = \lvert d_9 - d_4 \rvert =$	
200	$d_5 =$	450	$d_{10} =$	$\Delta d_5 = \lvert d_{10} - d_5 \rvert =$	

大学物理实验预习报告

实验项目**迈克耳孙干涉仪测量光波波长**
班别__________ 学号__________ 姓名__________
实验进行时间______年______月______日,第______周,星期______,______时至______时
实验地点__________

实验目的

实验原理简述

实验中应注意事项

实验 4.5 衍射光强的测量

平行光束通过单缝、多缝或圆孔等障碍物时发生的衍射现象叫作夫琅禾费衍射. 通过对衍射光强的测量,可以使学生对光的波动性和衍射现象的认识更加深入.

实验目的

(1) 掌握夫琅禾费衍射的原理、光强分布的测量方法.

(2) 观察衍射光强分布的特点,加深对衍射现象的理解.

(3) 学会使用作图法处理数据.

实验仪器

氦氖激光器、激光电源、衍射单缝、光电探头、光功率计、白屏、二维调节滑动座、移动测量架、光学导轨.

1. 氦氖激光器

氦氖激光器是以中性原子气体氦和氖作为工作物质的气体激光器,并以连续激励方式输出连续激光. 在可见光和近红外区主要有 632.8 nm,3.39 μm 和 1.15 μm 三条谱线,其中 632.8 nm 的红光最常用. 氦氖激光器的输出功率一般为几毫瓦到几百毫瓦. 本实验中使用 632.8 nm 的红光进行实验.

2. 衍射单缝

衍射单缝是基本光学元件之一,其单缝的宽度可调,可以在光具座上移动.

3. 光电探头

光电探头由硅光电探测器、衰减片和固定支架组成,用于测量光强,探测波长范围为 200 ～ 1 050 nm.

4. 光功率计

光功率计与光电传感器连接,可测量光功率. 测量前应先将光功率计调零.

5. 移动测量架

移动测量架的主要结构是一个百分鼓轮控制精密丝杆,使一个可调狭缝往复移动,并由指针在直尺上指示狭缝的位置,狭缝前后分别有进光管和安装光电探头的圆套筒. 鼓轮转动一周,单缝移动 1 mm,因此鼓轮转动一个小格,单缝(连同光电探头) 只移动 0.01 mm.

实验原理

1. 单缝夫琅禾费衍射

单缝夫琅禾费衍射原理如图 4.5.1 所示. 从单色光源 S 发出的光经过凸透镜折射成平行光,照射在缝宽为 a 的单缝上. 在单缝后衍射角为 θ 的平行光通过透镜 L 最终会聚在透镜的焦平面上一点 P 处. 根据光的衍射理论,由于光程差的不同,在接收屏 E 上会形成明、暗相间的衍射条纹.

根据衍射理论,衍射光在屏幕上的光强分布为

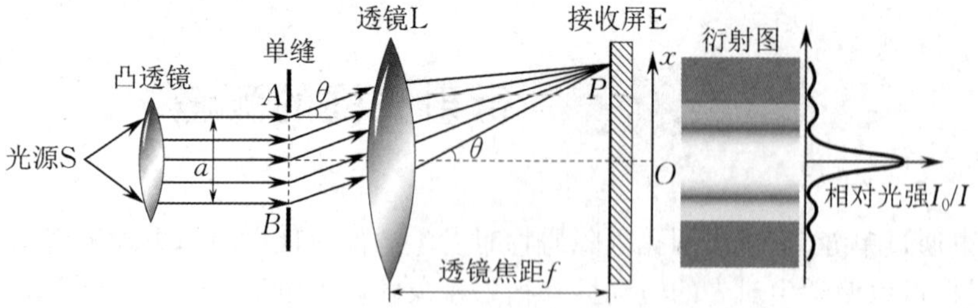

图 4.5.1　单缝夫琅禾费衍射原理图

$$I = I_0\left(\frac{\sin u}{u}\right)^2,$$

式中，$u = \frac{\pi a}{\lambda}\sin\theta$，$I_0$ 是衍射条纹中心处的光强，λ 是单色光的波长. 由上式可知，形成暗纹时，有 $I = 0$，即 $u = k\pi(k = 1,2,3,\cdots)$，从而可得

$$a\sin\theta = \pm k\lambda.$$

可见，暗条纹以中央明条纹为中心，两侧等距分布.

中央明条纹两侧其他级明条纹分别处于 $\sin\theta = \pm 1.43\frac{\lambda}{a}, \pm 2.46\frac{\lambda}{a}, \pm 3.47\frac{\lambda}{a}, \cdots$ 的位置，其强度与 I_0 的比值分别为 $\frac{I_1}{I_0} = 0.047, \frac{I_2}{I_0} = 0.016, \frac{I_3}{I_0} = 0.008, \cdots$.

发散角很小的激光束可以直接用作单缝的入射光束；另一方面，若接收屏与单缝之间的距离 l 足够远，以致 AP 与 CP 之差远小于 λ（见图 4.5.2），也可以满足产生夫琅禾费衍射的条件，即若

$$AP - CP \ll \lambda,$$

则有

$$\sqrt{l^2 + \frac{a^2}{4}} - l \ll \lambda.$$

因为 $l \gg a$，所以

$$\sqrt{l^2 + \frac{a^2}{4}} - l \approx l\left(1 + \frac{a^2}{8l^2}\right) - l = \frac{a^2}{8l} \ll \lambda,$$

从而有

$$\frac{a^2}{8l\lambda} \ll 1.$$

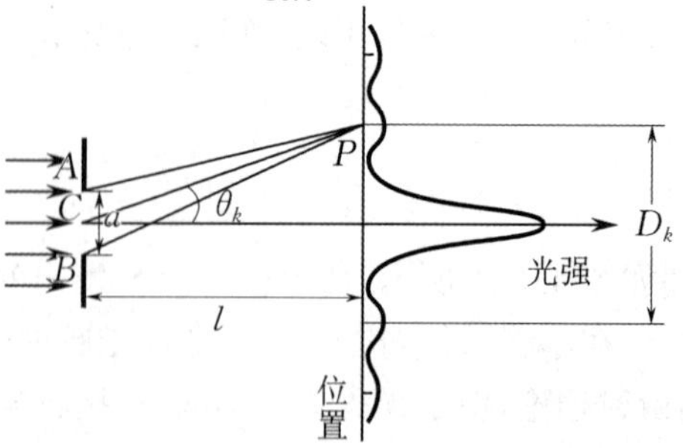

图 4.5.2　夫琅禾费衍射的条件

如果取 $l=1\ \mathrm{m}$，$a=10^{-4}\ \mathrm{m}$，$\lambda=6.3\times10^{-7}\ \mathrm{m}$，则 $\frac{a^2}{8l\lambda}\approx1.98\times10^{-3}\ll1$，能满足上述条件. 因此图 4.5.1 中的透镜 L 可以省去. 设衍射条纹到中心的距离为 x，可得

$$\tan\theta=\frac{x}{f},$$

式中，f 是透镜的焦距(实际实验中可以认为是单缝到接收屏的距离). 通过以上公式，可以得到衍射光强与其到中心点的距离之间的关系，即 $I-x$ 的关系(见图 4.5.3).

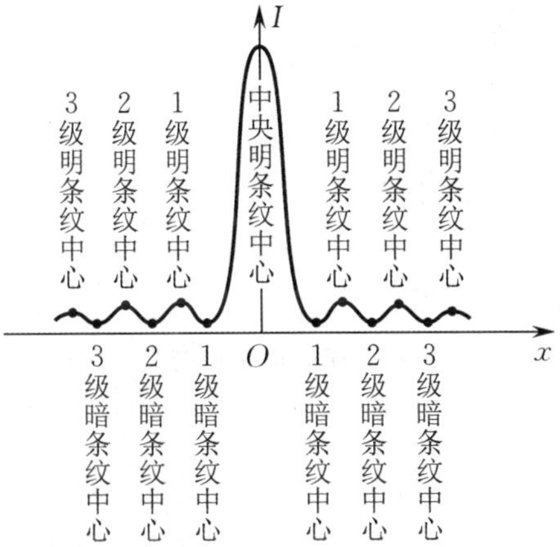

图 4.5.3　衍射光强度分布

2. 通过衍射光强的分布测量单缝的宽度 a

根据衍射原理可知，单缝的宽度 a 与中央明条纹的宽度 Δx 之间的关系为

$$a=2f\,\frac{\lambda}{\Delta x}.$$

在得到 $I-x$ 曲线之后，可以通过第 1 级暗纹的位置得到中央明条纹的宽度.

实验内容

(1) 按照图 4.5.4，在光学导轨上依次安装光学元件，用目测的方式进行粗调，使各光学元件同轴.

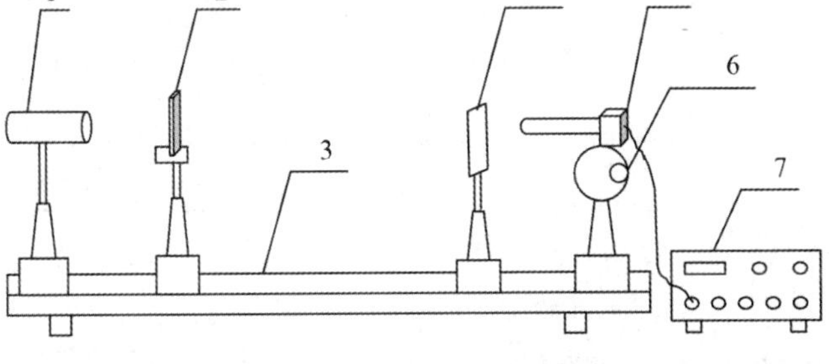

1— 氦氖激光器；2— 衍射单缝；3— 光学导轨；4— 白屏；5— 光电探头；6— 移动测量架；7— 光功率计.

图 4.5.4　实验光路示意图

(2) 将激光光源与单缝之间的距离以及单缝与探测器之间的距离均调整为 50 cm 左右. 将接收屏置于探测器之前，调整二维调节架，选择所需的单缝宽度(大约为 0.1 mm)，观察接收屏

上的衍射条纹.调整出一个图像清晰、对称、条纹宽度适当的单缝衍射条纹.

(3) 使用光功率计测量各级明条纹中心的位置及光强,把数据填入表 4.5.1 中.

数据处理

(1) 根据测得的数据在一张毫米方格纸上画出光强 I 与被测点到中央明条纹中心的距离 x 的关系曲线.

(2) 从图中找出极大值和极小值的位置,以及各极大值对应的光强值,列出表格,并与理论计算的位置和该位置处的光强进行比较.

注意事项

(1) 光功率计的正、负极不允许错接.

(2) 光电探头要选择合适的量程.

(3) 在测量时,旋转手轮要避免回程误差.

(4) 数据点的密度要适当(尽量使绘制的曲线光滑).

思考题

1. 单缝的宽度增大一倍或者减小 $\frac{1}{2}$,衍射条纹的间距将如何变化?
2. 夫琅禾费衍射需要满足哪些条件?
3. 如果入射光与单缝所在的平面不垂直,则中央明条纹将如何移动?

原始数据记录(实验 4.5)

表 4.5.1　使用光功率计测量各级明条纹中心的位置坐标 x 及光强 I

坐标 x/mm	光强 I/μW	坐标 x/mm	光强 I/μW	坐标 x/mm	光强 I/μW	坐标 x/mm	光强 I/μW

表 4.5.2　$I-x$ 关系图形分析

项目	极大值			极小值	
级次	0	1	2	1	2
坐标 /mm					
光强 I/μW					

大学物理实验预习报告

实验项目 衍射光强的测量

班别________________ 学号________________ 姓名________________

实验进行时间_____年_____月_____日,第_____周,星期_____,_____时至_____时

实验地点________________

实验目的

实验原理简述

实验中应注意事项

实验 4.6 光电效应和普朗克常量的测定

光电效应是指，当一定频率的光照射在金属表面时，金属表面有电子逸出的现象. 光电效应实验对于认识光的本质及早期量子理论的发展有里程碑式的意义（详见附录）.

实验目的

(1) 了解光电效应的规律，加深对光的量子性的理解.

(2) 测量普朗克常量 h.

(3) 测量同一频率、不同光强时光电管的伏安特性曲线.

(4) 测量不同频率时光电管的伏安特性曲线.

实验仪器

ZKY-GD-4 光电效应（普朗克常量）实验仪、汞灯电源、汞灯及光电管组件等.

实验原理

光电效应实验原理如图 4.6.1 所示. 入射光照射到光电管阴极 K 上，产生的光电子在电场的作用下向阳极 A 迁移，形成光电流. 改变外加电压 U_{AK}，测量光电流 I 的大小及其变化情况，即可获得光电管的伏安特性曲线.

光电效应的基本实验现象如下：

(1) 对于同一频率、不同光强的入射光，光电管的伏安特性曲线如图 4.6.2 所示（图中 $P_1 > P_2$）. 从图中可见，当外加电压 $U_{AK} < U_0$（注意，负值电压代表反向电压）时，电流为零，即截止电压 $U_c = -U_0$ 产生的电势能完全抵消从金属表面逸出的电子的动能.

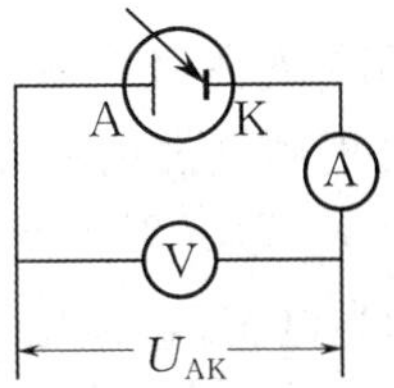

图 4.6.1 光电效应实验原理图

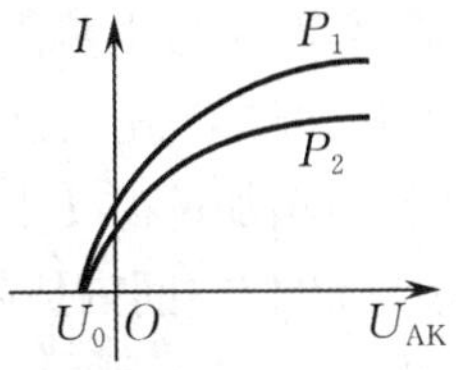

图 4.6.2 同一频率、不同光强的入射光，光电管的伏安特性曲线

(2) 对于同一频率、不同光强的入射光，当 $U_{AK} \geqslant U_0$ 时，电势能不足以抵消逸出电子的动能，从而电子能迁移至阳极 A，并在与之相连的电路上产生电流 I. 随着外加电压 U_{AK} 的增加，I 迅速增加，然后趋于饱和. 饱和光电流 I_M 的大小与入射光的光强 P 成正比.

(3) 对于不同频率的入射光，金属表面逸出电子的动能不同. 入射光频率越高，逸出电子的能量也越高，所以截止电压的值也越高，如图 4.6.3 所示（图中 $\nu_1 > \nu_2$）.

(4) 作截止电压 U_c 与频率 ν 的关系图，如图 4.6.4 所示. 可见 U_c 与 ν 成正比. 显然，当入射光频率低于某极限值 ν_0（ν_0 随不同金属而异）时，不论光强如何，照射时间多长，都没有光电流产生.

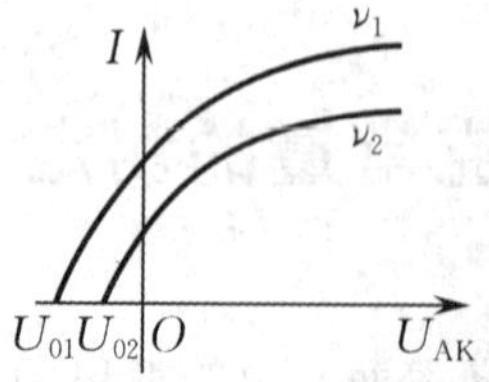

图 4.6.3　不同频率的入射光,光电管的伏安特性曲线

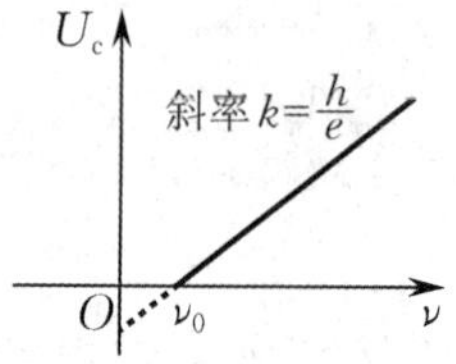

图 4.6.4　截止电压 U_c 与入射光频率 ν 的关系图

(5) 光电效应是瞬时效应. 即使入射光的强度非常微弱,只要频率大于 ν_0,在开始照射时就有光电子产生,所经过的时间至多为 10^{-9} s 数量级.

注　实际实验中,当 $U_{AK} < U_0$ 时反向电流并不为零. 图 4.6.2 和图 4.6.3 中没有小于零的电流,是因为反向电流极小,仅为 $10^{-13} \sim 10^{-14}$ A 数量级,坐标上反映不出来.

按照爱因斯坦(Einstein) 的光量子理论,光能并不像电磁波那样分布在波阵面上,而是集中在被称为光子的微粒上. 但这种微粒仍然保持着频率(或波长) 的性质,频率为 ν 的光子具有能量 $E=h\nu$,h 为普朗克常量. 当光子照射到金属表面上时,其能量立即被金属中的电子全部吸收,而无须积累能量的时间. 电子把这些能量的一部分用来克服金属表面原子核对它的束缚力从而逸出,余下的就变为电子离开金属表面后的动能. 根据能量守恒定律,爱因斯坦提出了著名的光电效应方程

$$h\nu = \frac{1}{2}mv_0^2 + A, \tag{4.6.1}$$

式中,A 为金属的功函数,$\frac{1}{2}mv_0^2$ 为光电子(光电效应中逸出的电子) 获得的最大初动能,m 为光电子的质量.

由式(4.6.1) 可见,入射到金属表面的光频率越高,逸出的电子动能越大. 即使阳极电势比阴极电势略低,也会有电子落入阳极形成光电流,直至 $U_{AK}=U_0$,光电流才为零,此时有

$$eU_c = \frac{1}{2}mv_0^2. \tag{4.6.2}$$

若取阴极为电势零点,阳极电势高于 U_0 后,随着阳极电势的升高,阳极对阴极发射的电子的收集作用也逐渐变强,光电流随之上升;当阳极电势高到一定程度,已把阴极发射的光电子几乎全部收集到阳极,再增加 U_{AK},I 不再变化,光电流出现饱和. 对同一频率的入射光而言,光强 P 越大,光子数越多,单位时间内从阴极逸出的电子数越多,因此饱和光电流 I_M 的大小与入射光的光强 P 成正比.

当光子的能量 $h\nu < A$ 时,电子不能脱离金属,因而没有光电流产生. 产生光电效应的最低频率(截止频率) $\nu_c = \frac{A}{h}$.

将式(4.6.2) 代入式(4.6.1),可得

$$eU_c = h\nu - A. \tag{4.6.3}$$

式(4.6.3) 表明,截止电压 U_c 是频率 ν 的线性函数,斜率 $k=\frac{h}{e}$. 只要用实验方法得出不同的频率对应的截止电压,求出斜率,就可算出普朗克常量 h.

爱因斯坦的光量子理论成功地解释了光电效应.

实验内容

1. 了解 ZKY-GD-4 光电效应(普朗克常量)实验仪

ZKY-GD-4 光电效应(普朗克常量)实验仪由电源、汞灯、滤色片、光阑、光电管、基座、主机构成,其结构如图 4.6.5 所示,实验仪面板如图 4.6.6 所示. 实验仪有手动和自动两种工作模式,具有自动采集、存储数据,实时显示采集数据,动态显示采集曲线(连接普通示波器,可同时显示 5 个存储区中存储的曲线),以及采集完成后查询数据的功能.

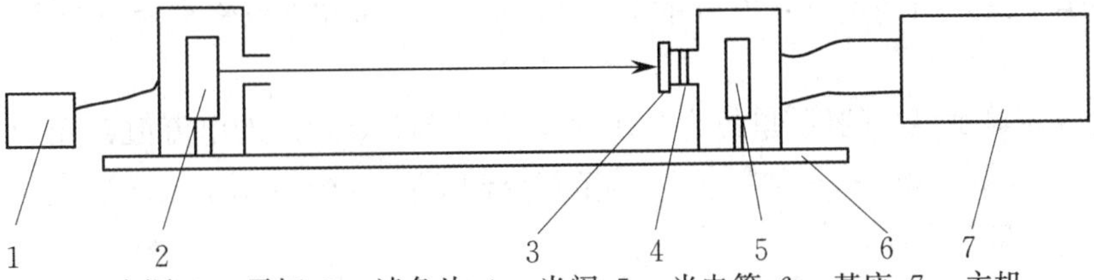

1— 电源;2— 汞灯;3— 滤色片;4— 光阑;5— 光电管;6— 基座;7— 主机.

图 4.6.5　结构示意图

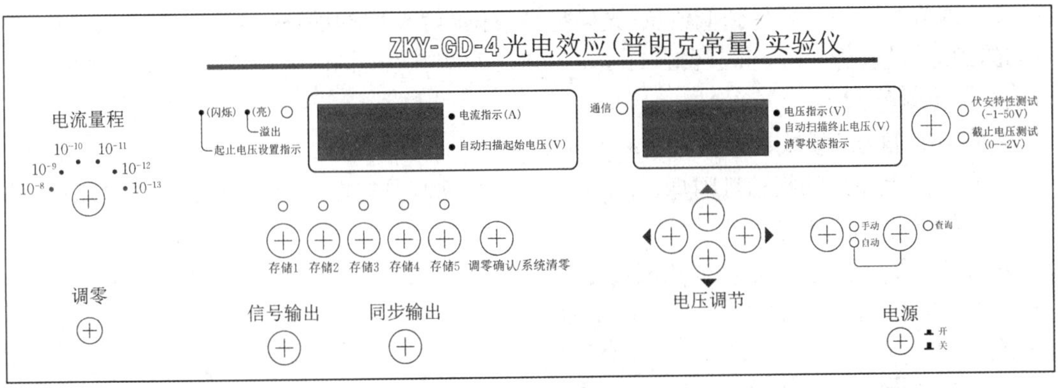

图 4.6.6　面板示意图

2. 测试前准备

(1) 将实验仪和汞灯的电源接通,汞灯及光电管暗盒的遮光盖盖上,预热 20 min.

(2) 将汞灯暗盒的光输出口对准光电管暗盒的光输入口,调整光电管与汞灯距离为约 40 cm 并保持不变.

(3) 用专用连接线将光电管暗盒的电压输入端与实验仪的电压输出端(在后面板上)连接起来(红 — 红,蓝 — 蓝).

(4) 调零. 将"电流量程"选择开关拨至 10^{-13} A 挡. 在充分预热后,进行测试前调零. 实验仪在开机或改变电流量程后都会自动进入调零状态. 此时电压指示为四条横杠"————". 旋转"调零"旋钮,使电流指示为零. 调节好后,用高频匹配电缆将光电管暗盒的电流输出端与实验仪的微电流输入端连接起来,按"调零确认/系统清零"键,系统进入测试状态.

3. 测定普朗克常量 h

进行测定普朗克常量 h 实验时,"伏安特性测试/截止电压测试"状态键应转换为"截止电压测试"状态,"电流量程"选择开关应拨至 10^{-13} A 挡,并进行调零操作.

将直径为 4 mm 的光阑及所选谱线的滤色片装在光电管暗盒的光输入口上. 由式(4.6.3)可

知,截止电压U_c是频率ν的线性函数.只要使用滤色片,就能够得到不同波长(频率)的单色光.依次换上波长为365.0 nm,404.7 nm,435.8 nm,546.1 nm,577.0 nm的滤色片,测量每一频率的单色光照射时对应的截止电压U_c,填入表4.6.1中.再根据表4.6.1中的数据在坐标纸上画图.根据所画出的直线确定其斜率,由斜率$k=\frac{h}{e}$就可算出普朗克常量h.

1)手动测量

将"手动/自动"模式键切换到手动模式.

将直径为4 mm的光阑及波长为365.0 nm的滤色片装在光电管暗盒的光输入口上,打开汞灯遮光盖.

此时电压表显示U_{AK}的值,单位为V;电流表显示与U_{AK}对应的电流值I,单位为所选择的电流量程.用电压调节键→,←,↑,↓可调节U_{AK}的值,→,←键用于选择数位,↑,↓键用于调节该数位上的数的大小.

从低到高调节电压(绝对值减小),观察电流值的变化,寻找电流为零时对应的U_{AK},以其绝对值作为该波长的入射光对应的截止电压U_c的值,并将数据记于表4.6.1中.为尽快找到U_c的值,调节时应从高数位到低数位,先确定高数位的值,再顺次往低数位调节.

依次换上波长为404.7 nm,435.8 nm,546.1 nm,577.0 nm的滤色片,重复以上测量步骤.

2)自动测量

将"手动/自动"模式键切换到自动模式.

此时电流表左边的指示灯闪烁,表示系统处于自动测量扫描范围设置状态,用电压调节键可设置扫描起始和终止电压.

对各条谱线,建议扫描范围大致设置为365.0 nm:−1.90～−1.50 V;404.7 nm:−1.60～−1.20 V;435.8 nm:−1.35～−0.95 V;546.1 nm:−0.80～−0.40 V;577.0 nm:−0.65～−0.25 V.

实验仪设有5个数据存储区,每个存储区可存储500组数据,并由指示灯表示其状态.灯亮表示该存储区已存有数据,灯不亮为空存储区,灯闪烁表示系统预选的或正在存储数据的存储区.

设置好扫描起始和终止电压后,按下相应的存储区按键,实验仪将先清除存储区原有数据,等待约30 s,再按4 mV的步长自动扫描,并显示、存储相应的电压和电流值.

扫描完成后,实验仪自动进入数据查询状态,此时查询指示灯亮,显示区显示扫描起始电压和相应的电流值.用电压调节键改变电压值,就可查阅在测试过程中扫描电压为当前显示值时相应的电流值.读取电流为零时对应的U_{AK},以其绝对值作为该波长对应的U_c值,并将数据记于表4.6.1中.

按"查询"键,查询指示灯灭,系统恢复到扫描范围设置状态,可进行下一次测量.

在自动测量过程中或测量完成后,按"手动/自动"键,系统回到手动测量模式,模式转换前工作的存储区内的数据将被清除.

若将实验仪与示波器连接,则可观察到U_{AK}为负值时各谱线在选定的扫描范围内的伏安特性曲线.

4. 测光电管的伏安特性曲线

测量光电管的伏安特性曲线时,"伏安特性测试/截止电压测试"状态键应为"伏安特性测试”状态,“电流量程”选择开关应拨至 10^{-10} A 挡,并重新调零.将直径为 4 mm 的光阑及所选谱线的滤色片(建议选波长为 546.1 nm 的滤色片)装在光电管暗盒的光输入口上.

1) 入射光频率不变时,不同光强对应的光电管的伏安特性曲线测定

实验过程中滤色片不变,通过改变光电管暗箱与光源出光孔之间的距离,达到改变入射光光强的目的.测伏安特性曲线可选用手动或自动模式,测量的范围为 −1.0 ~ 50.0 V,自动测量时步长为 1.0 V(5 V 以下为 0.5 V,30 V 以上为 2 V).实验仪的功能及使用方法如前所述.

(1) 将光电管暗箱靠近光源,测量光强较大时光电管的伏安特性曲线,将 U_{AK} 及所测得的 I 的数据记入表 4.6.2,在坐标纸上作光强较大时的伏安特性曲线.

(2) 将光电管暗箱远离光源,测量光强较小时光电管的伏安特性曲线,将 U_{AK} 及所测得的 I 的数据记入表 4.6.2,在坐标纸上作光强较小时的伏安特性曲线.

2) 入射光频率不同时光电管的伏安特性曲线测定

实验过程中通过改变滤色片(波长为 404.7 nm 和 546.1 nm)来改变入射光的频率.测伏安特性曲线可选用手动或自动模式,测量的范围为 −1.0 ~ 50.0 V,自动测量时步长为 1.0 V(5 V 以下为 0.5 V,30 V 以上为 2 V),实验仪的功能及使用方法如前所述.

(1) 在光电管暗箱的光输入口套上波长为 404.7 nm 的滤色片,测量入射光入射时光电管的伏安特性曲线,将 U_{AK} 及所测得的 I 的数据记入表 4.6.3,在坐标纸上作伏安特性曲线.

(2) 在光电管暗箱的光输入口套上波长为 546.1 nm 的滤色片,测量入射光入射时光电管的伏安特性曲线,将 U_{AK} 及所测得的 I 的数据记入表 4.6.3,在坐标纸上作伏安特性曲线.

数据处理

(1) 由表 4.6.1 的实验数据,作截止电压 U_c 与入射光频率 ν 的关系图,得出 U_c-ν 直线的斜率 k,由 $h=ek$ 求出普朗克常量 h,并与公认值 h_0 比较,求出相对误差 $E=\frac{|h-h_0|}{h_0}$.其中 $e=1.602\,176\,634\times10^{-19}$ C,$h_0=6.626\,070\,15\times10^{-34}$ J·s.

(2) 由表 4.6.2 的实验数据,作入射光频率不变、不同光强对应的光电管的伏安特性曲线(参见图 4.6.2).

(3) 由表 4.6.3 的实验数据,作入射光频率不同时光电管的伏安特性曲线(参见图 4.6.3).

注意事项

(1) 在仪器的使用过程中,汞灯不宜直接照射光电管,也不宜长时间连续照射加有光阑和滤色片的光电管,否则将减少光电管的使用寿命.

(2) 实验完成后,应用光电管暗盒遮光盖将光电管暗盒的光输入口遮住.

原始数据记录(实验 4.6)

表 4.6.1 $U_c-\nu$ 关系　　　　光阑孔径 Φ = ________ mm

波长 λ_i/nm		365.0	404.7	435.8	546.1	577.0
频率 ν_i/(10^{14} Hz)		8.214	7.408	6.879	5.490	5.196
截止电压 U_{ci}/V	手动					
	自动					

表 4.6.2 入射光频率不变、不同光强对应的光电管 $I-U_{AK}$ 关系

U_{AK}/V	−1.0	−0.5	0.0	0.5	1.0	1.5	2.0	2.5	3.0	3.5	4.0	4.5
I(强光)/(10^{-10} A)												
I(弱光)/(10^{-10} A)												
U_{AK}/V	5.0	6.0	7.0	8.0	9.0	10.0	11.0	12.0	13.0	14.0	15.0	16.0
I(强光)/(10^{-10} A)												
I(弱光)/(10^{-10} A)												
U_{AK}/V	17.0	18.0	19.0	20.0	21.0	22.0	23.0	24.0	25.0	26.0	27.0	28.0
I(强光)/(10^{-10} A)												
I(弱光)/(10^{-10} A)												
U_{AK}/V	29.0	30.0	32.0	34.0	36.0	38.0	40.0	42.0	44.0	46.0	48.0	50.0
I(强光)/(10^{-10} A)												
I(弱光)/(10^{-10} A)												

表 4.6.3 入射光频率不同时光电管 $I-U_{AK}$ 关系

U_{AK}/V	−1.0	−0.5	0.0	0.5	1.0	1.5	2.0	2.5	3.0	3.5	4.0	4.5
I(404.7 nm)/(10^{-10} A)												
I(546.1 nm)/(10^{-10} A)												
U_{AK}/V	5.0	6.0	7.0	8.0	9.0	10.0	11.0	12.0	13.0	14.0	15.0	16.0
I(404.7 nm)/(10^{-10} A)												
I(546.1 nm)/(10^{-10} A)												
U_{AK}/V	17.0	18.0	19.0	20.0	21.0	22.0	23.0	24.0	25.0	26.0	27.0	28.0
I(404.7 nm)/(10^{-10} A)												
I(546.1 nm)/(10^{-10} A)												
U_{AK}/V	29.0	30.0	32.0	34.0	36.0	38.0	40.0	42.0	44.0	46.0	48.0	50.0
I(404.7 nm)/(10^{-10} A)												
I(546.1 nm)/(10^{-10} A)												

大学物理实验预习报告

实验项目 光电效应和普朗克常量的测定

班别________________学号________________姓名________________

实验进行时间_____年_____月_____日，第_____周，星期_____，_____时至_____时

实验地点__________________

实验目的

实验原理简述

实验中应注意事项

实验 4.7 密立根油滴实验

1910 年前后,密立根及其学生选取带电油滴作为实验对象,测定了多个油滴的电荷量,发现油滴所带电荷量均为元电荷的整数倍,首次以实验事实证明了电荷量的不连续性,即电荷量具有量子化特征,并且给出了元电荷的准确值.密立根因该实验获得了 1923 年诺贝尔物理学奖.密立根油滴实验设计简单巧妙,结果精确,被英国《物理世界》杂志评为十大最美物理实验之一.

实验目的

(1) 学会油滴实验测量元电荷的原理和测量方法.

(2) 验证电荷量的不连续性,测定元电荷值 e.

(3) 学习实验的设计思想,通过对实验仪器的调整、油滴的选择、数据的处理等,训练学生严谨的科学态度.

实验仪器

ZKY-MLG-6CCD 显微密立根油滴仪.

实验原理

密立根油滴实验的基本设计思路是使带电油滴在测量范围内处于受力平衡状态,通过对带电油滴宏观运动速度的测量来测量微观电荷量.具体测量方法有静态平衡测量法和动态平衡测量法.静态平衡测量法具有操作简单、易于控制、误差小等特点.本实验仅介绍静态平衡测量法.静态平衡测量法的出发点是使油滴在均匀电场中静止在某一位置,或在重力场中做匀速运动.

使用喷雾器将油滴喷入两块相距为 d 的水平放置的平行极板之间.油滴从喷雾器喷出后,由于摩擦而带电.设油滴的质量为 m,电荷量为 q,两极板间的电压为 U.油滴在平行极板之间将同时受到重力 $m\boldsymbol{g}$ 和静电力 $q\boldsymbol{E}$ 的作用(忽略浮力).调节两平行极板间的电压 U,可以使重力 $m\boldsymbol{g}$ 和静电力 $q\boldsymbol{E}$ 达到平衡,如图 4.7.1 所示.带电油滴恰好静止在电场中所需的电压称为平衡电压.这时有

$$mg = qE = \frac{qU}{d}. \tag{4.7.1}$$

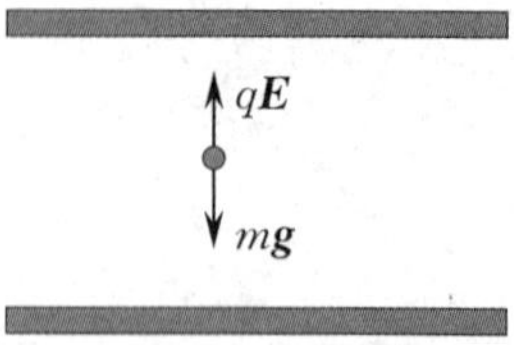

图 4.7.1 油滴在电场中平衡时的受力

由式(4.7.1)可知,为了测出油滴所带的电荷量 q,需要测定两极板间的电压 U、两极板间

的距离 d 和油滴的质量 m. 油滴的质量 m 很小,需要用特殊的方法测定.

平行极板间不加电压时,油滴将会下落. 由于黏滞阻力的存在,要先经历一个变加速过程. 根据运动方程可以计算出变加速过程时间很短,约为 10^{-4} s. 随着速度的增加,当黏滞阻力 $\boldsymbol{f}_r$ 与重力 $m\boldsymbol{g}$ 达到平衡后,以速度 v_g 匀速下落,如图 4.7.2 所示.

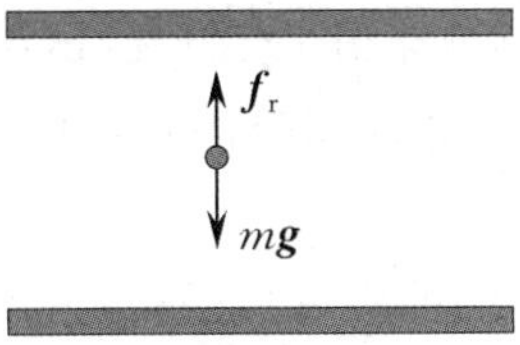

图 4.7.2　油滴匀速下落时的受力

设油滴为球形,半径为 a,密度为 ρ,空气的黏滞系数为 η. 根据斯托克斯定律,油滴匀速下落时有

$$f_r = 6a\pi\eta v_g = mg. \tag{4.7.2}$$

油滴的质量 m 可表示为

$$m = \frac{4\pi}{3}a^3\rho. \tag{4.7.3}$$

由式(4.7.2) 和式(4.7.3) 可得油滴的半径为

$$a = \sqrt{\frac{9\eta v_g}{2g\rho}}. \tag{4.7.4}$$

考虑到油滴非常小(半径为 10^{-6} m),它的大小接近空气分子的平均自由程,与空气分子的间隙只相差几个数量级,空气已不能再视为连续介质,空气的黏滞系数应修正为

$$\eta' = \frac{\eta}{1+\frac{b}{pa}}, \tag{4.7.5}$$

式中,$b = 8.23\times10^{-3}$ m · Pa 为修正常量,p 为大气压强. 于是有

$$a = \sqrt{\frac{9\eta v_g}{2g\rho}\cdot\frac{1}{1+\frac{b}{pa}}}. \tag{4.7.6}$$

式(4.7.6) 的根号中还包含油滴半径 a. 但是 a 处在修正项中,不需要十分精确,因此可利用式(4.7.4) 来计算. 将式(4.7.6) 代入式(4.7.3),得

$$m = \frac{4\pi}{3}\left(\frac{9\eta v_g}{2g\rho}\cdot\frac{1}{1+\frac{b}{pa}}\right)^{\frac{3}{2}}\rho. \tag{4.7.7}$$

当两极板间电压为零时,忽略变加速下落的过程,油滴匀速下落速度 v_g 可以通过下落距离 l 和下落时间 t_g 求出:

$$v_g = \frac{l}{t_g}. \tag{4.7.8}$$

综合式(4.7.8)、式(4.7.7) 和式(4.7.1),可得

$$q=\frac{18\pi}{\sqrt{2\rho g}}\left[\frac{\eta l}{t_g\left(1+\frac{b}{pa}\right)}\right]^{\frac{3}{2}}\cdot\frac{d}{U}. \tag{4.7.9}$$

式(4.7.9)就是用静态平衡测量法测量油滴所带电荷量的理论公式.

测量油滴所带电荷量的目的是希望找出电荷量的最小单位.为此,可以分别测出不同的油滴所带的电荷量 q.它们应近似为某一最小单位的整数倍,即油滴电荷量的最大公约数就是元电荷.

由于实验时间有限,无法对大量的油滴进行测量,一般采用从结果倒推的方法,即用理论元电荷 $e=1.602\,176\,634\times10^{-19}$ C 去除实验测得的电荷量 q,得到接近于某一整数的数值,该整数就是油滴所带的元电荷数 n,再用 n 去除实验测得的电荷量 q,即得到元电荷 e.

实验内容

学习控制油滴在视场中的运动,并选择合适的油滴进行测量.要求至少测量五个不同的油滴,每个油滴的测量次数应为五次.

1. 熟悉 ZKY-MLG-6CCD 显微密立根油滴仪

实验采用的是 ZKY-MLG-6CCD 显微密立根油滴仪.实验仪由主机、CCD(电荷耦合器件)成像系统、油滴盒、监视器和喷雾器等部件组成.其中主机包括可控高压电源、计时装置、A/D 采样、视频处理等单元模块,CCD 成像系统包括 CCD 传感器、光学成像部件等,油滴盒包括高压电极、照明装置、防风罩等部件,监视器是视频信号输出设备.仪器部件如图 4.7.3 所示.

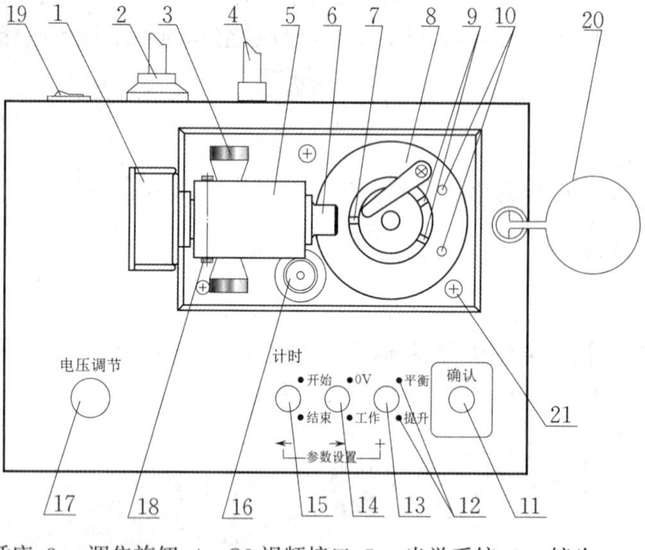

1—CCD 盒;2— 电源插座;3— 调焦旋钮;4—Q9 视频接口;5— 光学系统;6— 镜头;7— 观察孔;8— 上极板压簧;9— 进光孔;10— 光源;11— 确认键;12— 状态指示灯;13— 平衡/提升切换键;14—0 V/工作切换键;15— 计时开始/结束切换键;16— 水准仪;17— 电压调节旋钮;18— 紧固螺钉;19— 电源开关;20— 油滴管收纳盒安放环;21— 调平螺钉(3 颗).

图 4.7.3　仪器部件示意图

CCD 模块及光学成像系统用来捕捉暗室中油滴的像,同时将图像信息传给主机的视频处理模块.实验过程中可以通过调焦旋钮来改变焦距,使油滴的像清晰地呈现在 CCD 传感器的窗口内.

旋转电压调节旋钮,调整极板之间的电压,以控制油滴,使之受力平衡.

计时开始/结束切换键用来记录时间;0 V/工作切换键用来切换仪器的工作状态;平衡/提升切换键可以控制油滴平衡或提升;确认键可以将测量数据显示在屏幕上,从而省去了每次测量完成后手工记录数据的过程,使操作者把更多的注意力集中到实验进程上来.

油滴盒是关键部件,如图 4.7.4 所示.上、下极板之间通过胶木圆环支撑,三者之间的接触面经过机械精加工后可以将极板间的不平行度、间距误差控制在 0.01 mm 以下;这种结构基本上消除了极板间的势垒效应及边缘效应,较好地保证了油滴室处在匀强电场之中,从而有效地减小了实验误差.

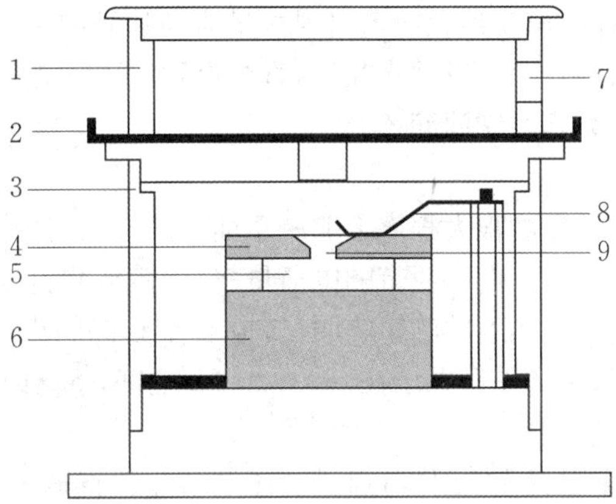

1—油雾杯;2—进油量开关;3—防风罩;4—上极板;5—油滴室;6—下极板;7—喷雾口;8—上极板压簧;9—落油孔.

图 4.7.4　油滴盒装置示意图

胶木圆环上开有两个进光孔和一个观察孔,光源通过进光孔给油滴室提供照明,而成像系统则通过观察孔捕捉油滴的像.照明由高亮发光二极管提供,其使用寿命长、不易损坏;油雾杯可以暂存油雾,使油雾不至于过早地逸散;进油量开关可以控制进油量;防风罩可以避免外界空气流动对油滴的影响.

2. 调整仪器

1)水平调整

调整实验仪底部的旋钮(顺时针旋转,仪器升高;逆时针旋转,仪器降低),通过水准仪将实验平台调平,使电场方向与重力方向平行,以免引起实验误差.极板平面是否水平决定油滴在下落或提升过程中是否发生漂移.

2)喷雾器调整

将少量钟表油缓慢地倒入喷雾器的储油腔内,使油淹没提油管下方,油不要太多,以免实验过程中不慎将油倾倒至油滴盒内而堵塞落油孔.将喷雾器竖起,用手挤压气囊,使得提油管内充满钟表油.

3)仪器硬件接口连接

主机接线:电源线接交流 220 V/50 Hz;视频输出接监视器视频输入(IN).

监视器:输入阻抗开关拨至 75 Ω,视频线缆接 IN 输入插座.电源线接 220 V/50 Hz 交流电压. 前面板调整旋钮自左至右依次为左右调整、上下调整、亮度调整、对比度调整.

4) 实验仪使用

(1) 打开实验仪电源及监视器电源,监视器出现欢迎界面.

(2) 按任意键,监视器出现参数设置界面. 根据当地的环境适当设置重力加速度、油密度、大气压强、油滴下落距离. "←" 为左移键,"→" 为右移键,"+" 为数据设置键.

(3) 按确认键,监视器出现实验界面后,将计时器切换至"结束";将工作状态键切换至"工作"(工作状态键切换至"0 V",绿色指示灯亮;工作状态键切换至"工作",红色指示灯亮);将平衡/提升切换键设置为"平衡"(在平衡状态时绿色指示灯亮,在提升状态时红色指示灯亮).

5) CCD 成像系统调整

从喷雾口喷入油雾,此时监视器上应该出现大量运动油滴的像. 若没有看到油滴的像,则需调整调焦旋钮或检查喷雾器是否有油雾喷出,直至得到油滴清晰的图像.

3. 选择适当的油滴并练习控制油滴

1) 选择适当的油滴

密立根油滴实验数据的精度很大程度上取决于油滴的选取. 要做好油滴实验,所选的油滴体积要适中. 大的油滴虽然明亮,但一般带的电荷量多,下落或提升太快,不容易准确测量. 油滴太小,下落慢,且受空气分子热运动的影响明显,也不容易准确测量. 因此应该选择质量适中且电荷量不大的油滴. 建议选择平衡电压在100～300 V之间,下落时间(下落距离为1.6 mm)为15 s左右的油滴进行测量.

具体操作:将工作状态键置为"工作",通过电压调节旋钮将电压调至 300 V 以上,喷入油雾,此时监视器出现大量运动的油滴,观察上升较慢且明亮的油滴,然后降低电压,使之达到静止状态. 随后将工作状态键置为"0 V",油滴下落,在监视器上选择下落一格的时间约 2 s 的油滴作为目标油滴. 调节调焦旋钮使目标油滴最小最亮.

2) 平衡电压的确认

仔细调整平衡电压,使油滴平衡在某一格线上,等待一段时间,观察油滴是否飘离格线. 若其向同一方向飘动,则需重新调整;若其基本稳定在格线或只在格线附近做轻微的布朗运动,则可以认为其基本达到受力平衡.

由于油滴在实验过程中处于挥发状态,在对同一油滴进行多次测量时,每次测量前都要重新调整平衡电压,以免引起实验误差. 事实证明,同一油滴的平衡电压将随时间的推移有规律地递减,且对实验误差的影响很大.

3) 控制油滴的运动

选择适当的油滴,调整平衡电压,使油滴平衡在某一格线上,将工作状态键切换至"0 V",绿色指示灯亮. 此时上、下极板同时接地,静电力为零,油滴在重力、浮力(较小,通常忽略)及黏滞阻力的作用下下落. 当油滴下落至该格线时按下计时键("开始" 灯亮),开始记录油滴下落的时间;待油滴下落至预定格线时,再按下计时键,"结束" 灯亮,计时结束(计时位置见图 4.7.5). 此时工作状态键将自动切换至"工作" 状态,油滴逐渐停止下落. 可以通过确认键将此次测量数据记录到屏幕上.

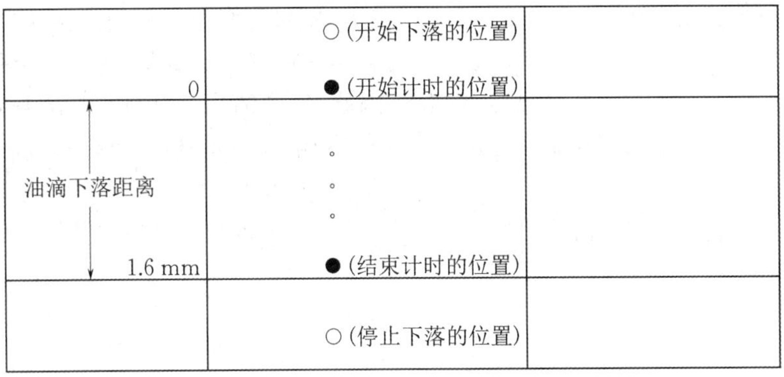

图 4.7.5　平衡法计时位置示意图

将工作状态键切换至“工作”,红色指示灯亮,此时仪器根据平衡或提升状态分两种情形:若置于“平衡”,则可以通过电压调节旋钮调整平衡电压;若置于“提升”,则极板电压将在原平衡电压的基础上再增加 200 ～ 300 V 的电压,使油滴向上运动.

4. 正式测量

本实验选用静态平衡测量法,实验前密立根油滴实验仪必须调成水平.

(1) 开启实验仪电源及监视器电源,监视器出现欢迎界面.

(2) 按任意键,监视器出现参数设置界面. 根据当地的环境适当设置重力加速度、油密度、大气压强、油滴下落距离(实验时油滴下落距离与此一致).

(3) 按确认键,监视器出现实验界面后,将工作状态键切换至“工作”,将平衡/提升切换键置于“平衡”.

(4) 将平衡电压调整为 300 V 左右,通过喷雾口向油滴盒内喷入油雾,此时监视器上将出现大量运动的油滴. 选取适当的油滴,仔细调整平衡电压,使其平衡在“0”标记格线上.

(5) 将工作状态键切换至“0 V”,此时油滴开始下落,当油滴下落至“0”标记格线时计时器启动,开始记录油滴的下落时间.

(6) 当油滴下落至预定格线(如 1.6 mm 格线)时,快速地将计时键切换至“结束”,油滴停止. 此时可以通过按确认键将测量数据(平衡电压 U 及下落时间 t)记录在屏幕上.

(7) 将平衡/提升切换键设置为“提升”,油滴向上运动,当回到略高于起始位置时,将该键切换至“平衡”状态. 重新调整平衡电压,如果此时平衡电压发生了突变,说明该油滴得到或者失去了电子. 需要从步骤(4)开始重新找油滴.

(8) 重复步骤(5),(6),(7),当达到五次记录后,按确认键,界面的左侧出现实验数据,将实验数据填入表 4.7.1 中.

(9) 按确认键,重复步骤(4)～(8),测出第二个油滴的有关数据. 至少测五个油滴,并根据所测得的有关数据求出平均电荷量 $\overline{q}$,并求它们的最大公约数,即为元电荷 e(需要足够的数据统计量). 根据 e 的理论值,计算出 e 的相对误差.

数据处理

该实验的数据处理方法主要有两种:最大公约数法和作图法.

最大公约数法需要大量的油滴数据,计算出各油滴的电荷量后,求它们的最大公约数,即

为元电荷 e. 这种方法对于学生有一定的难度. 在实验中,我们一般采用作图法求元电荷 e. 设实验测得 N 个油滴的电荷量分别为 $q_1, q_2, \cdots, q_N$. 由于电荷量的量子化特性,应有 $q=ne$. 此为一直线方程,n 为自变量,q 为因变量,e 为斜率. 因此,N 个油滴对应的数据在 $q-n$ 坐标系中将在同一条过原点的直线上. 若找到满足这一关系的直线,就可由其斜率求得 e. 将 e 的实验值与理论值 e_0 比较,求相对误差.

实验得到 N 个油滴的电荷量分别为 $q_1, q_2, \cdots, q_N$,用每个油滴的电荷量除以元电荷理论值 e_0,得到近似整数 n_i,即

$$n_i = \frac{q_i}{e_0}.$$

再将每个油滴的带电量 $q_1, q_2, \cdots, q_N$ 除以该近似整数 n_i,得到元电荷的实验值,即

$$e_i = \frac{q_i}{n_i}.$$

取平均值,有

$$\bar{e} = \frac{1}{N}\sum_{i=1}^{N} e_i.$$

元电荷的相对误差为

$$E = \frac{|\bar{e} - e_0|}{e_0} \times 100\%.$$

注意事项

(1) CCD 盒、紧固螺钉、摄像镜头的位置不能变更,否则会对像距及成像角度造成影响.

(2) 实验前应对仪器油滴盒内部进行清洁,防止异物堵塞落油孔. 在喷油后,若视场中没有发现油滴,可能是传感线接触不良或油雾孔被堵. 处理方法是检查线路,或者打开油雾杯,用脱脂棉擦拭小孔,或利用细丝(直径小于 0.4 mm) 疏通小孔.

(3) 调整仪器时,若要打开油雾杯,则应先将工作状态键放在"0 V" 位置,最好关掉电源.

(4) 喷油时,切忌频繁喷油,要充分利用资源.

(5) 仪器使用环境应为温度在 0 ~ 40 ℃ 的静态空气.

(6) 注意调整进油量开关,避免外界空气流动对油滴测量造成影响.

(7) 仪器内有高压,应避免用手接触电极.

(8) 注意仪器的防尘保护.

思考题

1. 如何判断油滴盒内两平行极板是否水平? 如果不水平,对实验有何影响?

2. 应选什么样的油滴进行测量? 油滴太小对测量有什么影响? 太大或带电太多的油滴存在什么问题?

3. 对本实验的数据处理有没有更好的意见? 谈谈你的想法.

4. 利用某一颗油滴的实验数据,计算出作用在该油滴上的浮力,将其大小与重力、黏滞阻力、静电力相比较.

原始数据记录(实验 4.7)

表 4.7.1　密立根油滴实验数据记录表

油滴序号	平衡电压 U/V	下落时间 t_g/s	平均平衡电压 $\overline{U}$/V	平均下落时间 $\overline{t}_g$/s	平均电荷量 $\overline{q}/(10^{-19}\ \mathrm{C})$	元电荷数 n	元电荷 $e/(10^{-19}\ \mathrm{C})$
1							
2							
3							
4							
5							

大学物理实验预习报告

实验项目<u>密立根油滴实验</u>

班别________________学号________________姓名________________

实验进行时间______年______月______日,第______周,星期______,______时至______时

实验地点____________________

实验目的

实验原理简述

实验中应注意事项

实验 4.8 利用超声光栅测量声速

超声波穿过介质时,使介质产生周期性弹性形变,从而使其折射率产生周期性变化,相当于一个移动的相位光栅,若同时有光穿过介质,光将被相位光栅所衍射,这就是声光衍射,又称声光效应. 利用声光效应制成的器件,称为声光器件. 声光器件能快速有效地控制激光束的强度、方向和频率,还能把电信号实时转换为光信号. 此外,声光效应还是探测材料声学性质的主要手段.

1922 年,布里渊(Brillouin) 在理论上预言了声光效应,1932 年,德拜(Debye) 和西尔斯(Sears) 以及卢卡斯(Lucas) 和比奎德(Biquard) 分别观察到了声光效应. 1935 年,拉曼(Raman) 和奈斯(Nath) 发现,在一定条件下,声光效应的衍射光强分布类似于光栅衍射的光强分布. 这种衍射也称为拉曼-奈斯衍射. 本实验利用该物理现象,进行液体介质中的声速测量.

实验目的

(1) 认识光栅衍射的规律.

(2) 了解声光效应.

(3) 利用声光效应演示超声光栅现象,并测量声波在液体中的传播速度.

实验仪器

信号发生器、超声换能器、超声池、BNC 高频信号连接线、分光计、测微目镜、光源等. 实验装置实物如图 4.8.1 所示,其中超声换能器为锆钛酸铅陶瓷片,其共振频率约为 10 MHz.

图 4.8.1 实验装置实物图

仪器主要技术参数:

(1) 超声换能器固有频率:10 MHz 左右(实测为准).

(2) 测微目镜:测量范围为 0 ~ 8 mm,测量精度为 0.01 mm.

(3) 平行光管、望远镜系统物镜焦距:170 mm.

(4) 汞灯光源:主要谱线为汞蓝光 435.8 nm,汞绿光 546.1 nm,汞黄光 578.0 nm.

(5) 分光计测角精度：1′.

(6) 狭缝宽度调节范围：0.02 ～ 2 mm.

(7) 载物台：可旋转，带水槽固定螺钉和水平调节螺钉.

(8) 信号发生器：DDS信号发生器，频率在 9 000 ～ 11 500 kHz 连续可调，分辨率为 1 kHz，用于驱动超声换能器. 左右旋转频率调节旋钮来改变频率大小，单击频率调节旋钮来改变需要调节的频率位.

实验原理

超声波作为一种纵波，在液体中传播时，其声压使液体分子产生周期性的变化，促使液体的折射率也相应地做周期性的变化，形成疏密交替变换的液体. 此时，若有单色平行光沿垂直于超声波传播方向通过该疏密相间的液体，就会被衍射，液体的这一作用类似光栅，所以称为超声光栅.

超声波传播时，若前进波被一个平面反射，则会反向传播，形成反射波. 在一定条件下，前进波与反射波叠加而形成相同频率的纵向振动驻波. 由于驻波的振幅可以达到单一行波(前进波或反射波) 的两倍，这就加剧了波源和反射面之间液体的疏密变化. 某一时刻，纵驻波的某一波腹两边的质点都涌向这个节点，使该节点附近成为质点密集区，而相邻的波腹处为质点稀疏区. 半个周期后，这个波腹点附近的质点又向两边散开变为质点稀疏区，相邻波腹处变为质点密集区. 在这些纵驻波中，稀疏作用使液体折射率减小，而压缩作用使液体折射率增大. 在距离等于波长 λ_0 的两点，液体的密度相同，折射率也相等，如图 4.8.2 所示.

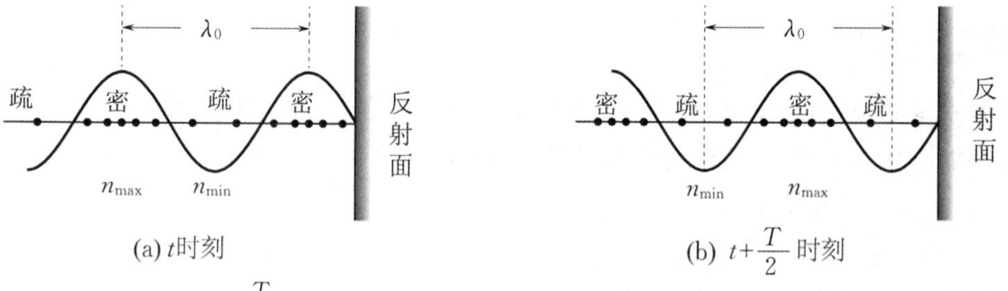

图 4.8.2　在 t 和 $t+\frac{T}{2}$(T 为超声振动周期) 两时刻振幅、液体疏密分布和折射率 n 的变化

波长为λ 的单色平行光沿着垂直于超声波传播方向的方向通过上述液体时，因折射率的周期性变化使光波的波阵面产生了相应的相位差，经透镜聚焦出现衍射条纹. 这种现象与平行光通过透射光栅的情形相似. 因为超声波的波长很短，只要盛装液体的液体槽的宽度能够维持平面波(宽度为 l)，槽中的液体就相当于一个衍射光栅. 图中行波的波长 λ_0 相当于光栅常量. 当满足拉曼-奈斯衍射条件$\left(\frac{2\pi\lambda l}{\lambda_0^2} \ll 1\right)$时，这种衍射类似于平面光栅衍射，可得如下光栅方程：

$$\lambda_0 \sin\varphi_k = k\lambda, \tag{4.8.1}$$

式中，k 为衍射级次，φ_k 为第 k 级衍射条纹的衍射角.

在光学导轨上，由单色光源、平行光管中的会聚透镜 L_1 与可调狭缝 S 组成平行光系统，如图 4.8.3 所示.

让光束垂直通过装有超声换能器(PZT 晶片) 的液体槽，在液体槽的另一侧，用自准直望

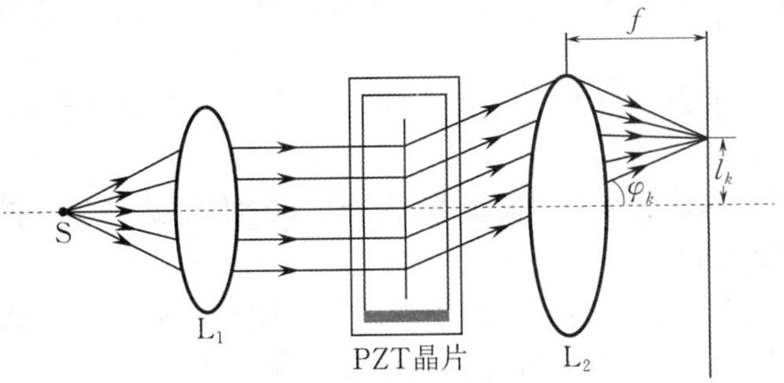

图 4.8.3 超声光栅衍射光路图

远镜中的物镜(L_2)和测微目镜组成测微望远系统. 若振荡器使超声换能器发生超声振动,进而形成稳定的纵驻波,则从测微目镜可观察到衍射光谱. 从图 4.8.3 中可以看出,当 φ_k 很小时,有

$$\sin\varphi_k=\frac{l_k}{f}, \tag{4.8.2}$$

式中,l_k 为衍射光谱零级到 k 级的距离,f 为透镜 L_2 的焦距. 结合式(4.8.1)可得,超声波波长

$$\lambda_0=\frac{k\lambda}{\sin\varphi_k}=\frac{k\lambda f}{l_k}. \tag{4.8.3}$$

超声波在液体中的传播速度

$$v=\lambda_0\nu=\frac{\lambda f\nu}{\Delta l_k}, \tag{4.8.4}$$

式中,ν 是振荡器和超声换能器的共振频率,Δl_k 为相邻的衍射条纹间距.

实验内容

(1) 按图 4.8.4 所示放置各仪器部件. 分光计调整方法参见实验 4.1 分光计的应用,用自准法使望远镜聚焦于无穷远,望远镜的光轴与分光计的转轴垂直,平行光管与望远镜同轴并出射平行光,观察并使望远镜的光轴与载物台的台面平行. 目镜调焦使分划板刻线清晰,并以平行光管出射的平行光为准,调节望远镜使观察到的狭缝清晰,狭缝应调至最小,实验过程中无须调节.

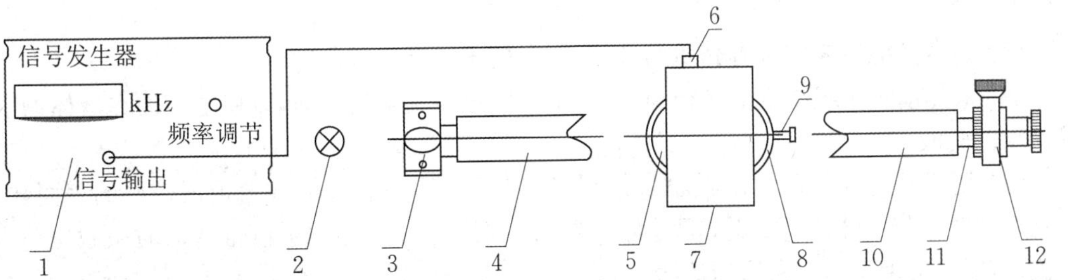

1—信号发生器;2—单色光源(汞灯);3—狭缝;4—平行光管;5—载物台;6—BNC 高频座;7—超声换能器及液体槽;8—液体槽座;9—锁紧螺钉;10—望远镜光管;11—接筒;12—测微目镜.

图 4.8.4 实验装置示意图

(2) 分别以波长为 578.0 nm,546.1 nm,435.8 nm 的汞灯作为光源.

(3) 分两次将待测液体蒸馏水和乙醇注入液体槽内,液面高度以液体槽侧面的液体高度刻线为准.

(4) 将液体槽座卡在载物台上,液体槽座的缺口对准并卡住载物台侧面的锁紧螺钉,放置平衡,并用锁紧螺钉固定.

(5) 将液体槽平稳地放置在液体槽座中,放置时,转动载物台使液体槽两长侧面基本垂直于望远镜和平行光管的光轴.

(6) BNC 高频连接线的一端接入超声换能器上的 BNC 高频座,另一端接入信号发生器的信号输出端(BNC 高频座),然后将超声换能器盖在液体槽上.

(7) 开启信号发生器电源,调节频率为 10 000 kHz(10. 000 MHz).

(8) 仪器预热 5 ~ 10 min.

(9) 从测微目镜观察衍射条纹,调节频率 100 kHz 位(通过单击信号发生器频率调节旋钮切换频率调节位,旋转旋钮改变对应频率位的数值),使信号发生器输出频率与超声换能器固有频率一致,形成共振,出现条纹. 再调节频率 10 kHz 位,使衍射光谱的级次显著增多且更为明亮.

(10) 左右稍微旋转载物台,能使射入液体槽的单色平行光完全垂直于超声波传播的方向,同时观察视场内的衍射光谱左右级次亮度及对称性,直到从目镜中观察到稳定而清晰的左右各 3 ~ 5 级的衍射条纹为止.

(11) 仔细调节测微目镜,使之能够清晰地观察到衍射条纹. 利用测微目镜逐级测量其位置读数(例如 −2,−1,0,+1,+2),并将测量数据填入表 4. 8. 1 或表 4. 8. 3 中,再用逐差法求出衍射条纹间距的平均值,并将数据填入表 4. 8. 2 或表 4. 8. 4 中.

数据处理

声速计算公式为

$$v = \frac{\lambda f \nu}{\Delta l_k},$$

式中,λ 为光波波长,ν 为共振时信号发生器频率计的读数,f 为望远镜物镜焦距(仪器数据),Δl_k 为相邻的衍射条纹间距.

注意事项

(1) 超声换能器未放入有介质的液体槽前,禁止开启信号发生器.

(2) 液体槽置于载物台上必须稳定,在实验过程中应避免震动,以使超声波在液体槽内形成稳定的驻波.

(3) 超声换能器表面与对应面的玻璃槽壁表面必须平行,此时才会形成较好的表面驻波,因此实验时应将液体槽的上盖盖平,而上盖与玻璃槽间留有较小的空隙,实验时微微扭动一下上盖,有时也会使衍射效果有所改善.

(4) 超声换能器共振频率约 10 MHz(10 000 kHz),信号发生器频率在 9 000 ~ 11 500 kHz 连续可调.

(5) 实验时间不宜过长,因为声波在液体中的传播速度与液体温度有关,时间过长,温度可能在小范围内有变动,从而影响测量精度. 一般待测液体温度等同于室温,精密测量时可在液体槽内插入温度计. 信号源长时间处于工作状态，会对其性能有一定影响，尤其在高频条件下有可能会使电路过热而损坏，建议信号源开机不超过 60 min.

(6) 提取液体槽应拿两端面，不要触摸两侧表面通光部位，以免造成污染. 如已有污染，可用乙醇或乙醚清洗干净，或用镜头纸擦净.

(7) 实验中液体槽内会有一定的热量产生，并导致待测液体挥发，槽壁会出现挥发气体凝露，一般不影响实验结果，但须注意液面下降太多导致超声换能器外露时，应及时补充待测液体至正常液面线处.

(8) 实验完毕应将液体槽内被测液体倒出，或把超声换能器拿离液体槽并用洁布擦干，不要将超声换能器长时间浸泡在液体槽内.

(9) 光源尽量靠近狭缝可明显提高条纹清晰度和衍射级次.

(10) 传声介质在含有杂质时对测量结果影响较大，建议使用蒸馏水(或可暂取饮用纯净水代用)、分析纯乙醇、甘油等，对某些有毒副作用的介质(如苯等)，不建议学生实验中使用，教师教学或科研需要时，也应注意安全.

原始数据记录(实验 4.8)

(1) 透镜L_2 的焦距 f =________ mm.

(2) 汞灯波长λ(其不确定度忽略不计)分别为:汞黄光 578.0 nm(双黄线平均波长),汞绿光 546.1 nm,汞蓝光 435.8 nm.

样品 1:蒸馏水

实验温度:20 ℃,ν =10.22 MHz,$v_{理论}$ =1 484.5 m/s.

表 4.8.1　测微目镜中衍射条纹位置读数 1　　单位:mm

光色	级次						
	−3	−2	−1	0	1	2	3
黄							
绿							
蓝							

表 4.8.2　衍射条纹间距数据记录表 1

光色	衍射条纹平均间距$\overline{\Delta l_k}$/mm	声速 v/(m/s)	误差 Δ/(m/s)
黄			
绿			
蓝			

注:$\overline{\Delta l_k} = \frac{1}{12}[(l_3 - l_0) + (l_2 - l_{-1}) + (l_1 - l_{-2}) + (l_0 - l_{-3})]$.

样品 2:乙醇

实验温度:20 ℃,ν =10.25 MHz,$v_{理论}$ =1 176.4 m/s.

表 4.8.3　测微目镜中衍射条纹位置读数 2　　单位:mm

光色	级次						
	−3	−2	−1	0	1	2	3
黄							
绿							
蓝							

表 4.8.4　衍射条纹间距数据记录表 2

光色	衍射条纹平均间距$\overline{\Delta l_k}$/mm	声速 v/(m/s)	误差 Δ/(m/s)
黄			
绿			
蓝			

大学物理实验预习报告

实验项目 利用超声光栅测量声速

班别__________________学号__________________姓名__________________

实验进行时间______年______月______日，第______周，星期______，______时至______时

实验地点____________________

实验目的

实验原理简述

实验中应注意事项

实验 4.9 干涉法测量固体的线膨胀系数

绝大多数固体都具有热胀冷缩的特性.在一维情况下,固体受热后长度的增加称为线膨胀.在相同条件下,不同材料的固体,其线膨胀的程度各不相同,我们引入线膨胀系数来表征物质的膨胀特性.线膨胀系数是物质的基本物理参数之一,在道路、桥梁、建筑等工程设计,精密仪器仪表设计,材料的焊接、加工等各领域中,都必须对物质的膨胀特性予以充分的考虑.测量物质线膨胀系数的方法有干涉法、顶杆法等.本实验将借助迈克耳孙干涉仪并利用干涉法测量固体的线膨胀系数.

实验目的

(1) 了解迈克耳孙干涉仪的基本原理.

(2) 采用干涉法测量试件的线膨胀系数.

实验仪器

线膨胀实验仪(见图 4.9.1)、游标卡尺等.

1— 温控表;2— 启/停开关;3— 电源开关.

图 4.9.1 线膨胀实验仪实物图

仪器主要技术参数:

(1) 氦氖激光器:功率约 1 mW,波长 632.8 nm(可选);半导体激光器:功率约 1.5 mW,波长 650 nm(可选).

(2) 温控炉适宜升温范围为室温 ~ 60 ℃,测温最小分辨率为 0.1 ℃.

(3) 试件分别为黄铜(H62),线膨胀系数 $\alpha = 20.8 \times 10^{-6}$/℃(25 ~ 300 ℃);硬铝,线膨胀系数 $\alpha = 23.2 \times 10^{-6}$/℃(20 ~ 300 ℃).

(4) 试件尺寸:长度 $L = 150$ mm,直径为 18 mm.

(5) 仪器系统误差小于 3%.

实验原理

1. 固体的线膨胀系数

在一定温度范围内,原长为 L_0(在温度 $t_0 = 0$ ℃ 时的长度) 的固体因受热而温度升高,一般固体会由于原子的热运动加剧而发生膨胀. 设固体在温度为 t 时,伸长量为 ΔL,它与温度的增加量 $\Delta t = t - t_0$ 成正比,与原长 L_0 也成正比,即

$$\Delta L = \alpha L_0 \Delta t, \tag{4.9.1}$$

此时固体的总长为

$$L_t = L_0 + \Delta L. \tag{4.9.2}$$

式(4.9.1)中,α 为固体的线膨胀系数,它是固体材料的基本物理参数之一. 在温度变化不大时,α 是一个常数. 由式(4.9.1)和式(4.9.2)可得

$$\alpha = \frac{L_t - L_0}{L_0(t - t_0)} = \frac{\Delta L}{L_0} \cdot \frac{1}{t}. \tag{4.9.3}$$

由式(4.9.3)可知,α 的物理意义为:当温度每升高 1 ℃ 时,固体的伸长量 ΔL 与它在 0 ℃ 时的长度之比. 当温度变化较大时,α 可用 t 的多项式来描述:

$$\alpha = A + Bt + Ct^2 + \cdots,$$

式中,A, B, C 为常数.

在实际测量中,通常测得的是固体材料在室温 t_1 下的长度 L_1 及其在温度 t_2 下的长度 L_2(或两温度间的长度变化量),可以通过下式计算得到线膨胀系数,这样得到的线膨胀系数是平均线膨胀系数,即

$$\alpha \approx \frac{L_2 - L_1}{L_1(t_2 - t_1)} = \frac{\Delta L}{L_1(t_2 - t_1)}, \tag{4.9.4}$$

式中,$\Delta L = L_2 - L_1$ 是长度为 L_1 的固体在温度从 t_1 升至 t_2 的过程中的伸长量. 在本实验中,我们需要直接测量的物理量是 $\Delta L, L_1, t_1$ 和 t_2.

2. 干涉法测量线膨胀系数

干涉法测量线膨胀系数的原理如图 4.9.2 所示,根据迈克耳孙干涉原理可知,长度为 L_1 的待测试件被温控炉加热,当温度从 t_1 升至 t_2 时,试件因线膨胀推动迈克耳孙干涉仪动镜(反射镜 3)的位移量 ΔL 与干涉条纹变化的级数 N 成正比,且有

$$\Delta L = N\frac{\lambda}{2}, \tag{4.9.5}$$

式中,λ 为激光的波长.

将式(4.9.5)代入式(4.9.4)得

$$\alpha = \frac{N\frac{\lambda}{2}}{L_1(t_2 - t_1)}. \tag{4.9.6}$$

实验内容

1. 待测试件的放置

首先,将待测试件从试件盒中取出(可用 M4 螺钉旋入试件一端的螺纹孔内,将试件提出来),再用游标卡尺测量并记录试件长度 L_1. 移开反射镜 2,手提 M4 螺钉把试件放入温控炉(确保试件的测温孔与炉侧面的测温探头插入圆孔对准. 注意轻放,禁止使样品直接掉进温控炉,以免砸碎试件底端的石英玻璃垫),然后拧下 M4 螺钉,将带螺纹的反射镜 3 与试件连接(不可拧得过紧,以免动镜上的石英玻璃管破碎). 当要更换试件时,需先拧下反射镜 3,再用辅助的 M4 螺钉取出试件.

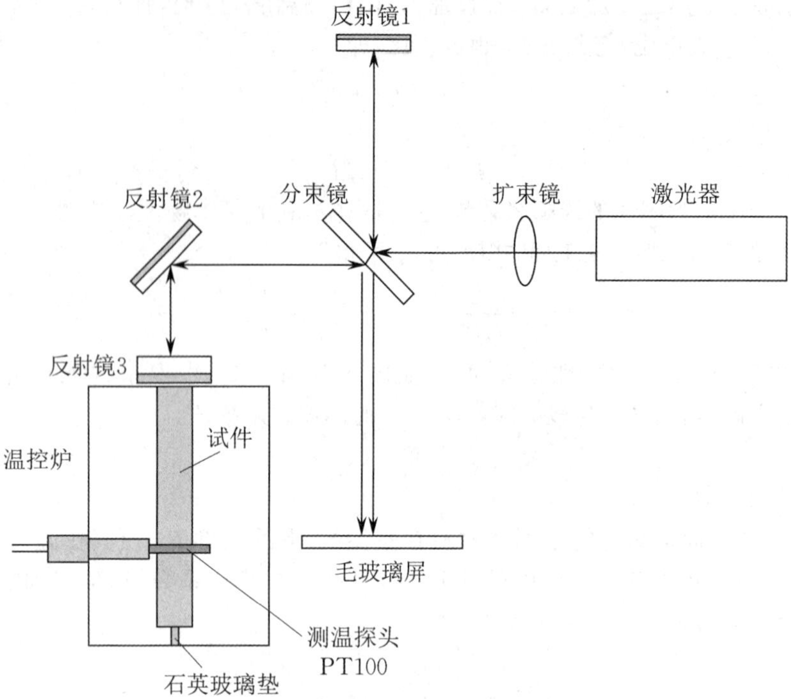

图 4.9.2　干涉法测量线膨胀系数原理图

将测温探头 PT100 通过温控炉侧面圆孔插入试件测温孔内,传感器插头与仪器后面板上的 PT100 测温传感器接口对应相连,温控炉控制电源与仪器后面板上的温控炉电源输出接口相连.最后,重新放置好反射镜 2.

2. 光路调节

接通电源,点亮氦氖激光器(若使用的是半导体激光器,可以将半导体激光器与仪器右侧的 5 V 激光电源相连,开启仪器电源开关即可).先移开扩束镜,调节激光器出射光、反射镜 1、反射镜 2 和分束镜,使毛玻璃屏上两组光点中两个最强点重合.再将扩束镜放置到光路中,若采用半导体激光器作为光源,可以通过扩束镜调节架放置并调节扩束镜的位置;若采用氦氖激光器,则需要将带有磁性的扩束镜架放置在激光器出光口上.仔细调节,毛玻璃屏上将出现干涉条纹,通过微调反射镜 1 和反射镜 2,可将干涉环调节到毛玻璃屏上便于观察的位置.

3. 实验测试

可以测量试件在一定的伸长量(例如 50 或 100 个干涉环变化对应的光程差)的情况下温度的变化量,也可以测量试件在升高一定温度(例如 5 ℃ 或 10 ℃)的情况下长度的变化量,从而根据测得的数据,计算试件的线膨胀系数.

测量前,先设定温控炉所需达到的温度.可以把设定值设置到比室温高 15 ~ 25 ℃ 左右,然后按下启/停开关开始给试件加热.认准干涉图样中心的形态,记录试件初始温度 t_1,同时仔细默数干涉环的变化量(可以观测到几个均匀变化的干涉环后再开始记录数据).待达到预定数(例如 50 环或 100 环)时,记录试件温度 t_2.由于温度控制器是负反馈控制系统,达到温度控制点时会有反复,所以需避开智能调整温度范围,防止干涉环时而涌出时而缩进,不便于计数.样品测试完毕后,若没有达到设置温度,可以直接按启/停开关,停止加热,并将温控表显示的设定温度值调节到室温以下,对温控炉进行冷却.

当室温低于试件的线性变化温度范围时,可加热至所需温度后再开始实验测量. 测量黄铜(H62) 和硬铝的数据,分别填入表 4.9.1 和表 4.9.2 中. 实验完毕后,将温控炉设定温度设置在室温以下,关闭电源.

数据处理

(1) 根据所测数据,利用式(4.9.6),分别计算两种试件的线膨胀系数.

(2) 将求出的线膨胀系数与参考值比较,求出误差.

注意事项

(1) 反射镜 3(动镜) 上的石英玻璃管不能承受较大的扭力和拉力,不可拧得过紧.

(2) 温控炉中,试件底部的石英玻璃垫不能承受较大冲击,务必轻拿轻放试件.

(3) 温控炉温度不可设置太高,以免冷却时间过长.

(4) 眼睛不可直视激光束.

(5) 反射镜和分束镜均为易碎器件,使用时注意安全.

(6) 需保证实验环境的安静.

原始数据记录(实验 4.9)

1. 测量黄铜(H62) 的线膨胀系数

实验条件:室温______ ℃,氦氖激光器波长 632.8 nm,温控表设置温度值为______ ℃.

表 4.9.1　测量黄铜(H62) 线膨胀系数数据表

试件名称	试件长度 L_1/mm	温度 /℃		干涉环变化数 N	试件伸长量 $\Delta L = N\frac{\lambda}{2}$/nm	线膨胀系数 $\alpha/(10^{-6}/℃)$
		t_1	t_2			
黄铜 H62						
平均值						
参考值						
误差						

2. 测量硬铝的线膨胀系数

实验条件:室温______ ℃,氦氖激光器波长 632.8 nm,温控表设置温度值为______ ℃.

表 4.9.2　测量硬铝线膨胀系数数据表

试件名称	试件长度 L_1/mm	温度 /℃		干涉环变化数 N	试件伸长量 $\Delta L = N\frac{\lambda}{2}$/nm	线膨胀系数 $\alpha/(10^{-6}/℃)$
		t_1	t_2			
硬铝						
平均值						
参考值						
误差						

大学物理实验预习报告

实验项目 干涉法测量固体的线膨胀系数

班别__________________学号__________________姓名__________________

实验进行时间______年______月______日，第______周，星期______，______时至______时

实验地点____________________

实验目的

实验原理简述

实验中应注意事项

实验 4.10 旋光性溶液浓度的测定

1811 年,法国物理学家阿拉戈(Arago)首先发现,当线偏振光沿光轴方向在石英中传播时,其振动面会发生一定角度的旋转,这种现象叫作旋光性.大约同时,毕奥(Biot)在某些物质的气体和液体形态下也发现了同样的现象,并且还发现有左旋和右旋两种情况.具有旋光性的物质叫作旋光物质,如石英、朱砂、松节油、糖溶液等都是旋光物质.研究物质的旋光性不仅在光学上有重要意义,在化学和生物学上也有重要的应用价值.

旋光仪是测定物质旋光度的仪器.通过对样品旋光度的测定,可以分析确定样品的浓度、含量及纯度等.旋光仪具有体积小、灵敏度高、读数方便等优点.通过本实验的学习,可以加深对光的偏振现象的理解以及对光的偏振性知识的掌握.

实验目的

(1) 观察旋光现象,了解旋光物质的旋光性.

(2) 熟悉旋光仪的结构、工作原理和使用方法.

(3) 测定旋光性溶液的浓度.

实验仪器

旋光仪、待测旋光性溶液、已知长度的样品管等.

实验原理

1. 偏振光的基本概念

光波是一种特定频率范围内的电磁波.由于引起视觉和光化学反应的是电场强度 $\boldsymbol{E}$,因此 $\boldsymbol{E}$ 矢量又称为光矢量,$\boldsymbol{E}$ 的振动又称为光振动,$\boldsymbol{E}$ 与光波的传播方向构成的平面叫作振动面.在垂直于光的传播方向的平面内,如果光矢量只沿一个固定方向振动,这种光称为线偏振光[见图 4.10.1(a)].普通光源发射的光由大量原子或分子辐射而产生.单个原子或分子辐射的光是偏振的,但由于热运动和辐射的随机性,大量原子或分子所发射的光波的光矢量出现在各个方向的概率是相同的,没有哪个方向的光振动占优势,这种光源发射的光不显现偏振性,称为自然光[见图 4.10.1(b)].还有一种光,光矢量在某个特定方向上出现的概率比较大,也就是光振动在某一方向上较强,这样的光称为部分偏振光[见图 4.10.1(c)].

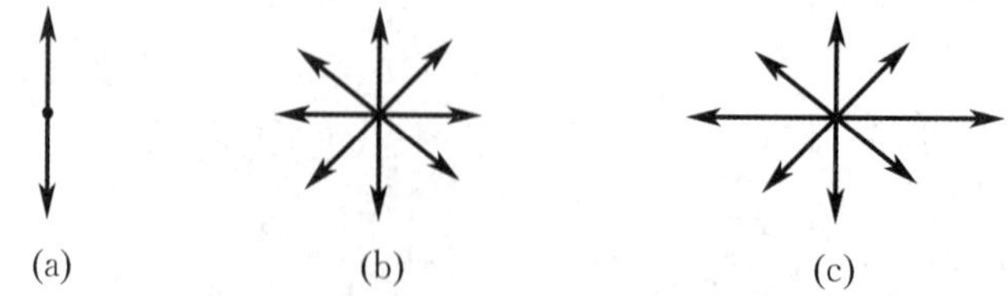

图 4.10.1 光的偏振性的图示

2. 线偏振光的获得和检测

将自然光变成线偏振光的过程称为起偏，起偏的装置称为起偏器. 常用的起偏器有人工制造的偏振片、晶体起偏器，还可利用反射或多次透射[光的入射角为布儒斯特(Brewster) 角]获得线偏振光. 自然光通过偏振片后，所形成线偏振光的光矢量方向与偏振片的偏振化方向(或称透光轴方向) 一致. 在偏振片上用符号"↕"表示其偏振化方向.

鉴别光的偏振状态的过程称为检偏，检偏的装置称为检偏器. 实际上起偏器也可用作检偏器，两者是一样的. 自然光通过作为起偏器的偏振片以后，变成光强为 I_0 的线偏振光，线偏振光通过作为检偏器的偏振片后，其光强 I 可根据马吕斯(Malus) 定律确定：

$$I = I_0 \cos^2\theta, \tag{4.10.1}$$

式中，θ 为起偏器和检偏器偏振化方向的夹角. 显然，当以光的传播方向为轴转动检偏器时，光强将发生周期性变化. 当 $\theta = 0°$ 时，光强为最大值；当 $\theta = 90°$ 时，光强为最小值，接近全暗(消光状态)；当 $0° < \theta < 90°$ 时，光强介于最大值和最小值之间. 但如果同样对自然光转动检偏器，就不会发生上述现象，光强将保持不变. 对部分偏振光转动检偏器时，光强有变化但不会出现消光状态. 因此根据光强的变化，就可以区分线偏振光、自然光和部分偏振光.

3. 旋光现象

线偏振光通过旋光物质后，其振动面将旋转一定的角度，该角度称为该物质的旋光度. 溶液的旋光度与溶液中所含旋光物质的旋光能力、溶液性质、溶液浓度、样品管长度、温度及光的波长等有关. 当其他条件均固定时，旋光度 φ 与溶液浓度 C 呈线性关系，即

$$\varphi = kC, \tag{4.10.2}$$

式中，比例常数 k 与溶液中所含旋光物质的旋光能力、溶液性质、样品管长度、温度及光的波长等有关.

物质的旋光能力用比旋光度(即旋光率) 来度量，旋光率可表示为

$$[\alpha]_{\lambda}^{t} = \frac{100\varphi}{lC}, \tag{4.10.3}$$

式中，$[\alpha]_{\lambda}^{t}$ 为旋光率[单位：(°)·cm^3/(g·dm)]，$[\alpha]_{\lambda}^{t}$ 右上角的 t 为实验时的温度(单位：℃)，右下角的 λ 为旋光仪采用的单色光源的波长(单位：nm)；φ 为测得的旋光度(单位：°)；l 为样品管长度(单位：dm)；C 为溶液浓度(单位：10^{-2} g/cm^3).

由式(4.10.3) 可知，线偏振光的振动面是随着光在旋光物质中向前传播而逐渐旋转的，因而振动面转过的角度 φ 与光通过的样品管长度 l 成正比. 振动面转过的角度 φ 与溶液浓度 C 也成正比.

如果已知待测旋光性溶液的浓度 C 和样品管长度 l，只要测出旋光度 φ 就可以计算出旋光率；如果已知样品管长度 l 为固定值，可依次改变溶液浓度 C，测得相应的旋光度 φ，并作旋光度 φ 与溶液浓度 C 的关系图线，从图线斜率和样品管长度 l，可计算出待测旋光性溶液的旋光率；同样，如果已知待测旋光性溶液的旋光率和样品管长度 l，只要测量旋光性溶液的旋光度 φ，就可以确定溶液浓度 C.

旋光性溶液还有右旋和左旋之分. 当面对光射来的方向观察时，如果光振动面按顺时针方向旋转，这种溶液称为右旋溶液，如葡萄糖、麦芽糖、蔗糖的水溶液，它们的旋光率用正值表示. 反之，如果振动面按逆时针方向旋转，这种溶液称为左旋溶液，如转化糖、果糖的水溶液，它们的旋光率用负值表示. 表 4.10.1 给出了部分旋光物质在温度 $t = 20$ ℃，偏振光波长为钠光波长

($\lambda \approx 589.3$ nm) 时的旋光率.

表 4.10.1　部分旋光物质的旋光率　　单位:(°)·cm^3/(g·dm)

样品名	$[\alpha]_{\lambda}^{20}$	样品名	$[\alpha]_{\lambda}^{20}$
果糖溶液	−91.9	蔗糖溶液	+65.9
葡萄糖溶液	+52.5 ～+53.0	蓖麻油	+50 以上

4. 旋光性溶液浓度的测定

旋光性溶液浓度的测定建立在线偏振光的理论基础之上,待测溶液旋光度的测定原理简图如图 4.10.2 所示. 首先将起偏器与检偏器的偏振化方向调到正交,此时视场最暗. 然后装上装有待测溶液的试管,因旋光性溶液使光振动面发生旋转,视场不再是最暗. 为此调节检偏器,再次将视场调至最暗,这时检偏器所转过的角度,即为待测溶液的旋光度.

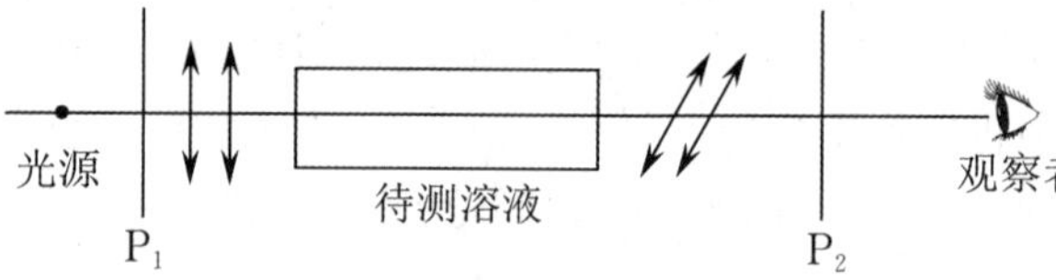

图 4.10.2　待测溶液旋光度测定原理简图(P_1 和 P_2 为偏振片)

由于人们的眼睛很难准确地判断视场是否为最暗,因此会引起测量误差. 相比之下,人的视觉对明暗对比却比较敏感. 半波片技术就是利用人的这一视觉特点,将视场分成有明确界线的不同区域,通过光学技术将视场是否为最暗的判断转化为在视场中是否存在分界线的判断.

测定旋光物质旋光度的仪器叫作旋光仪. 其结构如图 4.10.3 所示.

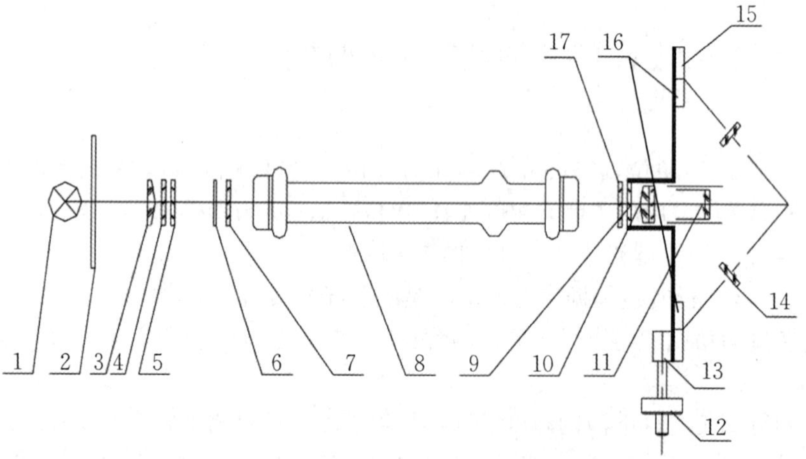

1—光源;2—隔热片;3—聚光镜;4—滤色片;5—起偏器;6—半波片;7—保护片Ⅰ;8—样品管;9—检偏器;10—物镜;11—目镜;12—刻度盘转动手轮;13—齿轮;14—放大镜;15—刻度盘;16—游标;17—保护片Ⅱ.

图 4.10.3　旋光仪结构示意图

在光路中增加半波片,从光源射出非偏振光,经聚光镜、滤色片、起偏器变成线偏振光,在半波片处视场被分割为三个部分,经检偏器、物镜和目镜可被观察到. 从旋光仪目镜中观察到的视场分为三个部分,一般情况下,中间部分和两边部分的亮度不同. 当转动检偏器时,中间部分和两边部分将出现明暗交替变化. 图 4.10.4 列出了四种典型视场，即图(a) 中间为暗区，两边为亮区；图(b) 三分视界消失，视场较暗；图(c) 中间为亮区，两边为暗区；图(d) 三分视界消失，视场较亮.

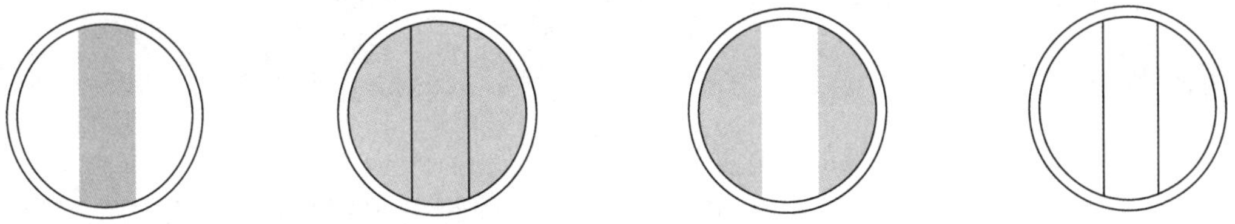

(a) 中间为暗区 两边为亮区　(b) 三分视界消失 视场较暗　(c) 中间为亮区 两边为暗区　(d) 三分视界消失 视场较亮

图 4.10.4　四种典型视场

由于在亮度不太高的情况下，人眼辨别亮度微小差别的能力较强，因此常取图 4.10.4(b) 所示的视场为参考视场，并将此时检偏器的位置作为刻度盘的零点，故称该视场为零度视场.

当放进了待测旋光性溶液的样品管后，由于待测溶液的旋光性，使线偏振光的振动面旋转了一定角度，使零度视场发生了变化，只有将检偏器转过一定角度，才能再次看到图 4.10.4(b) 所示的视场，这个角度就是旋光度，它的数值可以由旋光仪的刻度盘和游标读出.

为了消除刻度盘的偏心差，仪器采用双游标读数. 刻度盘分为 360 格，每格 1°；游标分为 20 格，等于刻度盘的 19 格(19°)，用游标可直接读到 0.05°. 从刻度盘上分别读出左、右的刻度值 θ_L 和 θ_R，则

$$\theta_0 = \frac{\theta_{L0} + \theta_{R0}}{2}, \quad \theta = \frac{\theta_L + \theta_R}{2}. \tag{4.10.4}$$

旋光度 $\varphi = \theta - \theta_0$.

实验内容

1. 准备工作

(1) 把待测旋光性溶液配好，并加以稳定.

(2) 把待测溶液盛入样品管，但应注意样品管两端螺帽不能旋得太紧(一般随手旋紧不漏水即可)，以免玻璃片产生应力而引起视场亮度变化，影响测量准确度. 将两端残液擦拭干净.

2. 调整仪器、校准仪器零点

(1) 熟悉仪器的整体结构、光路及双游标的读法.

(2) 将仪器电源线插头插入 220 V 交流电源，打开仪器开关，待钠光灯发光稳定后再进行实验测量工作.

(3) 调节旋光仪目镜的调节螺母，以看清视场中三部分的分界线；调节游标窗口的视度调节螺母，以看清刻度盘.

(4) 转动检偏器，观察并熟悉视场明暗变化规律，校准仪器零点 θ_0.

(5) 转动检偏器，使目镜视场中三分视界消失，亮度相等，较暗. 记下左、右刻度盘上的相应读数 θ_{L0}，θ_{R0}，重复测量 5 次，将测量数据记录在表 4.10.2 中.

3. 测定葡萄糖溶液的浓度

将装有未知浓度的葡萄糖溶液的样品管放入旋光仪的试管腔(样品管安放时泡颈在上

方),再一次调节检偏器的位置,使目镜视场中零度视场再次出现.记录检偏器在左、右刻度盘上的相应读数 θ_L,θ_R,重复测量 5 次,将测量数据记录在表 4.10.2 中.

4. 测定果糖溶液的浓度

方法同 3,将测量数据记录在表 4.10.3 中.

数据处理

(1) 计算葡萄糖、果糖溶液的旋光度 φ.

(2) 利用式(4.10.3) 计算葡萄糖、果糖溶液的浓度(旋光率和样品管长度由实验室给定).

(3) 计算葡萄糖溶液浓度理论值(实验室给定) 与实验值的绝对误差及相对误差.

(4) 计算果糖溶液浓度理论值(实验室给定) 与实验值的绝对误差及相对误差.

注意事项

(1) 待测溶液注满样品管,旋上螺帽,两端不能有气泡,螺帽不宜太紧,以免玻璃片产生应力而引起视场亮度变化.

(2) 注入待测溶液后,样品管及其两端均应擦拭干净方可放入旋光仪.

(3) 在测量中应维持待测溶液温度不变.

(4) 样品管的两端经精密磨制,以保证其长度为确定值,使用要十分小心,以防损坏样品管.

(5) 样品管中待测溶液不应有沉淀,否则应更换待测溶液.

思考题

1. 测量旋光性溶液浓度的基本原理是什么?
2. 什么是旋光现象、旋光率?旋光率与哪些因素有关?
3. 什么叫左旋溶液和右旋溶液?如何判断?

原始数据记录(实验 4.10)

表 4.10.2　葡萄糖溶液旋光度测量数据表　　单位:°

次数	左刻度盘读数		右刻度盘读数	
	θ_{L0}	θ_L	θ_{R0}	θ_R
1				
2				
3				
4				
5				
平均值				
旋光度 φ				

样品管长度 $l=$______ dm,旋光率 $[\alpha]_\lambda^t=$______(°)·cm^3/(g·dm),葡萄糖溶液浓度 $C=$______ g/cm^3.

表 4.10.3　果糖溶液旋光度测量数据表　　单位:°

次数	左刻度盘读数		右刻度盘读数	
	θ_{L0}	θ_L	θ_{R0}	θ_R
1				
2				
3				
4				
5				
平均值				
旋光度 φ				

样品管长度 $l=$______ dm,旋光率 $[\alpha]_\lambda^t=$______(°)·cm^3/(g·dm),果糖溶液浓度 $C=$______ g/cm^3.

大学物理实验预习报告

实验项目 旋光性溶液浓度的测定

班别____________学号____________姓名____________

实验进行时间____年____月____日，第____周，星期____，____时至____时

实验地点____________

实验目的

实验原理简述

实验中应注意事项

实验 4.11 天文光学数字成像实验

天文学是一门以观测为基础的自然学科，观测结果能不断地提供天体新的信息，并由此引出新的理论课题. 此外，任何一种新理论的确立又都必须通过观测事实来验证. 人类目前获取天体信息的渠道主要有电磁辐射、中微子、引力波和宇宙线. 其中，电磁辐射是最早也是最重要的观测手段. 由于地球大气的消光作用，电磁辐射中穿透大气层到达地面的主要成分有可见光波段、近红外波段和射电波段.

可见光波段的观测研究主要分为光谱的观测、亮度的观测、光变观测和天体辐射形态观测（即数字成像观测）. 数字成像观测可以得到天体的形状以及某些细节特征，用于分析辐射能量的分布情况. 传统目视观测不能满足获取天体图像和对图像数据做简单分析处理的要求，随着电子器件的发展，天文观测已经进入电子拍摄的新时代. 本实验利用天文光学望远镜，以太阳为例，对太阳光球的太阳黑子及其结构进行观测和记录，同时可让学生了解太阳的米粒组织. 由于太阳黑子极盛时产生的大量电磁辐射，可引起地球磁场的剧烈扰动，因此本实验对保护地面无线通信及与人类日常生活密切相关的电子设备具有重要意义.

实验目的

（1）掌握小型天文光学望远镜的安装和校准.

（2）以太阳为例，掌握利用数码单反相机，通过望远镜获取天体的图像数据的方法.

（3）掌握图像后期处理的基本方法，能对图像数据进行简单分析.

实验仪器

天文光学望远镜（包含赤道仪、三脚架和镜筒）、减光装置[巴德（Baade）膜]、数码单反相机、转接环、相机快门线.

实验原理

太阳是炽热的等离子体球，表面是汹涌澎湃光芒夺目的光球. 光球表面不时出现暗斑块，直径可达数千千米至数十万千米，称为太阳黑子，简称黑子. 黑子是光球上的旋涡状结构，温度为3 000～4 500 ℃，比光球其他区域温度低1 000～2 000 ℃，故显暗. 黑子具有较强磁场，其磁感应强度由小黑子的 1 000 G（$1\ G=10^{-4}\ T$）到大黑子的 4 000 G，远大于太阳的普遍磁感应强度（仅为 1～2 G）. 强磁场导致表面温度较低，黑子亮度只有光球其他区域的五分之一左右.

数码单反相机中的感光元件电荷耦合元件（CCD）或互补金属氧化物半导体器件（CMOS）可以将可见光信号转换为电信号，这两类感光元件具有量子效率高、空间分辨本领强、动态范围大、线性好、噪声低、体积小、成本低、集成度高等优点. 尤其是 CCD，它的出现给天文观测技术带来了巨大的变革，对现代天文学和天体物理的发展起到了不可替代的作用.

本实验采用由透镜成像原理制成的天文光学望远镜，收集太阳的可见光信号. 利用数码单反相机中感光元件对太阳表面不同温度区域的感应，将收集的太阳可见光信号转换为电信号，通过数码单反相机将电信号转换成特殊的数字化的照片并存储在存储设备中.

实验内容

1. 天文光学望远镜的安装

撑开三脚架，将三脚架上有 N 标志的一侧指向正北. 松开高度调节夹具，调节三脚架至水平(目视水平即可)，调节水平后锁紧高度调节夹具. 松开方位调节手轮，将赤道仪的卡槽(方位调节手轮松开后会露出卡槽)与三脚架上的凸起对准后，赤道仪即可与三脚架贴合. 用三脚架下面的螺钉将赤道仪和三脚架固定到一起，同时用配件盘的三个支脚撑住三脚架的三个脚架腿，且保证配件盘水平. 接下来把装有鸠尾板的望远镜镜筒放置到赤道仪的鸠尾槽上，注意是鸠尾板卡入鸠尾槽中，用螺钉锁紧(先拧紧竖直的螺钉，再拧紧斜方向的螺钉). 旋松配重杆锁紧旋钮并拉出配重杆，将配重安装到配重杆上，并旋紧配重杆锁紧旋钮和配重杆末端的螺纹帽. 然后将赤道仪上的仰角调节到当地纬度值. 将赤道仪电源适配器和手控器插入赤道仪对应插孔，如图 4.11.1 所示.

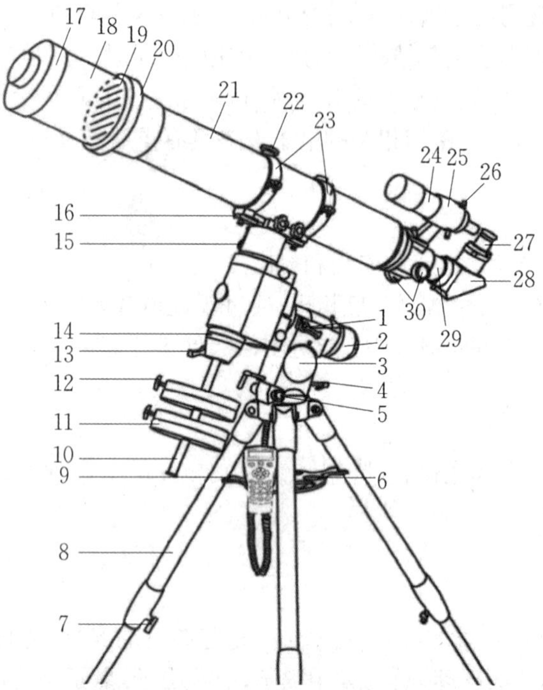

1 —赤经锁杆；2 —极星镜支架(图中未显示)；3 —纬度盘；4 —纬度调节螺钉；5 —方位调节手轮；6 —配件盘；7 —高度调节夹具；8—脚架腿；9—手控器；10—配重杆；11—配重；12—配重锁紧翼形螺钉；13 —配重杆锁紧旋钮；14 —赤纬刻度盘；15 —赤纬锁杆；16 —鸠尾板；17 —防尘盖；18 —遮光罩；19 —物镜位置；20—可调式物镜座；21—主镜筒；22—夹紧箍；23—夹紧圈；24—寻星镜；25—寻星镜支架；26 —寻星镜准直螺钉；27 —目镜；28 —转角镜；29 —调焦镜筒；30 —调焦手轮.

图 4.11.1　天文光学望远镜结构图

2. 天文光学望远镜赤经轴和赤纬轴的平衡校准

首先松开赤道仪上的赤经锁杆，通过移动配重在配重杆上的位置来调节赤经轴的平衡. 赤经轴平衡校准后，赤经锁杆保持打开状态，将赤纬轴转至水平，锁定赤经锁杆，松开赤纬锁杆，通过前后移动望远镜镜筒来调节赤纬轴的平衡(在移动望远镜镜筒时要保持赤经锁杆为锁定状态). 在校准赤纬轴的平衡时,应使望远镜物镜端偏重些,因为在观测时需在目镜端加一定重量的数码单反相机. 平衡调好后,将赤纬轴转动为竖立状态,镜筒转动为指向正北方向后分别将赤经和赤纬锁杆锁定.

3. 指向观测目标

连接电源,打开赤道仪上的电源开关,利用赤道仪手控器设置好赤道仪的初始参数(主要包括日期,时间,南、北半球和当地经、纬度). 将望远镜的防尘盖摘下,换成巴德膜,如图 4.11.2 所示(禁止不加巴德膜直接目视观测太阳),在望远镜目镜端安装焦距较长的目镜(这样可保证有大视场,在对准太阳时较容易).

图 4.11.2　巴德膜

本赤道仪虽已集成一个天体数据库,但太阳容易观测,故并未列入数据库,我们需要通过手控器来控制赤道仪转动,让望远镜在赤道仪的带动下指向太阳(可以通过观测地面望远镜的影子来确定是否指向太阳). 成功指向太阳后,需要再通过手控器来设定赤道仪的跟踪速率为太阳速率. 由于是白天,无法对赤道仪进行精细的校准(无法精确指向北天极),因此即使设置了跟踪速率为太阳速率,赤道仪还是不能长时间进行跟踪,所以要时刻注意太阳在视场中的位置,如果偏离严重,就要通过手控器拉回.

4. 安装数码单反相机

准备好数码单反相机(见图 4.11.3) 和转接环(见图 4.11.4),将数码单反相机的机身盖拆下,然后把转接环旋紧固定在机身的镜头口. 把目镜从望远镜上卸下,将安装好转接环的数码单反相机安装到望远镜目镜端,并固定好. 将相机快门线(见图 4.11.5) 连接到机身.

图 4.11.3　数码单反相机

图 4.11.4　转接环

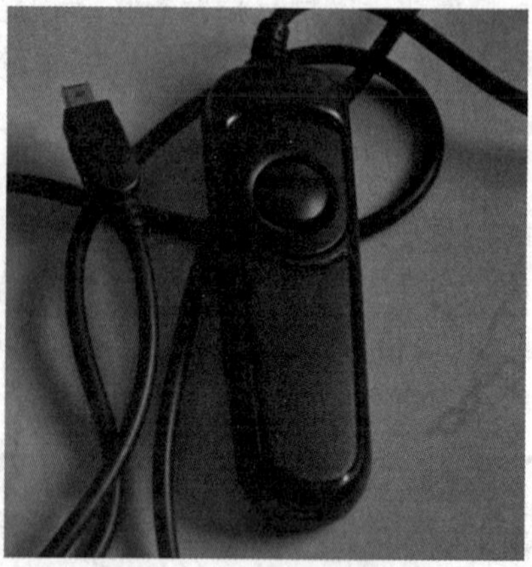

图 4.11.5　相机快门线

5. 调节焦距和数码单反相机参数并对目标进行观测拍摄

打开数码单反相机电源开关,旋转模式转轮为 M 手动;打开数码单反相机的菜单,将“图像质量”改为“RAW + FINE”,因为只有保存下 RAW 文件才可以做后期的图像处理. 按一下 Lv 键后可以在显示屏中看到一个白色的亮圆斑,旋转望远镜上的调焦手轮(白色滚轮),直到显示屏中白色圆斑最小(即太阳像). 按相机的放大键,将显示屏中的太阳像放大,用相机的上下左右键将太阳表面的黑子移动到显示屏中央,旋转调焦手轮上的蓝色滚轮来微调焦距,直到黑子像最清晰为止,然后锁紧调焦手轮.

接下来调节感光度 ISO 值和曝光时间,在白天,感光度 ISO 值要调低(约为几百),可以降低感光元件自身的噪声. 同时调节曝光时间,对太阳的拍摄,曝光时间一般为几千分之一秒. 感光度 ISO 值和曝光时间要协调地去调节,因为这两个参数会相互影响,每调节一次就要拍摄一张照片,然后看太阳黑子是否清晰,太阳表面是否过度曝光,直到找到一组当时合适的感光度 ISO 值和曝光时间. 接下来通过相机快门线即可对太阳进行拍摄,一般拍摄 30 ～ 50 张照片即可.

6. 拆卸望远镜并装入箱

按安装整个装置的反向次序将仪器的各个部件拆卸并装入专用的包装箱.

注　望远镜安装和使用可参考说明书和手控器中文说明书,数码单反相机的使用可参考相机的使用手册.

数据处理

利用天文图像处理软件 AS 对获得的数据进行叠加处理,在叠加之前,先要去掉观测数据中质量较差的数据文件,然后再进行叠加,具体的叠加方法请参考 AS 操作手册. 利用 Photoshop 或 RegiStax 对叠加后的图像进行锐化处理,使黑子的结构更清晰,能显示出太阳表面的米粒组织.

得到经过叠加和锐化的图像后,按照苏黎世天文台黑子群的分类法对图像中观测到的黑子群进行分类.

苏黎世天文台黑子群的分类法:按照黑子群演变的发展阶段分为 A,B,C,D,E,F,G,H,J 共 9 种类型,如图 4.11.6 所示. 演变到最强是 E 型和 F 型,演变到最后是 J 型.

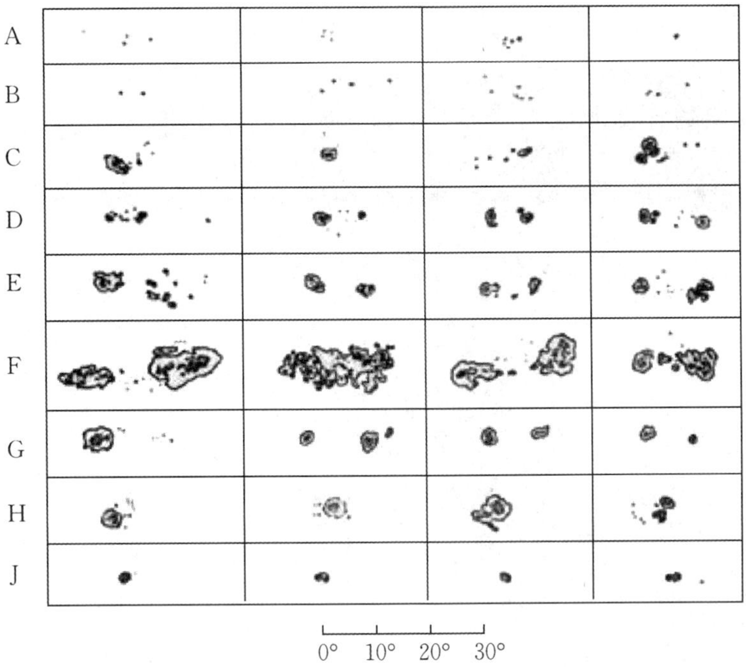

图 4.11.6　苏黎世天文台黑子群的分类法

A 型:没有半影的黑子或者单极小黑子群.

B 型:没有半影的双极黑子群.

C 型:与 B 型相似,但其中一个主要黑子有半影.

D 型:双极群,两个主要黑子都有半影,其中一个黑子是简单结构,东西方向延伸不小于 10°.

E 型:大的双极群,结构复杂,两个主要黑子都有半影,在两个主要黑子之间有些小黑子,东西方向延伸不小于 10°.

F 型:很大的双极群或者很复杂的黑子群,东西方向延伸不小于 15°.

G 型:大的双极群,只有几个较大的黑子,东西方向延伸不小于 10°.

H 型:有半影的单极黑子或者黑子群,有时也具有复杂的结构,直径大于 2.5°.

J 型:有半影的单极黑子或者黑子群,直径小于 2.5°.

注意事项

(1) 在固定好望远镜后,切记拧紧防滑螺钉(即斜向螺钉),以防止望远镜滑落损伤镜片.

(2) 在目视观测时,一定在巴德膜盖上物镜后方可目视,而且在目视前先用白色的纸张放于目镜后,观察是否有较高温度.

(3) 在调节数码单反相机的参数时,动作尽量要轻,如果太重很可能会改变调好的望远镜焦距.

(4) 在整个实验仪器的安装和拆卸过程中,一定要轻拿轻放,防止损坏仪器.

思考题

1. 若在晚上进行天体观测,数码单反相机的感光度 ISO 值应该调高还是调低?为什么?

2. 当进行完望远镜的简单校准后,望远镜所指方向大概是北极星所在位置,为什么要做这样的简单校准?

大学物理实验预习报告

实验项目**天文光学数字成像实验**

班别＿＿＿＿＿＿＿学号＿＿＿＿＿＿＿姓名＿＿＿＿＿＿＿

实验进行时间＿＿＿年＿＿＿月＿＿＿日，第＿＿＿周，星期＿＿＿，＿＿＿时至＿＿＿时

实验地点＿＿＿＿＿＿＿＿

实验目的

实验原理简述

实验中应注意事项

实验 4.12 光速测量

(真空中的)光速是一个重要的基本物理常量.光速的准确测量有重要的物理意义,也有重要的实用价值.长期以来,光速的测量一直是物理学家十分重视的研究课题.

1607 年,意大利物理学家伽利略最早提出了测量光速的实验设想.伽利略做了多次实验,都以失败告终.伽利略的实验失败了,但是这一实验揭开了人类历史上对光速进行研究的序幕.1676 年,丹麦天文学家罗默(Romer)用"卫星蚀法"测得光速约为 214 000 km/s.1728 年,英国天文学家布拉得雷(Bradley)采用"恒星光行差法"测得光速约为 303 000 km/s.1849 年,法国物理学家菲佐(Fizeau)利用非天文方法——"旋转齿轮法"首次在地面实验室中成功地测量了光速,菲佐测得空气中的光速约为 315 000 km/s.1850 年,法国物理学家傅科(Foucault)采用"旋转镜法"测量了光在空气和水中的速度.1862 年,傅科改进了原有的实验装置,测得光在空气中的速度约为 289 000 km/s.迈克耳孙把旋转齿轮法和旋转镜法结合起来,创造了"旋转八角棱镜法".迈克耳孙从 1879 年开始,从事光速的测量工作共持续近 50 年,在这方面付出了极其巨大的努力.1926 年,他的最后一个光速测定值约为 299 796 km/s,这是当时最精确的测定值,很快成为当时光速的公认值.

1960 年激光器诞生,它可以产生单色性极好的激光.利用先进仪器可以精确测量出光的波长 λ,利用原子钟可以精确测量出光的频率 f,根据公式 $c=\lambda f$,就可以求出光速.1975 年,第十五届国际计量大会提出在真空中光速为 $c=299\ 792\ 458$ m/s,此定义值一直沿用到现在.

本实验采用光拍频法测量光速.通过本实验,学习光拍频法测量光速的原理和实验方法,同时对声光效应有初步的了解.

实验目的

(1) 掌握光拍频法测量光速的原理和实验方法.

(2) 通过测量光拍的波长和频率来确定光速.

实验仪器

光速测定仪主机、示波器、卷尺、数字频率计等.

光速测定仪主机包含四个部分.

(1) 发射部分:氦氖激光器、声光移频器、高频信号源.

(2) 光路:光阑、全反镜、半反镜、固定全反棱镜、移动全反棱镜、斩光器、导轨等.

(3) 接收部分:光电检测器、分频器.

(4) 电源:氦氖激光器电源、±15 V 直流稳压电源.

实验原理

1. 光拍的形成

根据振动叠加原理,频差较小、速度相同的两列同向传播的简谐波叠加即形成拍.设有两列频差较小,振幅、传播速度和光矢量振动方向均相同,且沿 x 轴方向传播的光波

$$E_1 = E\cos(\omega_1 t - k_1 x + \varphi_1),$$
$$E_2 = E\cos(\omega_2 t - k_2 x + \varphi_2),$$

式中，E 为两列光波的振幅，ω_1 和 ω_2 为两者的角频率，$k_1 = \frac{2\pi}{\lambda_1}$ 和 $k_2 = \frac{2\pi}{\lambda_2}$ 为两者的波数，φ_1 和 φ_2 为两者的初相位. 根据振动叠加原理，这两列光波叠加后为

$$E_s = E_1 + E_2 = 2E\cos\left[\frac{\omega_1 - \omega_2}{2}\left(t - \frac{x}{c}\right) + \frac{\varphi_1 - \varphi_2}{2}\right]\cos\left[\frac{\omega_1 + \omega_2}{2}\left(t - \frac{x}{c}\right) + \frac{\varphi_1 + \varphi_2}{2}\right]. \tag{4.12.1}$$

E_s 是沿 x 轴方向传播的前进波. 其角频率为 $\frac{\omega_1 + \omega_2}{2}$，振幅为 $\left|2E\cos\left[\frac{\omega_1 - \omega_2}{2}\left(t - \frac{x}{c}\right) + \frac{\varphi_1 - \varphi_2}{2}\right]\right|$. E_s 的振幅以频率 $\Delta f = \left|\frac{\omega_1 - \omega_2}{2\pi}\right|$ 周期性地变化，振幅的空间分布周期就是光拍频波的波长，以 Λ 表示. E_s 称为光拍频波，如图 4.12.1 所示，Δf 称为拍频.

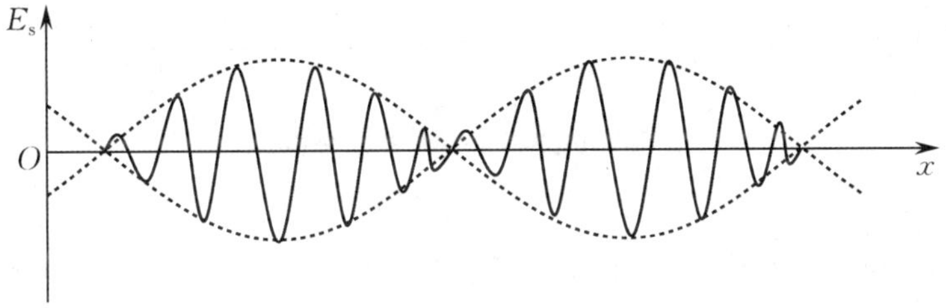

图 4.12.1　光拍频波的形成

2. 光拍的获得

光拍频波的形成要求相叠加的两光波具有一定的频差，这可以通过超声波与光波相互作用的声光效应来实现. 具体方法有两种：行波法和驻波法. 驻波法衍射效率高，本实验采用驻波法.

在声光介质与声源相对的端面涂上声反射材料，以增强声反射，如图 4.12.2 所示. 沿超声波传播方向，当介质的厚度为超声波半波长的整数倍时，前进波与反射波在介质中形成超声驻波场，引起介质折射率的周期性变化，使介质成为一个相位光栅. 激光束通过时将发生光栅衍射，其第 l 级衍射光频率为

$$f_{l,m} = f_0 + (l + 2m)\Omega \quad (m = 0, \pm 1, \pm 2, \cdots), \tag{4.12.2}$$

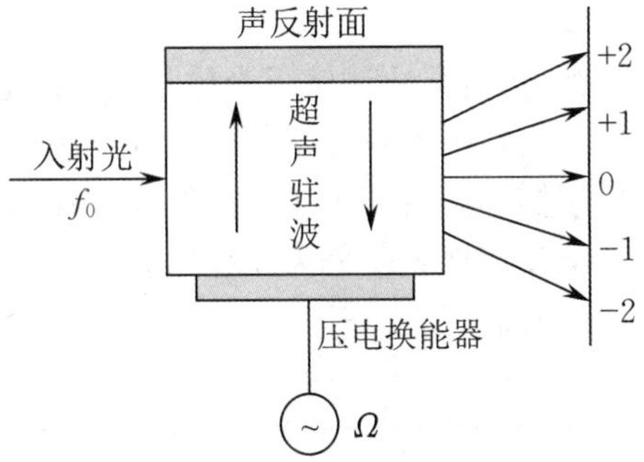

图 4.12.2　驻波法获得光拍频波

式中，f_0 和 Ω 分别为入射光和超声波的频率，l 为衍射级次，可取 $0, \pm 1, \pm 2, \cdots$. 可见，除不同衍射级次的光波产生频移外，在同一级次的衍射光内也有不同频率的光波. 因此，用同一级次的衍射光就可获得不同的光拍频波. 例如选用第一级衍射光，由 $m=0$ 和 $m=-1$ 的两种频率成分叠加，就可得拍频为 2Ω 的光拍频波.

3. 光拍信号的检测

用光电检测器来接收光拍频波,可把光信号转换为电信号.实验中用的光波的频率大于 10^{14} Hz,而检测器的光敏面响应频率一般不超过 10^9 Hz,因此检测器所产生的光电流都只能是在响应时间 $\tau\left(\frac{1}{f_0}<\tau<\frac{1}{\Delta f}\right)$ 内的平均值.将光电流 i_0 对时间积分,积分结果中高频项为零,只留下常数项和缓变项,再将积分结果除以响应时间,即可得平均光电流

$$\bar{i}_0=\frac{1}{\tau}\int_\tau i_0\mathrm{d}t=gE^2\left\{1+\cos\left[\Delta\omega\left(t-\frac{x}{c}\right)+\varphi_1-\varphi_2\right]\right\},\tag{4.12.3}$$

式中,g 为检测器的光电转换效率,$\Delta\omega$ 为与 Δf 相应的角频率,$\varphi_1-\varphi_2$ 为初相位.检测器输出的光电流包含有直流和光拍信号两种成分.滤去直流成分,检测器输出频率为拍频 Δf、相位与空间位置有关的光拍频电信号,如图 4.12.3 所示.

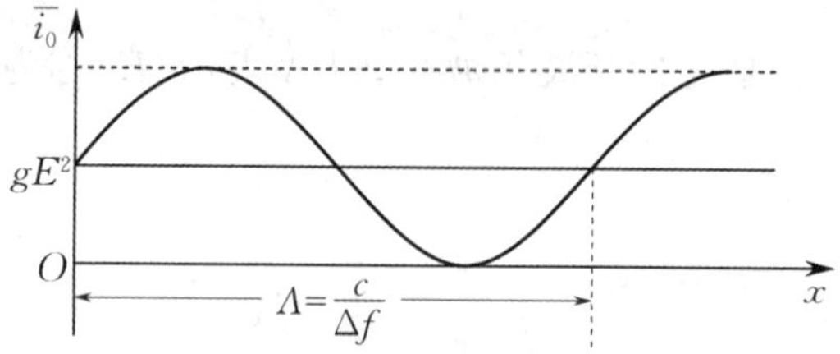

图 4.12.3　光拍的空间分布

4. 光速的测定

光拍信号的相位与空间位置有关,在不同位置的光电检测器所输出的光拍信号具有不同的相位.设空间某两点的光程差为 ΔL,该两点的光拍信号的相位差为 $\Delta\varphi$,则有

$$\Delta\varphi=\frac{\Delta\omega\,\Delta L}{c}=\frac{2\pi\Delta f\,\Delta L}{c}.\tag{4.12.4}$$

如果将光拍频波分为两路,使其通过不同的光程后入射同一光电检测器,则该光电检测器所输出的两个光拍信号的相位差与两路光的光程差之间的关系仍由式(4.12.4)确定.当相位差为 2π 时,光程差恰为光拍频波的波长 Λ,此时由式(4.12.4)可得

$$c=\Delta f\cdot\Lambda.\tag{4.12.5}$$

由此可知,只要测定了光拍频 Δf 和光拍频波的波长 Λ,即可求得光速 c.

实验采用双光路相位比较法进行.如图 4.12.4 所示,氦氖激光被频率为 Ω 的驻波式声光移频器调制后产生多级衍射.第一级衍射光中产生拍频 $\Delta f=2\Omega$ 的光,用光阑选出这一束光,经半反镜把光束分为近程和远程两束光,产生光程差后入射到光电检测器,再经滤波电路输入到示波器.用斩光器依次切断近程光和远程光,在示波器屏上依次交替显示两光路的拍频信号正弦波形.利用示波器屏幕的余辉,可在屏幕上"同时"看到两束光的信号.调节两束光的光程差,当光程差恰好等于一个光拍频波的波长 Λ 时,两正弦波的相位差恰为 2π,波形完全重合.由光路测得 Λ,用数字频率计测得高频信号源的输出频率 Ω,可测出空气中的光速 c.

实验内容

(1) 正确连接线路,将高频信号源的输出端接到数字频率计的输入插口.将分频器的超声调制信号接至示波器的外触发输入端,将处理光电信号的滤波放大器输出端接至示波器的 Y 输入端.

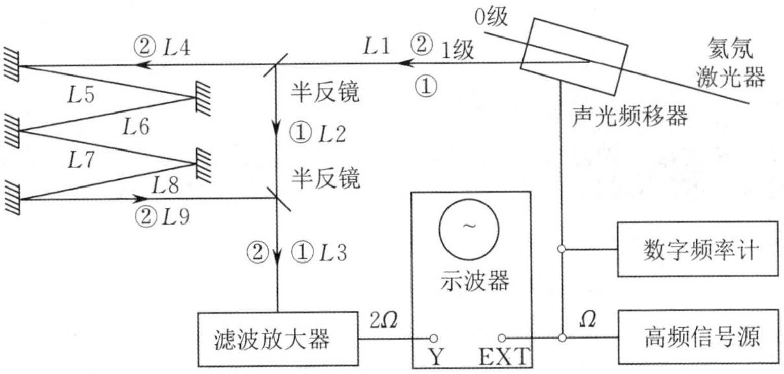

图 4.12.4　实验光路与电路图

(2) 开启氦氖激光器电源，调节氦氖激光器工作电流为 5 mA，开启 ±15 V 直流稳压电源，同时开启示波器和数字频率计的电源. 将示波器的各有关开关和旋钮置于适当位置上. 将示波器设置成外触发工作状态. 各仪器预热 15 min，使它们处于稳定工作状态.

(3) 使激光束水平通过通光孔与声光介质中的超声驻波场充分相互作用，在光阑上应看到一排水平衍射光斑点. 用光阑选取第一级衍射光.

(4) 用斩光器挡住远程光，调节近程光光路上的全反镜、半反镜，使近程光入射到光电检测器中光电二极管的光敏面上，示波器上应看到光拍频波的波形出现. 用斩光器挡住近程光，调节远程光光路上的全反镜、半反镜、三棱镜，使远程光入射到光电检测器中光电二极管的光敏面上，示波器上应看到光拍频波的波形出现.

(5) 利用光电检测器上的两个旋钮，调节光电二极管(即它的光敏面) 的方位，反复仔细调节，使波形振幅值最大且相等.

(6) 开启斩光器，调节斩光器的转速控制旋钮，使示波器屏幕上显示出近程光和远程光稳定的信号波形. 斩光器转速要适当. 过快，示波器上两路波形会左右摇晃；过慢，示波器上两路波形会闪烁. 调节高频信号源的频率，使接收信号最强，并且使示波器屏幕上波形最清晰.

(7) 移动导轨上的棱镜，改变远程光的光程，即改变近程光与远程光的光程差，当示波器屏幕上两正弦波形完全重合(相位差为 2π) 时，两路光的光程差等于光拍频波的波长 Λ.

(8) 用卷尺准确测量近程光与远程光的光程，从数字频率计读出超声波频率 Ω.

(9) 反复进行测量 5 次，将数据记录到表 4.12.1.

(10) 关闭各仪器电源.

数据处理

(1) 根据表 4.12.1 中的数据，计算出近程光与远程光的光程差，即光拍频波的波长 Λ.

(2) 根据超声波频率 Ω，计算光拍频 $\Delta f = 2\Omega$.

(3) 根据式(4.12.5) 计算出光速，并求出光速平均值.

注意事项

(1) 切勿用手或其他污物接触光学元件表面，实验结束后盖上防护罩.

(2) 切勿触摸氦氖激光管电极等高压部位，以免发生危险.

思考题

1. 光拍是怎样形成的?它有什么特点?
2. 分析本实验的各种误差来源,并讨论提高测量精度的方法.

原始数据记录(实验 4.12)

表 4.12.1　近程光与远程光的测量数据记录表

次数		1	2	3	4	5
各段长度	$L1$/m					
	$L2$/m					
	$L3$/m					
	$L4$/m					
	$L5$/m					
	$L6$/m					
	$L7$/m					
	$L8$/m					
	$L9$/m					
l						
光程差 Λ/m						
超声波频率 Ω/Hz						
光拍频 Δf/Hz						
光速 c/(m/s)						
$\bar{c}$/(m/s)						

大学物理实验预习报告

实验项目**光速测量**

班别________________学号________________姓名________________

实验进行时间______年______月______日,第______周,星期______,______时至______时

实验地点________________

实验目的

实验原理简述

实验中应注意事项

附　录

光电效应是指一定频率的光照射在金属表面时，会有电子从金属表面逸出的现象. 光电效应实验对于认识光的本质及早期量子理论的发展有里程碑式的意义.

自古以来，人们就一直在试图了解光的本质. 17 世纪，研究光的反射、折射、成像等规律的几何光学基本成立. 牛顿等人在研究几何光学现象时，根据光的直线传播性，认为光是一种微粒流，微粒从光源飞出来，在均匀介质内以力学规律做匀速直线运动. 微粒流学说很自然地解释了光的直线传播等性质，在十七八世纪的学术界占有主导地位，但在解释牛顿环等光的干涉现象时遇到了困难.

惠更斯(Huygens) 等人在 17 世纪就提出了光的波动学说，认为光是以波的方式产生和传播的，但早期的波动理论缺乏数学基础，很不完善，没有得到重视. 19 世纪初，托马斯 · 杨(T. Young) 发展了惠更斯的波动理论，成功地解释了干涉现象，并做了著名的杨氏双缝干涉实验，为波动学说提供了很好的证据. 1818 年，年仅 30 岁的菲涅耳(Fresnel) 在法国科学院一次关于光的衍射问题的悬奖征文活动中，从光是横波的观点出发，圆满地解释了光的偏振，并以严密的数学推理，定量计算了光通过圆孔、圆板等形状的障碍物所产生的衍射条纹. 推出的结果与实验符合得很好，他因此荣获了这一届的科学奖. 波动学说逐步为人们所接受. 1856—1865 年，麦克斯韦(Maxwell) 建立了电磁场理论，指出光是一种电磁波，光的波动理论得到确立.

19 世纪末，物理学已经有了相当的发展，在力学、热学、电学、光学等领域都已经建立了完整的理论体系，在应用上也取得了巨大成果. 就当物理学家普遍认为物理学发展已经完善时，陆续出现了一系列重大发现，拉开了现代物理学革命的序幕，光电效应实验在其中起了重要的作用.

1887 年前后，赫兹(Hertz) 在用两套电极做电磁波的发射与接收的实验中发现，当紫外光照射到接收电极的阴极时，接收电极间更易于产生放电现象. 赫兹的发现吸引了许多人去做这方面的研究工作. 斯托列托夫(Stoletov) 发现，阴极在光的照射下会放出带负电的粒子，形成光电流，光电流的大小与入射光强度成正比. 光电流实际是在照射开始时立即产生的，无须时间上的积累. 1899 年，汤姆孙测定了光电流的荷质比，证明光电流是阴极在光的照射下发射出的电子流.

光电效应的实验规律与经典电磁场理论是矛盾的. 经典电磁场理论认为，电磁波的能量是连续的，电子接收光的能量获得动能，应该是照射光强越强，能量越大，电子的初速度越大，实验结果是电子的初速度与光强无关;经典电磁场理论还认为,只要有足够的光强和照射时间,电子就应该获得足够的能量逸出金属表面,与照射光频率无关,实验结果是对于一定的金属,当照射光频率高于某一值时,金属一经照射,立即有光电子产生,当照射光频率低于该值时,无论光强多强,照射时间多长,都不会有光电子产生.光电效应使经典电磁场理论陷入困境,许多物理学家提出了种种假设,企图在不违反经典电磁场理论的前提下,对上述实验事实做出解释,但都过于牵强,经不起推理和实践的检验.

1900 年,普朗克在研究黑体辐射问题时提出了一个符合实验结果的经验公式,为了从理论上推导出这一公式,他采用了玻尔兹曼的统计方法,假定黑体内的能量由不连续的能量子构成,能量子的能量为 $h\nu$.能量子的假说是一个革命性的突破,具有划时代的意义.但是无论是普朗克本人还是他的许多同时代人,当时对这一点都没有充分认识.爱因斯坦以他惊人的洞察力,最先认识到能量子假说的伟大意义,并由光量子假设得出了著名的光电效应方程,解释了光电效应的实验结果.

爱因斯坦的光量子理论由于与经典电磁场理论抵触,一开始受到怀疑和冷遇.一方面是因为人们受传统观念的束缚,另一方面是因为当时光电效应的实验精度不高,无法验证光电效应方程.密立根从 1904 年开始进行光电效应实验,历经十年,最终证实了爱因斯坦的光量子理论.两位物理学大师因在光电效应等方面的杰出贡献,分别于 1921 年和 1923 年获得诺贝尔物理学奖.

光量子理论创立后,在固体比热、辐射理论、原子光谱等方面的应用获得成功,人们逐步认识到,光具有波动和粒子两种属性.光子的能量 $E=h\nu$ 与频率有关,当光传播时,显示出光的波动性,产生干涉、衍射、偏振等现象;当光和物体发生作用时,它又表现出粒子性.后来科学家发现波粒二象性是一切微观物体的固有属性,并发展出了量子力学来描述和解释微观物体的运动规律,使人们对客观世界的认识前进了一大步.

作为历史上第一个测得普朗克常量的物理实验,光电效应的意义是不言而喻的.